여성은 진화하지 않았다

여성은 진화하지 않았다

초판 1쇄 인쇄 2006년 11월 25일
초판 1쇄 발행 2006년 12월 5일

지은이 사라 블래퍼 흘디 | **옮긴이** 유병선
펴낸이 이영선 | **펴낸곳** 서해문집
기획주간 김혜경 | **편집주간** 고혜숙 | **편집장** 강영선
편집 김정민 김문정 우정은 | **디자인** 이우정 전윤정 김민정
마케팅 김일신 박성욱 임경훈 | **관리** 공인수 이규정
출판등록 1989년 3월 16일 (제406-2005-000047호)
주소 경기도 파주시 교하읍 문발리 파주출판도시 498-7 | **전화** (031)955-7470 | **팩스** (031)955-7469
홈페이지 www.booksea.co.kr | **이메일** shmj21@hanmail.net

ISBN 89-7483-299-2 03400
값은 뒤표지에 있습니다.

여성은 진화하지 않았다

The Woman That Never Evolved

사라 블래퍼 흘디 지음 | 유병선 옮김

서해문집

이 책은 과거 7000만 년에 걸쳐 진화해 온 영장류 암컷에 관한 것이다.
나는 이 책을 자유를 획득한 여성에게 바친다.
다른 영장류에서는 볼 수 없는
상상력과 지성과 열린 마음을 가지고 있는 미래의 여성에게.

저자 서문

다윈의 성선택 이론을 다시 생각한다

1981년 처음으로 《여성은 진화하지 않았다The Woman That Never Evolved》라는 책을 썼을 때, 나는 나의 학문적 경력에 커다란 오점을 남기지 않을까 걱정했다. 성선택 이론은 진화생물학의 가장 빛나는 보석이었으며 지금도 그렇다. 물론 그 이론을 암컷에게 어떻게 적용할 것인가 하는 문제는 정말로 신중하게 재검토할 필요가 있기는 하다. 다윈이 원래 생각했던 멋진 가설에 따르면, 수컷은 암컷을 차지하기 위해 자기들끼리 치열한 경쟁을 해야만 한다. 성선택은 다음 가운데 한 가지 형태로 일어난다. 즉 암컷이 자손을 퍼뜨리는 데 가장 적합한 수컷을 고르거나, 아니면 한 마리 수컷이 경쟁자들을 물리치고 암컷을 독차지하는 것이다.

다윈은 암컷의 핵심적인 성적 본성이 '도피'인 반면, 수컷 추적자의 가장 중요한 성적 본성은 '열정'이라고 보았다. 다윈이 설명한 바와 같이, 암컷은 "수컷에 비해 짝짓기에 별로 집착하지 않는다. '암컷은' 구애를 기다린다. '암컷은' 수줍어하고, 오랫동안 요리조리 도망 다닌다. 그러다가 마침내 우월한 수컷을 만나면 그 '최고의' 수컷을 선택하여 자신의 새끼에게 우월한 수컷의 우수한 유전적 자질을 전달한다." 다윈이 발견한 성선택 이론은 인간의 진화와 가장 관련이 많은 이론이다. 이 때문에 다윈은 1871년에 발표한 책의 제목을 《인간의 유래 및 성에 관한 선택The Descent of Man and Seletion in Relation to Sex》이라고 붙였다.

20세기 중엽 폭발하기 시작한 유전학 연구를 통해 진화를 이해하는 데 필요한 실험적 근거를 얻게 됐다. 초파리 실험결과로 수컷은 암컷과 짝짓기를 많이 하면 할수록 다음 세대에 전달되는 유전적 자질이 향상되지만, 암컷은 짝짓기를 많이 해도 그런 면에서 별로 도움이 되지 않는다는 것을 알게 됐다. 실험생물학자인 앵거스 존 베트맨은 초파리의 실험결과를 인간에 적용하면서 "수컷은 열정적이지만 무분별하고, 암컷은 수동적이지만 분별력 있다. 인간과 같이 일부일처제를 하는 경우에도 이러한 성차는 일반적으로 나타나는 것 같다"고 주장했다.

그 뒤 많은 실험실에서의 연구를 통해 베트맨의 패러다임과 다윈이 암컷과 수컷의 성적 본성으로 보았던 특징들이 현대 진화이론과 교과서 속에 그대로 전달됐다. 교과서의 어떤 장에는 '내키지 않는 암컷과 열정으로 불타는 수컷'과 같은 제목이 붙어 있다. 베트맨의 패러다임에 의하면 성적으로 모험적인 암컷은 존재할 수 없었을 것이다. 1970년대까지 영장류에 대한 연구결과들이 증가하면서 '열정적인' 수컷과 '수줍은' 암컷이라는 단순한 도식이 무너지기 시작했다. 뻔뻔스러울 정도로 독단적인 마카크와 침팬지를 어떻게 생각해야 할까? 그리고 '하렘harem'을 형성하는 랑구르와 일부일처제를 하는 티티원숭이에서 이웃의 수컷이 암컷을 유혹하는 것을 어떻게 설명할 수 있을까?

내가 《여성은 진화하지 않았다》라는 책을 쓴 이유는 그동안 철석같이 믿었던 암컷과 수컷에 대한 고정관념에 맞지 않는 예외적인 것들을 찾아보고 설명하기 위한 것이다. 어째서 원숭이와 유인원 암컷들이 임신에 필요한 것보다 훨씬 많은 수컷들과 짝짓기를 하기 위해 그처럼 많은 에너지를 소비하고 그처럼 커다란 위험을 감수하며 심지어 암컷끼리 서로 경쟁하는 것일까?

수동적이고 '수줍은' 암컷이라는 고정관념은 발정기만 되면 어쩔 줄 몰라하는 암컷의 방랑벽이나, 침팬지에서 볼 수 있는 성적 쾌락과 관련된 클리토리스의 팽창이나 충혈 현상과 어울리지 않는다. 그러한 특성들은 오히려 암컷이 짝짓기에 열중하도록 자극한다. 그렇다면 그러한 자극제들이 진화과정에서 자손의 생존율을 어떻게 높여 주었을까? 살아 있는 인류의 '친척'으로 우리와 98퍼센트의 유전자를 공유하고 있는 침팬지와 보노보의 암컷이 마치 일처다부제에서처럼 뻔뻔스럽게도 여러 마리의 수컷 파트너를 유혹하는 것을 보면, 침팬지 같은 '하등 동물'의 '수줍은' 암컷에서 빅토리아 시대의 '정숙한' 여성으로 가계도를 따라 순조롭게 진행되었을지 의심스럽다. 아마 결코 순조롭지도, 간단하지도 않았을 것이다.

야생 침팬지 암컷은 일생에 겨우 다섯 마리 정도의 새끼를 낳는다. 그런데 침팬지 암컷은 임신하기에는 너무 어린 시절부터 교미를 시작하고, 마치 매춘부처럼 수십 마리의 수컷과 수천 번의 교미를 한다. 보노보 암컷은 훨씬 더 색정적이다. 상대에게 클리토리스를 자극해 달라고 끈질기게 요구하고, 월경 중간기가 아니라도 월경 기간 내내 교미를 하려고 한다. 대부분의 다른 영장류들은 배란을 '은폐'하거나 아니면 적어도 드러내 놓고 광고하지는 않는다. 그리고 일부는 월경 주기 어느 때나 혹은 적어도 월경 주기 전반기 내내 아주 자유롭게 섹스를 한다. 그런 점에서 인류 여성만큼 자유롭게 섹스를 하는 암컷은 없다. 사냥꾼 – 채집인 사회이건, 산업화 이후의 현대 사회이건, 여성은 배란기인 월경 중간기 때 성적 리비도가 약간 증가하지만 한 달 내내 언제나 섹스를 할 수 있다.

여성의 성적 특성이 유인원에서 유래됐다는 것을 보여 준 것이 내가 처음은 아니다. 사실 이 점을 가장 우려했다. 나의 선배들은 적절한 대접을 받지 못했다. 선배 가운데 가장 솔직했던 사람이 페미니스트이며 정신과의사인 매리 제인 셔피였다. 그녀는 1966년 《암컷의 성적 특성의 본성과 진화The Nature and Evolution of Female Sexuality》라는 책을 처음으로 발표했다. 당시에는 자유롭게 살고 있는 유인원의 성적 행동에 대해 아주 초보적인 정보밖에 없었다.

셔피는 인류가 가부장제 사회를 갖게 된 것은 영장류로부터 물려받은 여성의 주기적인 리비도를 통제하기 위해 부계 상속이 필요했다는 것을 고려할 때에만 이해될 수 있다고 주장했다. 우리는 여성의 성욕을 가부장제적 권위로 통제하는 사회를 문명화된 사회라고 부른다. 셔피의 통찰은 혼란스럽고 때로는 부정확한 모암 속에 박혀 있는 보석과 같다. 만일 내 동료들이 셔피를 언급했다면, 그것은 그녀의 극단적인 주장을 조롱하고 전적으로 불신임하기 위한 것이었다. 암컷의 성적 특성을 바라본 셔피의 관점에 대해 한 비평가는 "그것은 페미니즘의 이데올로기 속에 자주 등장하는 일종의 환상"이라고 지적했다.

내 책도 비슷한 운명을 겪을까? 만일 내가 계속해서 금욕적으로 산다면, 내 연구주제 속에 불미스런 관심을 숨기고 있다는 의심을 받게 될 것이다. 사실 나는 여자가 성적 감정을 드러내는 것을 금기시하던 시대에 미국 남부에서 성장했다. 여러 동료들이 사적으로, 그리고 적어도 한 명의 기자는 공개적으로 내게 그럴 것이라고 암시했다.

만일 내가 바바리 마카크와 인류 여성 사이의 분명한 차이도 알아내지 못한 정신 나간 사람으로 밝혀진다면 나는 무엇이 될까? 이것이 1980년대 초의 상황이었다는 것을 기억하기 바란다. 1990년대 섹스 스캔들 때문에 일반인들의 대화 속에 '오럴 섹스'와 같은 어휘들이 자연스럽게 사용되기 훨씬 전이다. 뒤돌아보면, 오르가슴이나 클리토리스를 이야기하는 사람은 대개 50세가 넘었고, 냉정한 얼굴에 하얀 실험실 가운을 입고 있는 경우가 많았다.

한편에서는 사회생물학이 제기한 보수주의, 인종주의, 성차별주의에 대한 뜨거운 논쟁이 들끓고 있었다. 1975년 에드워드 윌슨이 발표한 《사회생물학Sociobiology》이라는 책의 영향을 받아 그 당시 좌익으로부터 매카시 류의 조직적인 중상모략이 진행 중이었다. 나는 전형적인 사회생물학자로 알려져 있었기 때문에 페미니스트나 여성 과학자들이 나를 방어해 준다는 것은 꿈도 꿀 수 없었다. 심지어 동료 한 명은 내가 이 책을 간행한다면 반박하는 글을 쓸 수밖에 없을 것이라고 경고했다. 또 다른 동료는 정말로 나를 반박하는 글을 출판사에 보냈다.

잘은 모르지만, 어떤 고집스런 집념이 있었기 때문에 내가 잘 버텨냈던 것 같다. 나는 두 가지 목표가 있었다. 한편에서는 만일 우리가 진화과정을 포괄적으로 이해할 수 있다면 우리 연구영역을 남녀 모두의 이해관계를 포함하도록 확대해야 한다는 것을 동료 사회생물학자들에게 납득시키고 싶었다. 또 다른 쪽에서는 암컷의 본성에 대한 다윈 류의 편견을 좀더 현실적으로 확대함으로써 생물학이 잘 못됐다는 주장에 대해서 오랫동안 회의적인 시각을 갖고 있으면서 동시에 완고한 가부장적 선입견으로 편향된 시각도 받아들이지 않는 여성을 만나길 원했다. 이처럼 상반된 입장에 있는 독자들을 어떻게 만족시킬 수 있을까?

그러나 책이 출판됐을 때 동료 페미니스트들로부터 예상했던 맹렬한 공격은 전혀 없었다. 책이 출판되자마자 급진적인 워싱턴 D.C. 시사해설 〈오프 아워 백Off Our Backs〉에 "이 책의 모든 견해는 페미니스트의 시각을 반영하고 있다"는 장문의 서평이 실렸는데, 그것은 맹목적으로 뒤틀린 반사회생물학적인 사고방식을 비판하는 내용이었다. 책을 출판할 때, 추천 도서 목록을 추가하고 감사의 글에 모든 사회생물학자들이 다 성차별주의자는 아니라는 간단한 말을 추가했더라면 '여성 연구' 학자들의 반응은 매우 공손했을지도 모른다. '여성 생물학'에 대한 관심이 급증하고 있는 오늘날에도 진화적 분석을 포함시키려는 열의가 없다. 생물학과 페미니즘 사이의 불화가 어떻게 시작됐는지를 뒤돌아보면, 여성들이 진화적 분석을 수용하는 것을 주저하는 이유도 이해할 수 있다.

페미니스트들이 조심스럽게 반응을 했다면 사회생물학자들도 나의 비평을 부인하려 하지 않았을 것이다. 스스로 '사회생물학자'라고 생각하는 사람들 대부분이 1981년까지는 동물을 대상으로 연구했고, 암컷의 번식 행동과 관련된 정보도 얼마든지 있었다. 현장에서 동물의 행동을 관찰하는 기술의 발달과 한두 달이 아닌 수십 년간 지속한 관찰 덕분에, 바로 옆집에 살고 있는 이웃의 성생활에 대해 우리가 알고 있는 것보다 암보셀리Amboseli에 살고 있는 비비의 번식 이력에 대해 훨씬 더 많이 알게 되었다. 암컷을 수동적이거나 변함없이 한결같다고 보는 견해는 더 이상 학문적으로 인정받기 어렵게 됐다. 학자들은 성선택 이론이 실제로 어떻게 작용하는지를 재검토할 필요가 있다는 것을 인정한다.

그때까지 사회생물학자들은 진화과정에서 어머니의 역할을 다양한 면에서 열성적으로 재검토해 왔다. 전통적으로 짝짓기 체제를 모델화하는 작업은 조류나 곤충을 연구하는 생물학자들에 의해 발전해 왔지만, 이번에는 영장류학자들이 앞서기 시작했다. 1980년대 말까지는 암컷의 전략이 중심에 있었고, 사회생물학자들은 왜 암컷이 어떤 부류의 수컷과 짝짓기하려고 하는지를 열심히 탐구했다. 당시 진화학자 사이에서는 '암컷 선택' '암컷 통제' '일처다부의 이익'과 같은 용어들이 과학계에서 이론적 지향점을 보여 주는 전문적인 유행어였다. 1990년대까지 배우자와 딸과 어미, 수컷과 함께 불가피하게 공동 진화를 해야 하는 암컷 경쟁자의 입장에서 선택을 이해하는 데 나는 아무런 비판도 없이 군중의 흐름 속에 함께 휩쓸려갔다.

내 기억 속에 떠오른 것은 반대보다는 조지 윌리엄스, 존 메이너드 스미스, 윌리엄 에버하드와 같은 유명한 생물학자들의 반응이었다. 그들은 동료 여성학자에 합세하여 '부주의한 남성우월주의'가 성선택 이론을 적용하는 데 얼마나 많은 영향을 끼쳤는지를 공개 토론하자고 재촉했다. 그 문제를 토의하기 위한 몇몇 비공식 모임이 있은 뒤 정식 회의가 열렸다. 그런 회의 가운데 1994년에 열린 '진화생물학과 페미니즘에 대한 심포지엄Symposium on Evolutionary Biology and Feminism'이 가장 영향력이 컸다. 이것은 '암컷에 초점을 맞춘 연구'에 대한 전례 없는 지원에 힘입은 것이었다. 과학의 가장 큰 강점은 비록 늦더라도 잘못된 지식을 바로잡을 수 있는 능력이 있다는 것이다.

회상해 보면, 1970년대 후반 사회생물학에 대해 '성차별주의'라는 비난이 쏟아진 것은 역설적이다. 그 이유는 한 세기 뒤 진화학자들이 19세기로부터 넘어온 맹목적인 편견을 바로잡도록 한 것이 바로 개체 수준의 선택에 대한 병적인 집착이었기 때문이다. 20세기의 마지막 20여 년은 사회생물학자들이 암컷을 개념화하는 방식에서 엄청난 내부적 변형을 겪은 시기였다.

　오늘날 암컷을 변함없고 한결같다고 보는 사람은 없다. 암컷은 고도로 다양해서, 하나의 수컷과 짝을 이룰 때도 있지만 그보다 자주 일처다부를 하고, 때로는 도와주고 협동적이지만 어떤 때는 경쟁적이고 파괴적이다. 그리고 수컷과 마찬가지로 자신이 속한 영역에서 높은 지위를 차지하려고 애쓴다. 좋든 싫든 암컷도 다윈적인 선택에 크게 노출되어 있다.

　페미니즘은 이러한 의식의 변형과 얼마나 많은 관련이 있었을까? 페미니즘은 이야기의 한 부분일 뿐이다. 그것은 여성 영장류학자와 생물학자 들이 남성 과학자와 다른 감수성을 갖고 있기 때문도, 페미니스트가 서로 다른 방식으로 과학을 하기 때문도 아니다. 그렇기보다는 현장에서 연구하는 여성학자는 암컷이 '예기치 않은' 방식으로 행동할 때 남성보다 더 많은 주의를 기울이기 때문이다. 예를 들어 암컷 여우원숭이나 보노보가 수컷보다 지위가 높거나, 랑구르 암컷이 자신의 그룹을 떠나 낯선 수컷을 유혹하는 것을 보게 되면, 여성 과학자는 그러한 행동을 우연한 실수로 간단히 처리하는 것이 아니라 계속 추적하고 관찰하며 경탄하게 될 것이다. 여성은 또한 페미니스트의 생각에 훨씬 더 많은 영향을 받았을 것이다. 모계 전략에 대한 나의 관심은 내 자신의 연구주제 속에서 자연스럽게 나온 것이다.

프랑크 설로웨이의 유명한 명구 "타고난 배반자born to rebel"에 나오는 막내아들처럼, 여성 과학자들은 권위나 현재의 과학적 입장에 대해 남성 과학자들보다 훨씬 관심이 적다. 학문의 변두리에 있던 현장 연구 여성 과학자들은 당시 주로 남성이었던 우리 교수나 상사들보다 비정통적인 성역할에 대한 아이디어를 받아들이는 데 훨씬 자유로웠을 것이다. 나는 셔피의 글 속에 담긴 터무니없는 많은 것들을 너그럽게 봐줄 준비가 되어 있었던 것 같다. 그 이유는 그녀가 옳았던 것, 즉 암컷의 성적 특성이 영장류에서 기원됐다는 것과 그것이 인간의 진화에 선택압으로 작용했다는 그녀의 핵심적인 통찰을 높이 평가했기 때문이다. 그러나 페미니즘 그 자체는 내가 도달한 결론과 관계가 없었다.

모든 진화생물학자들이 동의하지는 않을 것이다. 일부는 진화생물학 속으로 '암컷의 시각'을 포함시키는 것이 과학이나 페미니스트에게 '승리'로 받아들여질 수 있느냐는 것을 질문할 정도였다. 그런 질문은 나를 짜증나게 한다. 대답은 너무 분명하다. 언제나 잘못된 생각은 정정될 것이고, 과학이 이길 것이다. 먼저 성차별주의 때문에 편견이 있었고 페미니스트의 시각이 편견을 밝혀내는 데 도움이 됐다면 그런 생각들이 옳게 정정될 때 유리해지는 것은 당연히 과학이다.

그러나 동물 사회생물학이라는 학문이 튼튼하고 엄밀하고 이론적으로 정교한 과학으로 성숙해 가는 동안 사람을 연구하는 사회생물학자들에게는 어떤 일이 일어났는가? 생태학과 동물행동학에 크게 의지하고 있는 사회생물학자는 현장 연구 경험 때문에 행동의 다양성을 고려할 수밖에 없는데, 이들은 부족사회를 연구하는 생태학적 인류학자와 협력하고 자신들을 '인류 행동 생태학자'라고 생각했다. 그들은 동물들 사이를 비교하는 데 전념했다. 이러한 비교 연구 영역에서 이론적인 발전은 동물 사회생물학의 발전과 함께 이루어졌다.

본인들 스스로 '인간 진화 심리학자'라 부르는 또 다른 그룹은 성차의 진화에 초점을 맞추었다. 그들은 뿌리를 두고 있던 생물학에서 멀어지면서, 마치 1970년대 후반에 사회생물학자들이 했던 것처럼 성선택 이론을 가져갔다. 그중 일부는 성선택설을 사용해 인간의 짝선호도를 설명하려고 했다. 그들은 주로 교육을 받은 사회심리학자로, 오랜 시간 연구대상과 실제로 함께 살면서 관찰하기보다는 표본조사와 설문조사를 사용하기 때문에 빠르게 훈련받을 수 있었다. 이 때문에 인간 진화 심리학자들의 수는 행동 생태학자들보다 훨씬 많다. 그들이 행동의 융통성이나 개체 간의 차이에 별로 신경을 쓰지 않는 것도 그런 이유인 것 같다. 처음부터 그들의 목표는 인간 공통의 특성을 찾아내는 것이었다.

이런 인류 진화 심리학자들은 남자와 여자가 공통적으로 드러내는 종 특유의 '짝선호도'에 대한 연구결과를 발표하기 시작했다. 1979년에 돈 시몬스가 출판한 《인간의 성적 특성의 진화The Evolution of Human Sexuality》라는 제목의 책은 새롭게 싹트기 시작한 이 분야 연구의 기초가 됐다. 그는 전세계 각지의 대학생을 면담했는데, 일부는 학생이 아닌 경우도 있고, 일부는 서구가 아니거나 미개 사회의 구성원도 들어 있었다. 내가 이 책에서 비판하기 시작한 성선택에 대한 다윈 류의 시각에 크게 의존하고 있었기 때문에 그는 수컷은 '열정적'이고 암컷은 '수줍게' 진화했다는 견해를 무작정 따르고 있다. 시몬스와 그 문하생들이 나를 가장 노골적으로 비판하게 된 것은 당연한 결과였다.

시몬스는 《여성은 진화하지 않았다》가 출판된 다음 해에 《계간 생물학 논평Quarterly Review of Boilogy》이라는 학술지에 〈또 다른 여성은 결코 존재하지 않았다Another Woman That Never Existed〉는 논문을 발표해 나를 비판했고, 그 비판의 논조는 수년간 지속됐다. 이러한 비판은 "남자는 새로운 성적인 경험을 추구하도록 프로그램되어 있는 반면에, 여자는 보편적으로 자식을 부양할 한 남자와 안정된 관계를 추구한다"는 시몬스의 신념에 뿌리를 둔 것이었다. 시몬스는 어떤 남자도 자신이 친부라는 확신이 없다면 자식에게 양육 투자를 하지 않을 것이라는 입장을 그대로 받아들였다. 시몬스는 암컷과 수컷의 근본적인 차이를 거의 맹목적으로 가정했기 때문에, 어미가 천천히 성장하는 자식을 기르기 위해 여럿의 짝으로부터 원조를 받아야 하는 인류와 같은 종에서는 일처다부적 경향이 오히려 적응할 수 있었을 것이라는 생각은 전혀 해보지도 않았다. "왜 암컷이 한 마리, 수컷이 전부를 투자하는 것보다 각자 3분의 1씩 투자하는 세 마리 수컷과 더 잘 지낼 수 있다는 것인가?" 시몬스는 이런 질문을 하고 "이처럼 '성욕이 왕성한 암컷'의 본성이 존재한다는 증거는 애매모호할 뿐이고, 암컷이 친부 문제를 모호하게 만들어 여러 마리 수컷이 자신의 새끼에게 양육 투자를 하게 만든다는 증거는 어디에도 없다"고 결론 내렸다.

　　시몬스는 점수를 땄다. 당시에는 복수의 아빠가 한 어미를 돕게 하는 것이 암컷 자식의 생존 확률을 높인다는 가설을 입증할 만한 실험결과나 관찰 증거가 거의 없었다. 그 뒤로 상당히 많은 증거가 쏟아져 나왔다. 주로 동물에 대한 것이지만 유목민과 사냥-채집-원예농업 인류사회에 대한 것도 많아졌다.

　　지금은 '일처다부의 장점'에 대한 논문이 급증하고 있다. 초파리에서 공작새까지, 뱀에서 프레리 개에 이르기까지, 여럿의 수컷과 자유롭게 짝짓기 하는 암컷이 하나의 파트너만 갖는 암컷보다 자손을 더 많이 낳고 더 잘 기른다. 일처다부제의 장점 가운데는, 암컷이 '누가 아비인가'라는 친부의 문제를 조작하는 것도 포함된다. 그것은 자신의 난자를 수정시키는 수컷을 조작할 뿐 아니라, 이 책에서 처음 설명하는 것과 같이 수컷이 친부를 판단하는 데 필요한 정보도 조작할 수 있다. 예를 들어, 바위 종다리라 부르는 유럽 참새를 자세히 연구한 케임브리지 대학의 행동 생태학자인 닉 데이비스는 수컷들이 지난 계절에 성적인 관계를 가졌던 암컷을 정확하게 기억하고 있다는 것을 증명했다. 그들은 수컷이 새끼를 기르는 데 어미를 돕느냐 아니면 훼방놓느냐를 '결정'하는 단서로 이러한 '정보'를 사용했다.

그 결과 한 수컷이 새끼들에게 먹이를 물어다 주는 횟수는 그 수컷이 지난 계절 그 암컷과 가진 교미 횟수와 직접적인 상관관계가 있었다. 일본산 바위 종다리 암컷의 경우에도 아비가 될 수 있는 가능성이 있는 수컷을 여러 마리 갖고 있는 것이 암컷에게 확실히 유리했다. 일본산 바위 종다리 암컷은 자신의 생식력을 꽁무니의 진한 주홍색 돌기를 통해 널리 광고하는데, 그것은 오랜 진화적 선택의 결과로 보인다. 비비나 침팬지가 발정기 때 외음부가 붉게 부풀어 올라서 주변 수컷들의 주의를 끄는 것과 똑같은 방법을 일본산 바위 종다리도 사용했다.

일본산 바위 종다리에 대한 흥미로운 연구결과들은 일본의 조류학자인 나카무라 마사히코를 통해 얻어졌다. 예를 들어 여러 마리의 수컷과 짝을 맺은 암컷의 새끼들이 한 마리 파트너와 짝을 맺은 암컷의 새끼들보다 더 빨리 자라고 성체까지 살아남는 새끼의 수도 많았다. 바위 종다리에서 DNA 검사를 통해 친부를 확인한 결과 예상했던 수컷들이 '언제나는 아니지만' 보통은 정확했다. 다시 말하면, 여러 수컷과 짝짓기를 한 어미는 아비 가능성이 있는 수컷들에게 주는 정보를 조작함으로써 사실상 자신의 번식 성공률을 높였다.

이 책에서 설명한 여러 일부일처제 영장류와 마찬가지로 바위 종다리에서도, '일부일처제'가 모든 구성원들이 반드시 택하도록 진화된 안정적이고 이상적인 짝짓기 체제는 아니다. 오히려 일부일처제는 역동적이고 때로는 서로 상반되는, 진화적 동기와 선택압의 결과물이다. 바위 종다리의 경우, 어떤 때는 한 마리 수컷과 한 마리 암컷이 협력하면서 새끼를 기른다. 그러나 이처럼 아름답고 조화로운 광경도 속을 자세히 들여다보면 전혀 그렇지 않다. 수컷은 부지런히 수컷 경쟁자를 몰아내려고 애쓰고, 암컷은 자신의 영역을 탐내는 암컷 경쟁자를 막기 위해 분주하다.

이론적으로 볼 때 비록 자극에 대한 반응 양식이 서로 다르고 잠재의식뿐 아니라 의식적인 과정도 포함된다고 생각되지만, 모성의 논리가 초기 원시 인류와 현대 인류에서 서로 다르게 작용했다고 볼 이유는 전혀 없다. 이것은 진화과정에서 선조들이 택했던 해결책을 따라가는 것이 아니라, 우리 자신의 행동양식을 스스로 결정하려고 노력하는 오늘날의 우리에게는 행운인 것이다.

인류학자들이 전통과 현대 사회에서 자신의 새끼에게 양육 투자를 하도록 여러 남자와 성적 관계를 갖고 있는 여성을 찾기 시작한 것은 놀랄 일이 아니다. 남미의 저지대에 살고 있는 식량채집자와 원예농업자로부터 식민지시대 이후의 도시 아프리카나 남미의 판자촌과 북미의 도심까지, 인류학자와 사회생물학자는 놀랍게도 바다 종다리와 유사하게 남자가 양육 투자를 하고, 여자는 일처다부적으로 살고 있는 사회를 보고하고 있다. 예를 들어 남미의 많은 전통사회에서 여성은 정부를 '둘째' 아비로 가족의 일원에 포함시켜서 자식에게 식량이 부실하게 공급되지 않도록, 또는 자식이 고아가 되지 않도록 보호한다. 이곳에 널리 퍼져 있는 생물학적으로 소설 같은 이야기, 즉 "태아는 여러 남자의 정액으로 만들어진다"는 믿음 덕분에 여성은 전략을 짜는 데 유리하다.

파라과이 동부에서 수렵채집생활을 하는 인디오 아체족Aché과 베네수엘라의 바리족Barí 사람들의 자료를 보면, 여러 명의 '잠재적' 아비들로부터 식량을 얻는 아이는 한 명의 아비로부터 식량을 얻는 아이보다 생존율이 훨씬 높다는 것을 알 수 있다. 힘겨운 상황에서 살아남으려는 여성의 입장에서 볼 때, 한 명의 믿음직한 아비가 있다면 행운이고, 두 명이 있다면 그것은 보험을 든 것과 같고, 세 명이나 그 이상이라면 바랄 게 없을 것이다.

한때 이론적으로 불가능하다고 생각했던 것이 사실은 결코 불가능하지도 않고 더구나 특별히 희귀한 것도 아닌 것으로 밝혀진 것이다. 사실 인류 문화를 쭉 돌아보면, 형식적인 면에서 일처다부적 결혼 형태는 찾아보기 힘들다. 그러나 아내 공유로부터 은밀한 간통에 이르는 '비공식적인' 모든 것을 포함하면 결코 드문 것도 아니다. 자녀를 키우는 데 도움이 되는 핵가족과 배타적 파트너 관계는 안정된 일부다처 가족과 마찬가지로 인류사회의 많은 부분을 차지한다.

그러나 어떤 상황에서는 연속적으로 일시적인 일처다부적 결합을 하는 경우도 있다. 아체족과 같은 사회에서는 어린이뿐 아니라 성인의 사망률도 높다. 어떤 경제적 조건 아래서는 한 남자가 한 가족을 부양하는 것이 적당치 않을 수도 있다. 그 이유는 성공적인 사냥을 기대할 수 없거나 아니면 도심과 같은 곳에서는 수입이 좋은 직업을 얻기가 쉽지 않기 때문이다. 아비가 식량 공급이나 보호를 충분히 해 줄 수 없는 경우에는, 만일 그럴 수만 있다면 어미는 한 명이나 여러 명의 '둘째' 아비를 가지려 할 것이다.

산업화 이후 사회에서는 그와 같은 대비책이 이상하거나 '부자연스럽다'고 여기고, 페미니즘이나 혹은 피임 남용으로 인한 난교에 의해 생긴 핵가족의 '붕괴'를 그들 탓으로 돌리는 것이 유행처럼 됐다. 그러나 일처다부적 짝결합 패턴은 특수한 인구학적이고 생태적 혹은 경제적 상황에 대한 반응이면서, 어떤 '운동'이나 '피임'보다 훨씬 더 오래된 것이다.

어떤 암컷이 얼마나 일부일처적이냐 일처다부적이냐는 것은 단순히 암컷의 섹스 혹은 암컷의 '본질적' 본성에 좌우되는 것이 아니라 암컷의 생태적, 인구학적, 역사적 그리고 심지어 지금 당장의 내분비적 상황에 의해 좌우된다. 암컷에게는 다양한 선택이 열려 있다.

'일처다부적' 암컷이 그처럼 많이 존재한다면 성선택 이론은 무효화되어야 하지 않을까? 아니다. 다만, 이제 우리도 암컷을 역동적인 전략가로 인정해야 한다. 그리고 성선택 이론을 확대해 암컷이 자신이 원하는 수컷을 선택할 수 있고, 새끼를 부양하고 안전하게 지킬 수 있는 특권을 갖고 있을 뿐 아니라 모든 가능한 조건을 선택할 수 있다는 것을 인정해야 한다.

이 책이 출판되고 몇 년 안 돼 바바라 스무츠와 같은 사회생물학자들은 단순히 동물 세계에 수컷의 강압이 얼마나 널리 퍼져 있는지에 관심을 가진 반면에, 페트리시아 아데어 고웨티 같은 사람은 '구속된' 암컷과 '자유로운' 암컷의 선택 조건에서 암컷이 어떻게 행동해야 하는지에 대한 모델을 만들기 시작했다. 그러한 모델들이 "암컷은 가장 적합한 짝을 찾는다"는 다윈의 예측과 어긋나는 것은 아니다. 암컷이 찾는 가장 적합한 수컷이란 '좋은 유전자'를 갖고 있거나 아니면 암컷의 필요에 딱 맞는 수컷을 의미한다. 암컷 공작새가 가장 화려하고 멋진 꽁지를 갖고 있는 수컷을 선택하는 것은 암컷이 유별난 미적 감각을 갖고 있기 때문이 아니다. 학자들은 암컷이 선택한 공작새가 낳은 새끼가 무작위적으로 짝짓기한 공작새가 낳은 새끼보다 훨씬 더 빨리 자라고 더 많이 살아남는다고 보고한다. 공작새 수컷은 자신에게 유전자 이외에는 물려주는 것이 없기 때문에 암컷은 어쨌든 가장 적합한 유전자를 갖고 있는 수컷을 선택하는 것이다.

암컷 선택의 진화적 중요성은 의심의 여지가 없다. 변화된 것은 단지 암컷 선택이 경쟁하는 수컷과 경쟁하는 암컷의 이상야릇한 행동에 의해, 혹은 다소 이상에는 못 미치는 수컷을 받아들여야만 식량을 얻을 수 있는 암컷 때문에 제한을 받을 수 있다는 것을 알게 됐다는 점이다. 암컷은 친부에 대한 정보를 혼란스럽게 하거나 정자 수준에서 경쟁을 붙이면서 여러 수컷과 짝짓기를 할 것이다. 그렇지 않으면 '잘못된' 수컷이 자신을 독점하지 못하도록 노력할 것이다. 어떤 종은 배란을 광고하고, 어떤 종은 배란을 은폐하는 것과 같은 암컷의 모호한 책략이 도리어 수컷에게는 암컷의 대응 전략을 되받아치는 전략을 개발하는 진화적 선택압이 됐다. 그러한 변증법적 상호작용이 영장류 진화에 특히 중요했을 것이다. 그 이유는 이 책에서 설명한 바와 같이 수컷의 행동이 어린 새끼의 생존에 심각한 영향을 주기 때문이다.

영장류 수컷이 경쟁자의 새끼를 공격하는 극단적인 편애를 생각해 보자. 그것은 수컷의 극단적인 강압 통치의 대표적인 예다. 어떤 수컷이 자신과 교미한 적이 없는 암컷의 새끼를 죽일 경우, 수컷은 암컷이 이전에 결정한 '짝선택'을 효과적으로 무효화시키고, 암컷이 빨리 다시 임신할 수 있도록 압박하는 것이다. 수컷 대 수컷 경쟁으로 어미와 수컷의 이해상충은 더욱 심화되고 어미는 수컷의 보호에 더욱 의존하게 된다.

내가 이 책을 썼을 때, 사회생물학자들은 대부분의 인류 문화가 일부다처라는 것과 그중 70퍼센트 정도가 남편의 집에서 거주한다는 사실에 크게 고무됐다. 인류의 일부다처에서 신부는 결혼을 하면 태어난 곳을 떠나 남편의 친족과 함께 산다. 이것은 이미 예상했던 암컷과 수컷에 대한 간단한 이분법, 즉 활동적이고 성적으로 독단적이며 통제하려는 수컷과, 수컷이 만들어 놓은 게임의 규칙에 수동적으로 볼모가 된 암컷과 잘 들어맞는 것 같았다. 여성은 전형적으로 한 남성과 짝을 맺는 반면, 남편은 여전히 또 다른 아내나 첩을 찾아다니는 것, 그것이 바로 수컷과 암컷이 존재하는 방식이다. 일반적으로 '본성', 특히 인간의 본성에 관한 뿌리 깊고 보편적인 진리를 이중적인 가치기준으로 재치 있게 요약할 때, '호가무스 히가무스Hoggamous higgamous; 남자는 일부다처, 히가무스 호가무스 Higgamous hoggamous; 여자는 일부일처'라는 아주 오래된 민요를 종종 인용한다.

당시에는 남편의 친족과 함께 살아야 하는 여성에게는 자기편도 훨씬 적고, 선택권도 많이 제한되어 있었다는 사실이 고려되지 않았다. 이 책에서 분명히 밝히고 있는 것과 같이, 남편 집 거주 패턴과 극단적인 남성 우월주의가 완전한 부권제 제도를 낳게 된 일련의 조건 가운데 첫번째에 해당한다. 완전한 부권제란 부계 유전을 하고, 남편 집에 거주하며, 주요 재산을 남성에게 상속하고, 남성 권위 이데올로기로 무장된 사회를 말한다. 그러나 남편 집 거주 패턴은 지난 수만 년 동안의 인구학적이고 역사적인 경향을 반영한 것이지, 수백만 년의 생활 스타일을 반영한 것은 아니라면 어떻게 될까? 나는 지금 높은 인구밀도를 이룰 수 있는 방목과 괭이를 사용한 농업이 남편과 모성의 이해관계 사이의 오래 지속된 힘의 균형에 준 영향을 과소평가했다고 믿는다.

남자 친족이 방어해야 할 자원, 그것이 여자이든 토지이든, 자원을 보호하기 위해 '형제적 이해 그룹'이 함께 모여 사는 인류 집단은 언제나 있었을 것이라고 생각한다. 그러나 오늘날 '목축과 농업' 때문에 형제적 이해 그룹이 전보다 더 중요해졌다고 지적하는 역사학자와 인류학자들의 의견에 공감한다. 그때부터 사냥-채집인 사회의 특징인 한층 더 유연하고 다양한 거주 패턴을 버리고 부계 사회가 확대됐다.

유목민들도 인접 그룹 간의 습격이 중요한 문제라면 '부계 거주'를 할 수 있고, 유동적인 가용 자원에 생존을 맡겨야 하는 경우에는 남자와 여자 어느 쪽에서도 살 수 있는 '이중 거주'를 택하고, 혹은 아내가 선택의 권한이 있다면 자식을 기르는 데 도와줄 자신의 친족과 함께 사는 '모계 거주'를 할 수도 있다. 오늘날 유동적인 거주 방식은 예측하기 힘든 환경에서 흩어져 살고 있는 식량채집 사회에서 가장 흔하게 볼 수 있는 패턴인데, 홍적세 시대를 살았던 우리 조상들이 이러한 생활 방식을 택했을 것이다. 부계 상속을 하는 부계 거주에서는 일부다처와 여성의 성적 욕구에 대해 강압적인 태도를 취하는 것이 특징적이다. 반면에 여성이 자신의 친족이나 동료들과 함께 사는 경우에는 여성이 더 많은 사회적 권력을 갖고 이주나 자손 생산에서도 훨씬 더 많은 자유를 누린다. 이러한 일반화는 인류뿐 아니라 영장류에도 일반적으로 적용된다는 것을 이 책에서 보여 줄 것이다.

지난 수만 년 동안 남자들은 점점 더 부계의 친족과 함께 살면서 여성의 자손 생산에 대한 선택권을 구속할 수 있는 새로운 제도들을 도입했다. 이와 같은 새로운 전략 때문에 여성이 살아남고 자식을 기르는 데 필요한 자원을 남성이 독점하게 됐다. 그렇다고 해서 여성이 가장 강력한 남성을 선택하기 때문에 자연적으로 여성 스스로 부권제적 혼인 제도를 낳게 되는 선택을 했다고 말하는 것은 아니다. 짝선택을 연구하는 진화 심리학자들은 '선택'을 여성 자신의 선천적인 선호도에 따른 자연스런 결과라고 해석하지만 나를 포함한 다른 사람들은 여성이 자손 생산과 관련하여 갖고 있는 선택권에 대한 '부권적 억압'의 산물이라고 본다. 이 때문에 나는 다윈이 매료됐던 극단적인 성적 분별력과 정숙함은 여성 본성의 핵심적인 특성이라기보다는 인류 계열에서 최근에 획득된 것이라고 생각한다. 그것이 학습된 것이든 진화된 것이든 혹은 둘 다에 의한 것이든, 어쨌든 최근에 생긴 것이다.

우리의 오래된 암컷 선조들이 '태어나면서부터' 수줍거나 성적으로 분별력이 있거나 일부일처를 하거나 정숙하지도 않았다면, 어떻게 그처럼 많은 문화에서 여성이 그들을 둘러싸고 있는 사회적 환경에 대해 그처럼 민감해졌을까? 모든 사회에서 정도의 차이는 있어도 여성의 특징으로 성적인 정숙함을 요구하고 있는데, 그러한 특성이 홍적세의 어떤 시기에 선택된 것일까? 아니면 침팬지나 보노보와 같이 성적 억압이 거의 없는 상태에서 어떤 변환이 초기에 혹은 후기에 일어난 것일까? 왜 여성은 다른 영장류에 비해 그처럼 성적으로 정숙할까? 그리고 우리 인류 내에서도 얼마나 많은 다양성이 존재하며 그 이유는 무엇일까? 성적인 정숙함은 학습된 것일까 아니면 부분적으로 학습된 것일까? 이것은 인간 본성의 본질에 대해 현재 진행되고 있는 논쟁의 한 단면일 뿐이다.

그런데 이러한 일들은 과연 실용적인 면이 있을까? 이러한 계약의 룰을 변화시키고 싶어하는 사람들에게 냉철한 분석 없이 열정만 갖고 반응하는 것은 카타르시스는 될지 몰라도 일종의 사치일 뿐이다. 여성의 권리에 대해 현재 진행되고 있는 실험을 좀더 안전한 토대 위에 구축한다면, 당연히 진화생물학자와 페미니스트 간에 진지한 대화가 이루어져야 한다. 그리고 대화는 어째서 '여성의 생식권리'와 같은 문제가 그처럼 최우선 순위에 놓여 있는지에 대한 깊은 이해를 바탕으로 해야 한다.

이 책은 진화생물학의 초기부터 넘어온 암컷 본성에 대한 편견이라는 유물에 대해 단순한 비평을 내포하려는 것이 아니다. 그녀는 '우리 가운데 많은 사람이 아직 되지 못했던' 여성, 바로 미래의 여장부인데, 그것은 끈질긴 인내와 엄청난 자아 인식을 가질 때만 성취할 수 있을 것이다.

이 책을 쓴 지 18년이 지난 지금, 나는 책이 처음 출판됐을 때의 독자와는 전혀 다른 세계에 살고 있는 독자들을 만나고 있다. 초판에 감사의 글을 쓰고 있을 때 큰딸이 태어났는데 벌써 대학 졸업을 앞두고 있다. 그때는 양성 평등 문제가 내게 가장 중요한 문제였다. 내 딸도 그녀가 살고 있는 시대의 다른 사람들과 마찬가지로 예전에는 꿈도 꾸지 못했던 여성에게 열려 있는 교육과 운동과 취업의 기회를 너무 당연하게 받아들인다. 그녀는 자신의 생각을 자유롭게 말하고 자신이 선택한 곳에서 살며 자신이 자녀 생산을 결정할 수 있다고 생각한다. 그녀는 예로부터 내려온 구속과 타협을 청산하는 것이 '자연스런' 권리라 생각하지, 그녀의 선배들이 힘겹게 싸워 쟁취한 불안한 승리의 결과라고는 생각하지 않는다.

　세상에 대한 나의 시각은 우리보다 수백만 년 전의 선조로부터 물려받은 것이고, 자녀 생산에 관한 권한과 같은 여성의 권리가 확고하다는 데 그녀보다 확신이 없다. 어느 때보다도 더 긴급한 것은 우리의 진화적 역사와 앞으로 극복해야 할 견고한 불평등을 우리가 이해하는 것이다.

7장 여성 섹스의 기원   217

여성의
진화를 둘러싼 속설

1장

남녀의 성적 불평등은 수천 년간 그래왔듯이

극단적으로 확대될 수 있다.

그러나 남성이 인내심만 가진다면 남녀의 사회적 평등을

실현시킬 수 있는 잠재력도 풍부하다.

여성의 속성이란 남성이 꾸민 거짓말이다

여성은 보통 생물학을 기분 나쁜 학문으로 생각하는 경우가 많다. 그동안 남녀의 본성에 대한 생물학적 설명이 주로 여성에게 불리했기 때문이다. 사람들은 인류사회에서 차지하는 여성의 낮은 지위와 여성에게 불리한 성에 대한 이중적 가치기준을 정당화하는 데 생물학적 지식들을 이용해 왔다. 이 때문에 남성은 본래부터 문화적 활동을 수행하는 데 필요한 높은 자질을 갖고 태어나고, 여성은 종種을 유지하는 데 필요한 자질만을 갖고 태어난다고 생각했다. 남성은 합리적이고 활동적인 존재인 데 반해, 여성은 단순히 자식을 생산하고 양육하는 존재에 불과하다는 식의 설명이 대부분이었다. 이것이 바로 여성이 생물학을 달가워하지 않는 까닭이다.

　그중에서도 특히 페미니스트는 생물학이 인간의 비밀을 밝혀낼 수 있다는 가능성을 몹시 싫어한다. 그 결과가 여성에게 불리할 것이라고 지레 짐작하기 때문이다. 그들은 인류와 가장 가까운 친척인 영장류에서도 암컷과 수컷의 역학관계가 대부분 수컷에게 유리하게 되어 있다는 사실에 강한 거부감을 나타낸다. 그러나 만일 독자들이 인내심을 갖고 이 책을 읽어 나간다면 뜻밖에 놀라운 사실들을 발견하게 될 것이다. 특히 여권 신장이 남성의 배려와 인내에 달려 있다고 믿어 온 여성은 이제부터 좀더 당당해지기 바란다. 우리의 먼 친척인 영장류의 암컷과 원시 여성에 대해 여러 가지 흥미 있는 사실들을 알게 될 것이다. 물론 인류의 진화를 계속 추적해 들어가도 여성이 남성보다 우위에 있었다는 근거를 찾을 수 없게 될지도 모른다. 그러나 생물학적 지식을 담고 있는 책을 꼼꼼히 읽어 보면 여성이 남성보다 열등하다는 고정관념, 예를 들면 여성은 본래부터 자기 주장이 결여되어 있고 지능도 떨어지며 경쟁심이 약하고 비정치적이라는 생각에 반론을 제기할 수 있는 논리적 근거를 찾을 수 있을 것이다.

페미니스트는 생물학을 좋아하지 않는다

페미니스트는 지금까지 최소한 두 가지 이유 때문에 암컷에 대해 밝혀진 생물학적 사실을 거부한다. 첫번째 이유는 '생물학은 숙명론적이다'라는 일반적인 오해 때문이다. 이 견해는, 인류의 남성 우위가 진화적 이유 때문에 불가피했던 것이라면, 오늘날의 남녀불평등 현상도 근본적으로 바꿀 수 없다는 사실을 말해 주기 때문이다. 두번째 이유는 그동안 남성 우위론을 정당화하기 위해 생물학적 연구결과들을 계속 이용해 왔고, 연구 자체도 이런 편견을 기초로 계획되고 진행됐기 때문이다. 영장류 연구에서 실제로 그런 일이 많았다. 지금까지 영장류에 대한 대부분의 연구는 수컷이 어떻게 우위를 확보해 나가는지에 초점을 맞춘 것이었다. 암컷은 그저 자녀양육만 할 줄 아는 나약한 존재로밖에는 인식하지 않았다. 이 때문에 종종 암컷 사이에서 우위성이나 자기주장이 나타나는 경우에도 특별한 예외인 것처럼 무시됐고, 암컷끼리 혹은 암컷과 수컷 사이의 갈등 행동도 무시됐다.

영장류에 대한 연구는 현재 급속히 발전하고 있는 학문임에도 불구하고 영장류의 암컷과 수컷의 성차性差에 관한 글을 쓰는 학자들이 여전히 60년대 초반에 이루어진 암컷에 대한 고정관념에 의존하고 있다는 것은 참으로 안타까운 일이다.

머리를 식힐 겸 잠시 퀴즈 하나를 풀어 보자. 다음은 어떤 학술지에 저명한 사회과학자가 영장류의 사회구조에 대해 설명한 것을 발췌한 것이다. 이 중에서 어느 부분이 시대에 뒤떨어진 견해인가 살펴보자.

1. 집단을 유지하는 중심적인 리더는 수컷이다.
2. 경쟁은 수컷만의 독특한 특징이다.
3. 암컷의 순위 구조가 불안정한 데는 그만한 이유가 있다. 암컷의 지위는 발정기 때 쉽게 변하고, 교미기에는 상대 수컷의 지위에 따라 암컷의 지위가 결정되기 때문이다.

답은 물론 세 가지 모두 시대에 뒤떨어진 잘못된 생각들이라는 것이다. 그런데 아직도 이와 같은 고정관념을 가지고 있는 사람들이 많으며 그런 사람들은 "암컷은 생물학적으로 권력 체계에서 우위를 점하도록 돼 있지 않은 것 같다. 이 때문에 영장류의 역사는 암컷이 '권력 체계'에 참여하는 것을 억제하는 방향으로 작용해 왔다"고 생각한다. 그러나 이제부터 이 책을 읽다 보면 그런 생각이 어디가 잘못됐는지 알게 될 것이다.

인류학자인 제인 랭카스터 같은 사람은 그런 잘못된 생각을 계속 지적했다. 그럼에도 불구하고 수컷은 더 높은 지위를 차지하기 위해 투쟁하고 암컷은 새끼를 양육한다는 천편일률적인 이야기가 교과서에 실린다. 이런 생각들은 대학의 교양 과정이나 일반교양 도서에 더욱 깊이 침투해 있다. 학술논문에는 사실에 가까운 연구결과가 발표되지만, 일반인에게는 잘 알려져 있지 않다. 심리학이나 인문과학에 폭넓은 지식을 갖고 있거나 새로운 학문 분야를 개척하는 뛰어난 사람들, 특히 페미니스트의 생각에 공감하는 사람조차도 영장류에 대한 연구결과에 별로 관심을 보이지 않거나 의식적으로 외면했다. 그 결과 오늘날 수컷의 우위를 설명하는 일반적인 이론도 두 가지 범주로 나뉜다. 하나는 생물학적 시각과 고정관념에 의존한 가설로 핵심을 꿰뚫고 있기는 하지만 전체적으로 아주 잘못된 방향을 향하고 있다. 다른 하나는 영장류에 대한 연구로부터 얻은 증거를 의도적으로 사용하지 않기 때문에 결국 인간의 조건을 이해하는 데 도움을 줄 수 있는 정보를 고의적으로 무시하는 것이다.

이 책에서 말하는 우위라는 말은, 어떤 사람이 다른 사람의 행동을 강요할 수 있는 능력을 갖고 있는 것을 가리킨다. 영장류에서는 목표를 놓고 경쟁하는 일대일의 관계를 관찰하면 쉽게 우위를 판별할 수 있다. 영장류에서 '우위성dominant'이라는 용어는 일대일의 경쟁에서 언제나 이기는 쪽을 말한다. 그러나 이상하게도 우위 개념이란 사실상 존재하지 않는다. 우위성을 평가한다는 것 자체가 매우 어려운 일이고 상황에 따라 우열이 크게 달라지기도 하기 때문이다. 무엇보다도 실제 활동에서 우위성이 언제나 유지되는 것은 아니다.

예를 들면 공식적으로는 황제로 인정받는 사람이 가정에서는 아내에게 꼼짝 못할 수도 있고, 아무리 폭군이라도 굶주린 노예와 고기 덩어리를 놓고 경쟁한다면 질 수 있는 것이다. 엄청난 부와 강력한 권력을 쥔 남성이라도 아내가 부정한 짓을 하면 자손의 수를 극대화해야 한다는 생물학적 목적을 달성할 수 없다. 그럼에도 불구하고 다른 개체의 행동에 강압적인 영향을 주는 개체가 실제로 있기 때문에 이에 대한 적절한 용어가 필요한 것이다. 이 때문에 우위 개념에 대한 비판은 많지만 용어 자체를 없애 버리자고 주장하는 사람은 없다.

어떤 정의를 선택하든 인류학자는 일반적으로 다음과 같은 점에서는 의견이 일치한다. 대부분의 인류사회를 보면 남녀의 성적 불균형이 우열관계로 나타나는데, 그 균형이 보통 남성 쪽으로 기울어져 있다는 점이다. 스탠포드 대학 출판부에서 1974년에 출간한 《여성, 문화와 사회Woman, Culture and Society》의 편집자 서문에 보면 다음과 같은 말이 있다.

인류학자 가운데는 남녀가 완전히 평등한 사회가 정말로 존재하고 있고, 지금까지도 존재해 왔다고 주장하는 사람이 있다. 그리고 여성이 사회적으로 인정받고, 또 실질적인 권력을 갖고 있는 사회가 존재할 것이라는 주장에 모든 학자가 동의한다. 그러나 여성이 공식적으로 남성보다 우월한 권력과 권위를 갖고 있는 사회를 발견한 사람은 없다. 반면에 여성이 중요한 경제적 문제나 정치적 활동에서 소외되는 사회는 어디서나 찾아볼 수 있다. 그러므로 다음과 같이 말할 수 있다. … 오늘날 모든 인류사회는 어느 정도 남성 우위 사회다. … 여성의 종속 정도나 표현 방법은 서로 다르다 해도 남녀의 성적 불평등은 거의 모든 인류사회에서 쉽게 찾아볼 수 있는 보편적인 사실이라는 점이다.

그렇다면 당연한 의문이 생긴다. 남성 우위는 어떻게 형성됐을까?

여성의 종속은 언제부터, 어떻게 이루어졌는가? 심리학자와 인류학자는 인류사회에 나타나는 남성 우위 현상에 대해 수많은 해석을 제시한다. 다음에 소개하는 가설들은 그중 일부에 지나지 않지만 중요한 이론은 대체로 다 포함되어 있다. 찬찬히 살펴보고 당신의 생각과 비교해 보라.

남성은 여성을 어떻게 이겼을까?

첫째, 마르크스와 엥겔스는 처음에는 인류가 평등했다는 시나리오를 제시했다. 그런데 잉여물자의 축적과 교역이 활발해지자 물자와 교역로를 방어하기 위한 남성과 여성의 싸움이 시작됐고, 그때부터 여성이 지기 시작했다. 결국 자녀의 생산자로서는 유능하지만 전사로서는 열등한 여성은 자신의 권리를 남성에게 넘겨주면서 종속됐다는 것이다.

둘째, 후기 프로이트 학파는 여성의 종속성이 사회화 과정에서 생겨난 것으로 본다. 어머니와 자식은 오랫동안 아주 친밀한 관계를 유지하기 때문에 딸은 어머니와 자신을 동일시한다. 딸은 독립된 인격체로서 감정적 분리를 하지 못하는 데 비해 아들은 자신의 성적 역할을 확실히 하기 위해 고군분투한다. 이런 과정을 통해 남성은 여성적이라 생각되는 것을 모두 거부할 뿐만 아니라 경멸하게 된다는 것이다.

셋째, 구조주의적 관점에 치우친 인류학자는 다음과 같이 말한다.

사람들은 여성을 생각할 때마다 월경이나 출산과 같은 생식 기능을 먼저 생각한다. 그리고 그러한 생식 기능은 '자연의 일부'이며 자연스러운 과정으로 생각한다. 반면 남성은 '문명 그 자체'이며 문명화 과정과 동일시된다. 사람들은 '문화'를 '자연'보다 우월하다고 생각하기 때문에 저절로 여성을 열등한 존재로 보게 된다는 것이다.

넷째, '생물행동주의자'는 여성이 자립심을 빼앗기게 된 것은 바로 선사시대 인류가 '수렵생활'을 했기 때문이라고 생각한다. 즉 인류 특유의 식량 획득 수단이던 동물 사냥 때문에 성의 사회적 불평등이 생겼다는 것이다. 가장 널리 인용되는 이 이론을 좀더 살펴보자. 사냥이 중요한 생활수단이 됐을 때, 양육에서 자유로우면서도 육체적으로 강인한 남성이 사냥감의 획득과 분배권을 순식간에 독점했다. 사냥에 성공하느냐 마느냐는 남성만의 특수한 자질, 즉 넓은 시야, 강인한 체력, 사냥감을 찾는 능력, 특히 협동 작업을 수행하는 능력 등에 좌우됐다.

이러한 시나리오를 확대해 보면 다음과 같은 유명한 명제가 된다. "우리가 갖고 있는 지성, 호기심, 감정, 사회적 생활과 같은 것은 모두 수렵 생활에 성공적으로 적응했기 때문에 얻게 된 진화적 산물이다."

그런데 흥미로운 것은 다음과 같은 의문을 제기한 인류학자가 거의 없었다는 점이다. "그렇다면 왜 지성이 남성에게만 유전되는 반성유전형질sex-linked이 되지 않았는가? 또 지성이 수렵활동을 하는 남성을 위해 진화한 것이라면 왜 사냥을 하지 않았던 여성에게도 지성이 진화됐을까?" 이런 수렵 가설은 뒤에 가서 남성이 다른 남성 동료와 유대를 강화하는 경향으로 나타났다. 그러한 남성 간의 유대관계가 남성이 정치적 우위를 독점하게 된 원천이 됐다는 것이다. 특히 남성은 사냥에서 얻은 고기를 서로에게 제공함으로써 광범위한 동맹자들과 호혜적 관계를 확고히 할 수 있었다. 그러한 선물을 통해 남성은 서로를 인정하게 되고, 구속력을 갖기 시작했다. 이렇게 해서 일단 남성의 우위가 확립되자 여성은 교환 대상물로 전락했고, 아버지나 형제는 자기 딸이나 누이를 결혼으로 내보내고 남의 딸을 맞아들이게 됐다.

위의 이론들은 본질적으로 남성중심주의적이고 어떤 의미에서는 '성차별주의자sexist'의 냄새가 나는 것이지만, 전통적인 인류학의 견해를 따르고 있다. 페미니스트도 인류의 진화사를 재구성할 때, 초기 인류의 생태적 적응과정에 대해 똑같이 가정한다. 그들도 역시 노동의 분업과 분배, 자원배분의 권한, 유대의 중요성 등에 초점을 맞춘다. 이런 이론은 실용적인 면에서 도움을 주기도 한다. 예를 들면 페미니스트 교육자들이 여성에게 권력에 대항하는 사회화 교육을 시킬 때 남성이 우위를 차지한 그 방식을 그대로 적용하는 것이다.

헤닉과 요르딤은 최근에 발표한 여성 경영자에 관한 책에서 "지도자 훈련을 받는 여성은 사냥이나 부족 간 전투의 현대판이라 할 수 있는 집단경기에 참여해 경쟁 훈련을 받아야 한다"고 주장한다. 개혁가들은 여성이 일상적 생활과 도구 제작, 문화전통의 보존에 공헌해 왔다는 점에 착안해 새로운 관점을 제시한다. 그러나 그들도 초기 인류의 생태적 환경에 대한 기본적인 사고방식은 바꾸지 않았다. 예를 들면 페미니스트 인류학자인 질만과 태너는 인류가 500만 년 전에 다른 영장류에서 갈라져 나왔다는 전통적인 견해를 받아들인다. 그들은 초기 인류가 삼림지대에서 초원지대로 이주할 때 점차적으로 식량을 공유하고 성에 따라 분업을 실시하며 도구를 사용하게 됐다고 가정한다. 그들은 이런 변화가 영장류 조상으로부터 인류가 형성되는 데 가장 중요한 전기가 됐다고 보았다. 그러면서도 여성이 식량채집에 상당히 중요한 역할을 했다는 점을 강조한다. 여성이 채집한 식물성 식량이 생활에서 결정적으로 중요했으며, 새로운 식량 획득 기술을 고안한 것은 바로 여성이고, 그러한 지식을 다음 세대로 전한 것도 여성이었다는 점을 강조한다. 이 같은 관점은 기존의 가정을 사용하면서도 전혀 다른 내용을 담고 있는 것이다. 마치 술병은 똑같아도 그 속에 담긴 포도주는 다른 것과 같다. 이처럼 생활 용구를 제작하고 다양한 채집 방법을 사용하는 여성은 실생활에서 수동적 존재가 아닌 능동적 존재로 부상하게 된다. 이런 관점에서 보면 남성의 '우월성'이란 단순히 자료수집과 분석상의 편견에서 생긴 것이라는 인상을 받게 된다.

남성 우위를 설명하는 다섯 가지 이론 모두가 나름대로 그럴듯한 설득력을 갖고 있다. 그러나 모두 한 가지 확실한 결점을 갖고 있다. 모두 인간의 조건에 초점을 맞추고 있는 이 이론들은, 사실이든 신화이든 성적 불평등이 인류의 고유한 속성이 나타나는 바로 그 시기에 형성됐다고 본다는 것이다. 이들은 잉여 물자의 발생과 무역의 증가, '자아'의 발견과 자기 영역의 형성, '자연'과 '문화'와 같은 대립 개념을 발생시킨 이분법적 세계관, 동물 사냥, 생업과 관련된 노동의 성적 분업화 등에 중점을 둔다.

이러한 것을 다룬 각각의 이론이 인류를 이해하는 데 도움을 줄지도 모른다. 그러나 이 이론을 아무리 종합해도 자연계에서 광범위하게 발견되는 성적 불평등을 해석하기에는 불충분할뿐더러, 그나마 알려진 사례 가운데 극히 일부분밖에는 설명하지 못한다. 또한 이 이론은 인류 이외의 다른 동물에서 나타나는 성적 불균형을 하나도 설명하지 못한다. 수컷의 우위성은 대부분의 영장류에서 확실하게 찾아볼 수 있는 특성이다. 극소수의 예외를 빼고는 성적 불균형은 영장류에서 거의 일반적으로 나타나는 현상이다. 논리적으로 볼 때 이와 같이 광범위하게 나타나는 현상을 인류와 같은 특수한 경우에만 국한해서 해석한다는 것은 불가능하다.

여성이 남성에 비해 매우 특수한 상황에 있다는 것은 확실하다. 이러한 현상을 설명하기 위해 인류만이 갖고 있는 독특한 속성에 관심을 가져야 한다. 인류가 다른 동물과 전적으로 다른 점은 인류가 언어를 사용하고, 가치 체계와 고도의 기술을 창조해 다음 세대로 전달하며 자신의 의지에 따라 어떤 결정을 내리고 자신의 의사를 표현할 줄 아는 능력을 갖고 있다는 점이다. 인류 이외의 다른 동물은 단순히 진화적으로 안정한 사회조직을 택하고 있는 데 지나지 않는다. 반면 인류는 이상적인 사회조직과 유토피아를 꿈꾸고 그것을 실현시키려고 끊임없이 노력한다.

인류가 추구하는 이러한 이상주의와 사회를 의도적으로 변화시키는 능력 때문에, 인류는 다른 동물과 완전히 다른 길을 걷게 된 것이다. 그렇다고 우리가 다른 영장류의 사회생활에 대한 여러 가지 연구결과를 과소평가해도 좋다는 것은 아니다. 유인원과 인류는 공통 조상을 갖고 있을 정도로 매우 밀접한 관계에 있다. 그러나 지금 현재의 인간과 동물 사이에는 엄청난 차이가 존재한다는 것을 인식한다면 오늘날 우리가 어떻게 인류가 될 수 있었는지를 좀더 심각하게 생각할 필요가 있다. 학자들은 겨우 500만 년 전에 인류와 침팬지가 공통 조상으로부터 갈라져 나왔다고 본다. 분자생물학적으로 볼 때 인간과 침팬지의 유전자는 거의 식별할 수 없을 정도로 비슷하다. 단지 발생시기를 조절하는 극소수의 유전자만이 서로 다른 것으로 알려져 있다. 이런 극소수의 유전자가 언어문화를 이룩한 인류와 언어를 거의 사용하지 않는 침팬지를 갈라놓는 결정적인 차이를 만든 것이다.

인류와 고등영장류, 즉 원숭이와 유인원은 해부학적인 특징이나 생화학적 특징이 같을 뿐만 아니라 손톱이나 입체적 시각능력도 유사하기 때문에 서로 비슷한 현상을 경험한다. 우리는 다른 고등영장류와 같은 방식으로 세상을 인식하고 같은 방식으로 정보를 처리한다. 그중에서도 특히 기억과 관련된 대뇌의 신경계통 구조는 놀랄 정도로 비슷하다. 인간의 특성으로 알고 있는 미소와 같은 감정 표현도 다른 영장류에서는 '입 벌림open-mouth display'과 같은 형태로 나타난다.

같은 반 여학생은 같은 시기에 월경을 한다

하렘을 이루고 사는 망토비비 암컷에서부터 기숙사에 같이 사는 여성에 이르기까지 모든 영장류 암컷의 월경주기는 대체로 동시에 이루어지는 경향이 있다. 학기 초에는 각지에서 온 여학생들의 월경주기가 서로 다르지만 학년 말이 가까워지면 급우들과 같은 시기에 월경을 하게 된다(7장에서 좀더 자세히 살펴보자). 최근 연구에 따르면 여성은 다른 영장류 암컷과 마찬가지로 배란기에 성적 욕구가 활발해지는 경향이 있고, 오르가슴의 경험도 다른 영장류의 암컷과 비슷하다는 증거가 많아지고 있다(8장). 그러나 무엇보다도 종의 진화와 유지에 필수적인 생식 활동에서 한쪽 성이 다른 쪽 성을 철저하게 이용한다는 사실이 중요하다. 즉 암컷이나 수컷 한쪽이 자신에게 유리하게 상대를 이용한다. 이런 일이 가능한 이유는 바로 동성 간의 경쟁(5장과 6장) 때문이다. 이렇게 보면 인류는 다른 영장류와 다른 점도 있지만 비슷한 점이 훨씬 더 많다고 할 수 있다.

만일 우리가 생물학적 사실에 대해 모르는 척한다면, 다른 영장류 암컷보다 여성이 훨씬 나쁜 상황에 놓여 있다는 사실을 은폐할 수도 있을 것이다. 여성이 동물의 세계에서 발견되는 여러 가지 사례를 의도적으로 무시하는 이유는 그것이 여성의 지위 향상에 악영향을 끼칠 수도 있다고 속단하기 때문이다. 대부분의 인류사회에서는 부부가 식량을 공유하는 것이 일상적이기 때문에 사냥해서 식량을 구해 오는 남편이 없는 여성이나, 반대로 요리를 만들어 주는 아내가 없는 남성은 상대적으로 상당히 불리하게 된다. 반면에 다른 영장류는 대부분 자신의 식량은 전적으로 자신이 책임진다. 유일한 예외로 침팬지가 때때로 고기를 나누어 먹기도 하지만 그 경우에도 수컷은 사냥으로 잡은 고기를 혼자 독점한다. 따라서 침팬지 암컷은 흰개미나 작은 동물을 혼자 힘으로라도 잡아먹어야 동물성 단백질을 섭취할 수 있다. 침팬지 사회에서도 암컷과 수컷 사이에 분업이 초보적인 형태로 나타나기는 하지만 한쪽이 다른 쪽에게 전적으로 식량을 의존하지는 않는다.

이런 점에서 보면 영장류 암컷은 남성이나 여성보다 자립도가 훨씬 높다. 인류의 약 80퍼센트는 아버지와 형제가 결혼 전의 여성을 지배한다. 남성이 갖고 있는 그러한 '권한'은 다른 영장류에는 존재하지 않는다. 여성이 단순히 자녀를 낳는 일만 하는 것이 아니라 생활에 필요한 생필품도 만드는 사회에서는 부권제가 형성되기 쉽다고 마르크스주의자들은 주장한다. 인류만이 독특하게도 성에 의한 노동의 분업을 발달시켰고 식량 분배에 의존한다. 그러나 생식 활동에서 한쪽 성이 다른 성을 이용하는 좀더 근본적인 성적 불균형은 인류 이전의 아주 먼 과거부터 시작된 것이다.

영장류 전체를 볼 때 보편적으로 수컷이 암컷보다 우위를 차지한다. 그렇다고 해서 수컷이 전혀 아무 일도 하지 않고 살아왔다는 것은 아니다. 하여간 극히 일부의 예외(3장과 4장)를 제외하면 대부분 수컷이 암컷을 지배한다. 이런 점에서 보면 인류는 극히 전형적인 영장류라고 할 수 있다. 그러므로 다른 영장류와 '확실히 구별되는' 인류만의 생활양식에만 관심을 집중하는 것은 바보 같은 일이다. 남성의 권위가 인류에게 독특한 것만은 사실이지만 그 기원은 결코 인류가 아니기 때문이다.

여성이 사회를 지배했던 시기가 있었을까?

영장류학자들은 세상을 다른 사람과는 좀 다르게 보는 경향이 있다. 그것은 별로 놀랄 일도 아니다. 그들은 원숭이나 유인원을 우리 속에 가두어 놓고 뭔가 이상한 행동을 하지 않나 지켜본다. 그들은 동물이 무엇을 하는지에 관심을 갖고 있지만, 그러한 행동을 뭐라 부르는지에 대해서는 관심이 없다. 학자들은 그들의 조상에 대해 극도의 호기심을 나타낸다. 그 동물은 어떤 종류의 조상으로부터 진화했을까? 그리고 왜 진화했을까? 어떤 사회적, 환경적 압력이 작용하여 그러한 특징을 갖게 됐을까? 인간과 다른 영장류 사이에는 분류학적 관계가 있기 때문에 대부분의 영장류학자들은 인류중심적인 관심에서 인류의 기원 문제를 이해하고 싶은 유혹을 받게 된다. 그러나 우리가 다른 영장류에 대해 더욱더 광범위한 지식을 갖게 되면 남녀 모두를 포함한 인간 본성을 더 깊이 이해할 수 있게 될 것이다. 또한 사회적인 성적 불평등을 해소하려고 할 때 직면하는 여러 문제를 이해하는 데 도움이 될 것이다. 이것이 바로 내가 설명하고자 하는 것이다. 그렇다면 인류 여성을 포함한 암컷이란 무엇을 의미하는 것인가? 이러한 문제를 설명하는 것 가운데 어떤 것은 영장류에서는 결코 진화한 적이 없었고 또 결코 진화될 수도 없었던 속성들을 열거하는 경우가 많다. 왜 그런지 곧 알게 될 것이다.

예를 들어 여성이 인류사회를 지배했던 적이 있었다는 믿음이 아직도 페미니스트들 사이에, 특히 마르크스주의를 따르는 입장에 있는 사람들 사이에 유행하고 있다. 이런 인식은 로마법 연구의 대가인 스위스의 법학자 요한 바흐오펜의 학설을 엥겔스가 계승하고 있는 것이다. 바흐오펜은 다수의 고대 신화를 인용하고 고고학이나 그리스 이전의 고대사를 첨가하여 1861년에 《모성의 권리The law of the mother》라는 책을 출판했다. 이 책에서 그는 인류가 초기에는 엄청난 난혼亂婚을 했으며, 그 뒤 여성이 지배하는 더욱 질서 있는 사회가 형성됐다고 주장했다. 그리고 이러한 모권제 사회가 점차 오늘날의 남성 우위 사회로 바뀌었다고 했다. 바흐오펜은 모권제는 인류의 역사에서 보편적으로 나타나는 현상으로 자연환경이나 정치적 환경에 특수하게 적응한 결과로 생긴 것은 아니라고 믿었다.

그러나 바흐오펜 이후의 인류학이나 고고학 증거들은 대부분 그의 생각이 잘못된 것임을 보여 준다. 물론 재산이 여성에게 상속되고 자녀는 모두 어머니의 자녀로 인정되는 사회가 존재했다는 것은 사실이다. 이와 같은 모권제가 아닌 모계사회는 결코 특수한 것이 아니다. 전세계 문화의 약 15퍼센트가 모계를 통해 재산을 상속하고 이 가운데 절반가량은 남성이 결혼할 때 처가의 가족과 함께 살기 위해 처가로 간다. 일반적으로 이런 사회는 원시 농경사회고 전답은 어머니로부터 딸에게 양도되는 재산이었다. 그러나 이런 상황에서도 가족의 재산 관리와 가문의 문제에 대한 결정권은 남성이 갖고 있는 경우가 많았다. 아마존의 여인 제국처럼 여성만으로 집단을 이루고 살아가는 것이 결코 불가능한 것은 아니지만, 그런 사회가 인류 사회의 진화에서 보편적인 단계였다고는 결코 볼 수 없는 것이다.

세상을 지배하고 다스리는 여성에 관한 신화는 세계 도처에서 발견되었는데 이러한 신화는 보통 여성의 본성에 관한 학설과 연결되어 있다. 모권제의 원형인 아마존의 여인 제국에서는 여성이 공격적이고 호전적이다. 이와 정반대로 샬롯 퍼킨스 길먼이 1915년에 발표한 여성만의 사회를 묘사한 유토피아 소설 《여인 제국Herland》에서는 여성을 아주 부드럽고 이상적인 인물로 그리고 있다. 그러나 여성 제국을 몰래 훔쳐본 남자 스파이는 돌아와서 "여성은 서로 협력할 수 없다. 그것은 자연의 섭리를 거역하는 것이다!"라고 외쳤다.

여성의 본성을 보는 이러한 두 가지 견해에 대한 현대판 대변자가 나타났다. 발레리 솔레니가 바로 그인데, 그는 1967년에 열렸던 〈남성 비판협회Society for Cutting Up Men; SCUM〉의 선언문에서 아마존의 정신을 부활시켰다. 한편 엘리자베스 굴드 데이비스는 《첫번째 성The First Sex》이라는 저서에 길먼의 공상세계를 다시 묘사하면서 "지상에는 평화와 정의가 충만하고 전쟁의 신은 아직 태어나지 않았던 여성 왕국의 황금시기가 있었다"고 썼다.

모권제 혹은 여가장제라는 잘못된 공상과 그것과 결부된 여성의 본성에 대한 신화는 인류학이나 고생물학적 지식을 단순히 잘못 해석해서 생긴 것이 아니다. 그것은 19세기에 널리 퍼져 있던 여성의 본성에 대한 보수적인 견해에 대한 저항이었고 도피였다. 19세기에는 여성을 수동적이고 육아에만 전념하는, 정치적 자질이 결핍된 존재로 보는 사고방식이 뿌리 깊게 퍼져 있었다. 여성을 열등한 존재로 보는 견해는 여러 분야에서 여성에 대한 시각을 왜곡시켰는데, 특히 인류 진화 연구와 같은 분야가 더욱 심했다. 이런 영향 때문에 생물학자조차 인류 여성과 동물의 암컷에 대해 묘한 결론을 내릴 때도 있었다.

예를 들면 생물학자는 진화적인 면에서 경쟁적이고 성적으로 진취적인 것이 수컷에게만 유리했을 것이라고 미리 단정했다. 그러나 이런 견해는 대체로 암시적으로 기술되는 경우가 많았다. 만일 암컷이 경쟁적이고 성적으로 적극적인 행동을 하더라도(7장 참조) 그것은 수컷적인 성질의 단순한 부산물 정도로 무시됐다.

여성은 남성의 불완전한 모조품인가?

그러나 나는 암컷의 특성도 수컷과 마찬가지로 격렬한 경쟁을 통해 진화한 것이라고 생각한다. 그런데 이런 주장을 펼친 것이 내가 처음은 아니다. 찰스 다윈이 1871년 《인간의 유래 및 성에 관한 선택》을 발표한 지 4년 뒤에 안토네트 브라운 블랙웰이 조심스럽게 이 책을 비평했다. 블렉웰은 자연선택에 대해서는 다윈 학설과 페미니스트, 어느 입장도 고집하지 않았다. 그러나 그녀는 다윈의 관점을 좀 더 확대할 수 있지 않을까 생각했다.

생물의 구조를 연구한 다윈은, 생물의 과거와 현재의 특질로부터 그것을 만들어 낸 원인에 대해 빛나는 업적을 이룩했다. 그러나 성의 차이도 '자연선택Natural Selection'과 진화의 법칙에 따라야만 한다는 원리를 마음속에 새기고 있지는 않았던 것 같다. 모든 시대에 통할 수 있는 《종의 기원The Origin of all Species》과 《인간의 유래The Descent of Man》를 완성하려는 자신의 당면과제 자체가 생물이 서로 다른 방향으로 확대, 진화해 왔다는 인식을 가로막았던 것은 아닐까? 수컷이 어떻게 수컷의 특질을 획득해 왔는지는 풍부한 사례를 열거하면서 자세히 설명하고 있지만, 마찬가지로 암컷이 어떻게 암컷의 특질을 발달시켰는지는 생각해 보려고도 하지 않은 것 같다.

블랙웰은 자연선택설을 받아들이면서도 여성이 열등하다는 신념이나 여성은 남성의 불완전한 모조품이라는 생각을 단호히 거부했다. 그러나 진화론자들은 이러한 주장을 귀담아 들으려 하지 않았다.

경쟁에서 살아남아 자손을 남기는 자가 승리자다

19세기 후반에 사람들이 인식하던 진화는 사회적 다위니즘social Darwinism으로 알려진 것이다. 그것은 일종의 철학으로 허버트 스펜서가 제시한 것이다. 스펜서는 자신의 정치적 견해를 설명하기 위해 다윈 학설을 적극적으로 받아들였다. 스펜서는 여성이란 본래부터 남성과 평등하지 않고 또한 그럴 수도 없었다고 생각했다. 그래서 여성의 복종은 자연스런 것일 뿐만 아니라 바람직한 것이라고 생각했다.

사회적 다위니즘은 사람들이 진화 이론을 이해하는 데 씻을 수 없는 악영향을 미쳤다. 특히 다윈 이론을 인간에 적용했을 때 더욱 치명적이었다. 사회적 다위니즘에서 가장 중요한 한 가지가 본래의 다위니즘과 결정적으로 달랐다. 이 차이를 무시해 온 것은 어쨌든 매우 불행한 일이고 과학 저널리즘이 저지른 실수였다. 다위니즘은 자연선택설에 따라 모든 형태의 생물을 분석한다. 다윈주의자들은 서로 다른 개체 간의 경쟁을 언급하지만 경쟁이나 결과 그 어느 것에 대해서도 가치를 판단하지 않는다. 자연선택설은 어떤 개체나 집단이 다른 쪽을 지배하는 것을 이해하는 데 매우 유력한 수단이지만 종속을 용인하거나 비난하는 것은 결코 아니다.

반면 사회적 다위니즘은 사회적 불평등을 '정당화'하려고 한다. 그들은 경쟁이 종을 '개량'해 나가도록 유도한다고 확신한다. 종의 개량 메커니즘은 개체나 그 자손이 모두 동등하게 살아남을 수는 없다는 이른바 '차별 생존'에 의한 것이다. 이런 이론을 인간에 적용하면 경쟁에서 살아남아 자손을 남기는 자가 필연적으로 '최상의 인간'이다. 이것이 사회적 다윈주의자들의 생각이다. 그들은 성의 사회적 불평등이나 계급이나 인종 간의 불평등은 자연선택이 작용한 결과이므로 손을 쓸 수 없다고 주장한다. 여기에 인위적으로 간섭하게 되면 종의 번영이 방해받기 때문이라는 것이다. 다윈주의가 이런 식의 진화생물학과 결합되어 만들어진 것이 사회적 다위니즘이다. 이런 관점이 퍼뜨리는 잘못된 고정관념 때문에 그동안 페미니스트들이 생물학에 대해 그처럼 철저하게 저항해 왔던 것이다.

적극적인 암컷이 진화될 가능성은 없는가?

블랙웰의 반론은 그 당시 주류를 이루던 사회적 다윈주의의 물결 속에 떠밀려 갔다. 페미니스트와 진화생물학은 한 세기 동안 단절 상태에 있으며, 아직도 완전히 연결되지 않고 있다. 역사적으로나 정치적으로나 이러한 단절은 너무도 당연한 것이었다. 진화론자도 암컷에 대한 수컷의 성적 경쟁을 강조하는 편견을 가지고 있다. 이런 경우엔 암컷이 자신의 권리에 따라 어떤 행동을 하는지에 대해선 엄밀하게 검토하지 않는다. 그들이 좋아하는 주제는 수컷이 우열을 놓고 투쟁한다는 것과 가능한 한 많은 암컷을 수정시키기 위해 '성적 상대'를 끊임없이 추구한다는 문제들이다. 수컷끼리의 경쟁만을 생각하는 사람들은 암컷이 난폭한 수컷 배우자의 뜻대로 움직인다는 환상을 갖고 있다. 성적으로 신중한 암컷은 적절한 수컷 배우자가 나타날 때까지 자신의 생식 능력을 깊숙이 감추고 보호한다.

암컷은 야영지에서 자신의 배우자가 돌아올 때를 조신하게 기다린다. 이때 특히 암컷은 양육에 몰두하느라 사회조직에 관여할 여유가 거의 없다는 점을 강조한다. 결국 암컷이 다음과 같이 진화할 가능성을 완전히 무시하는 것이다. 매사에 적극적이며 성적으로도 능동적이고, 경쟁심이 풍부하면서도 교묘하게 배우자를 다뤄서 자녀를 보호하고 양육하게 함과 동시에, 자신은 높은 사회적 지위를 획득하려는 강력한 의지를 가진 암컷. 그런 암컷이 진화될 수 있는 가능성을 전혀 고려하지 않는다. 그 결과 극히 최근까지도 영장류 암컷을 설명할 때 그저 새끼를 양육하는 어미 역할을 제외하면 더 이상 할 얘기가 없었다. 원숭이나 유인원의 역사에서도 암컷에 비해 수컷의 활동을 훨씬 자세히 설명한다. 극단적인 사회적 다위니즘이나 관습적인 성차별주의에 민감한 독자들은 오늘날 이런 억지가 뒤집어지고 있다는 것을 알게 된다 해도 별로 놀라지 않을 것이다.

진화생물학과 여기서 파생된 사회생물학은 본래 성차별주의와는 관계가 없었다. 그러나 오늘날 포유류의 번식 체계를 연구하다 보면 나와 같이 특수한 입장에 있는 다윈주의자도 암컷에 대한 불길한 예감을 피할 수 없다.

이 책의 목적은 암컷의 본성에 대한 신화의 일부를 파기하고 지금까지의 연구결과를 종합해 여성의 진화에 대한 몇 가지 가설을 제시하는 것이다. 책을 읽는 동안 인간의 조건에 대한 역설 가운데 다음과 같은 한 가지 핵심적인 것을 마음속에 잊지 말고 간직하기를 바란다. 인간은 남녀의 성적 불평등을 극단적으로 확대시킬 수 있는 능력을 가지고 있음과 동시에 원하기만 한다면 남녀의 사회적 평등을 실현시킬 수 있는 잠재력도 가지고 있는 존재다. 성의 사회적 불평등은 분명히 심각한 문제다. 우리가 이를 바로잡기 위해 뭔가 건설적인 일을 하려는 의지를 갖고 있다면 먼저 불평등의 원인을 포괄적으로 이해할 필요가 있다.

인류가 갖고 있는 성적 불평등의 원인을 정확히 이해하기 위해서는 인간이라는 종의 진화 계통을 거슬러 올라가면서, 그동안 일어났던 진화의 전체 역사를 이해해야 한다. 물론 시간을 거슬러 올라가서 진화의 역사를 뒤져볼 수는 없다. 우리가 할 수 있는 유일한 길은 현존하는 다른 영장류를 서로 비교연구하는 것이다. 즉 진화의 전단계로 추정되는 다른 영장류를 관찰해 인간의 진화 계통을 역추적하는 연구 방법이다. 그러나 연구로도 어떤 해답을 얻지 못한다면 우리는 인류의 가장 근본적인 상황을 이해할 수 없을 것이다. 그것은 문제에 대해 질문할 수 있는 능력조차 없다는 것을 뜻한다. 알아야 문제를 제기할 수 있지 않겠는가?

남녀 불평등의 기원

2장

페미니스트들은 남성의 우위성에 대해

얘기할 때 육체적 요인은 처음부터 배제해 버린다.

그러나 왜 그것을 문제 삼지 않는가?

남자와 여자는 종種이 다른 생물인가?

인류는 매우 오래전부터 남성이 여성보다 우위에 있다고 생각해 왔다. 그러나 남성 우위가 사회적 통념이었다 해도 그것이 정말로 불가피한 것일까? 유인원, 원숭이, 여우원숭이 등의 다른 영장류 암컷은 우리가 생각했던 것보다 훨씬 강력한 힘을 갖고 있다. 그러나 암컷이 수컷의 행동을 직접 지배하는 경우는 거의 없다. 반면 영장류 수컷이나 인류의 남성은 어느 연령에서나 어떤 문화에서나 암컷 위에 군림했으며 뛰어난 전투 능력으로 암컷을 지배했다. 왜 이런 일이 벌어졌는가?

이런 의문은 내가 인간에 대한 연구에서 원숭이에 대한 연구로 방향을 바꾸었을 때 생겨난 것이었다. 내가 수컷이 철저하게 암컷을 이용하는 하누만 랑구르 연구에 빠져들게 된 것도 결코 우연이 아니었다. 나는 인도에서 매끄러운 은백색의 털을 갖고 있는 원숭이를 9년 동안이나 관찰한 적이 있다. 그 일을 스트린드베리의 희곡을 십

하누만 랑구르

년 동안 보고 있는 것과 비교하곤 했다. 스트린드베리는 남자와 여자를 "종種이 서로 다른 두 개의 생물"로 볼 정도로 서로 다르다고 믿었던 작가다. 어떤 사람들은 스트린드베리가 남녀 간의 서로 화합할 수 없는 차이에 대해 너무 오랫동안 생각한 끝에 미쳐 버렸다고도 말한다.

랑구르를 조사하면서 나는 수컷이 암컷을 이용하기는 하지만 생각했던 것만큼 늘 그런 것은 아니라는 사실을 알았다. 이 책을 준비하기 시작했을 때 나는 랑구르 연구를 통해 다른 영장류의 암컷과 수컷의 관계를 연구할 때 어떻게 해야 하는지 알고 있었다. 그러나 나는 랑구르에서 볼 수 있었던 암컷과 수컷의 불평등한 관계가 영장류 전체에서 나타나는 일반적인 현상이라는 것을 알고는 깜짝 놀랐다. 왜 그처럼 많은 종에서 성의 불평등이 보편적으로 나타나는가?

랑구르의 사회조직을 안정하게 유지하는 핵심적인 역할을 하는 것은 수컷이 아니라 암컷이다. 대부분의 원숭이와 마찬가지로 랑구르 사회도 혈연관계에 있는 여러 세대의 암컷으로 이루어진다. 극히 일부를 제외하고 거의 모든 동물 집단에서 암컷은 사회 집단의 중요한 구성원인 데 반해 수컷은 일시적인 체류자에 지나지 않는 경우가 대부분이다.

문화 전달자의 주체는 암컷인가 수컷인가?

사회생활이 진화하는 단계는 혈연관계에 있는 암컷이 서로를 받아들이고 협력하는 데서 시작된다. 사회적 지위가 모계를 통해 승계되는 영장류의 경우, 암컷 간의 우열관계는 수컷의 일시적인 권력에 비해 훨씬 오랫동안 지속된다. 어떤 개체의 사회적 지위를 결정하는 가장 중요한 요인은 바로 그 개체의 어미가 차지하는 순위다.

랑구르나 마카크와 같은 원숭이 암컷은 어미한테 상속받은 지역에서 산다. 만일 새로운 서식지를 찾아 떠나야 하는 경우가 생기면 지위가 낮은 늙은 암컷이 자신의 불운한 직계를 이끌고 황야로 나가는 모세의 역할을 한다. 이렇게 갈라져 나간 집단은 대부분 죽지만 만일 살아남아서 번식하게 되면 그 종의 생존 지역이 넓어지게 된다. 이처럼 한 마리의 암컷을 창시자로 시작해 언젠가 하나의 새로운 종이 형성될 수도 있을 것이다. 그렇게 되면 결국 모세가 이브가 되는 것이다.

본래의 서식지든 새로 옮긴 서식지든 집단이 생존하는 데 필요한 지식과 전통을 알고 있고 또 그것을 다음 세대로 전해 주는 역할을 하는 것은 바로 나이가 많은 늙은 암컷이다. 어떤 원숭이 무리에서도 암컷이 최고참인 경우가 많고, 가뭄이 들었을 때 어디에 샘이 있는지 알고 있는 것도 최고참 암컷이다. 이런 전승을 문화로 볼 수 있다면, 문화를 전달하는 주체는 바로 암컷이다. 이렇듯 지식은 어미에서 자녀로 전달된다.

어떤 집단에서건 유전자의 절반은 암컷이 제공한 것이다. 모든 포유동물이 마찬가지지만 영장류 수컷이 번식에 성공하려면 암컷이 새끼에게 장기적이고 집중적인 양육 투자를 해야 한다. 또한 종의 진화는 암컷의 선호에 따라서 결정된다. 왜냐하면 '언제' '누구와' '얼마나 자주' 교미할 것인지를 결정하는 것은 바로 암컷이기 때문이다. 영장류의 경우 특히 그렇다. 강간은 인간과 오랑우탄에서만 찾아볼 수 있는 특수한 경우다.

종의 번식능력을 좌우하는 것은 언제나 암컷이었고 지금도 마찬가지다. 그렇다면 더욱 이해하기 힘든 것이 있다. 암컷의 선택권이 그토록 큰데도 왜 암컷과 수컷 간의 불평등이 그처럼 보편적으로 나타나는가? 종의 번영과 진화에 암컷이 중요한 역할을 한다는 것은 분명하다. 그럼에도 불구하고 이해 대립이 생기는 경우 언제나 수컷이 암컷보다 유리한 입장에 있다. 실제로는 암컷과 수컷이 서로 대결하는 경우가 많지 않다. 예를 들면 서열도 각각 따로 매겨져서 수 컷은 수컷끼리, 암컷은 암컷끼리 경쟁한다. 그러나 만일 암컷과 수컷이 똑같은 열매를 갖기를 원한다거나 똑같은 잠자리를 원할 경우에는 수컷이 이긴다.

대부분의 영장류에서는 수컷이 암컷보다 크고 강하다. 그러나 지금은 10년 전에 생각했던 것보다는 더 많은 예외가 밝혀졌다. 수컷의 공격이 별로 필요하지 않은 특수한 상황에서는 암컷이 1년 중 어떤 시기 혹은 1년 내내 수컷을 지배하기도 한다. 그리고 새끼를 양육하는 데 수컷과 암컷의 역할이 비슷한 경우에는 암컷의 몸집이 수컷과 비슷하거나 더 큰 경우도 있다.

물론 이런 경우는 매우 드물지만 그렇기 때문에 그것을 더욱 무시할 수 없는 것이다. 어떤 일에도 반대 상황이 일어날 수 있는 법이다. 암컷이 수컷보다 크거나 암컷이 수컷을 지배하도록 진화가 일어났다 해도 그것이 자연 법칙을 어긴 것은 아니다. 무척추동물이나 어류에서 보면 암컷이 수컷보다 더 큰 경우가 훨씬 더 많다. 반면에 포유류에서는 수컷이 암컷보다 큰 것이 일반적이다. 그러나 그 반대되는 경우도 아주 없는 것은 아니다. 주름 얼굴 박쥐는 암컷이 수컷보다 너무 커서 오랫동안 암컷과 수컷을 서로 다른 종으로 분류하기도 했다. 지금까지 살았던 가장 큰 포유동물도 암컷이다. 현재 알려진 가장 큰 생물은 청색고래인데, 이 고래는 암컷이 수컷보다 크다. 동물학자인 캐서린 롤스는 여러 가지 문헌자료를 열심히 조사했다. 덕분에 암컷이 수컷보다 큰 포유류에 대해 상당히 많이 알게 됐다.

롤스의 연구는 큰 쪽이 우위성을 갖게 된다는 견해에 의문을 제기했다는 점에서 매우 중요한 것이었다. 그동안 사회학자와 동물학자 들은 수컷이 암컷보다 체격이 크기 때문에 우위를 차지하게 됐다고 생각했다. 이러한 가설은 특정한 동물에만 해당되는 것이 아니므로 더 다양한 동물에 적용해서 엄밀히 검토할 필요가 있다. 사회생물학자인 도널드 시몬스는 널리 퍼져 있는 생각들을 종합해 다음과 같이 요약했다.

침팬지 수컷의 우위성은 분명히 체격의 크기, 강력함, 공격성과 관련되어 있다. 이것은 아마도 인간의 경우에도 마찬가지일 것이다. 그러나 여기서 공격성의 문제는 무시할 수 있다. 그래도 인류 남성의 우위성을 설명할 수 있기 때문이다. … 인간의 경우 육체의 강력함을 과소평가해서는 안 된다. … 남성의 정치적 우위를 설명하기 위해서는 다음과 같이 가정하지 않으면 안 된다. 각자는 자신들이 원하는 것을 얻기 위해 주위에서 가장 효과적인 도구를 사용하려고 한다. 남성은 자신의 정치적 동지를 선택할 때 여성보다는 힘이 센 남성이 더 유리하다고 믿기 때문에 남성과 동맹관계를 맺는다.

일부 페미니스트는 수컷의 우위성을 말할 때 육체적 요인을 처음부터 배제해 버린다. 그러나 왜 그것을 문제시하지 않는지 증거를

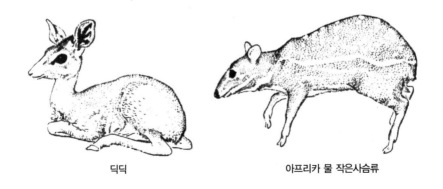

딕딕   아프리카 물 작은사슴류

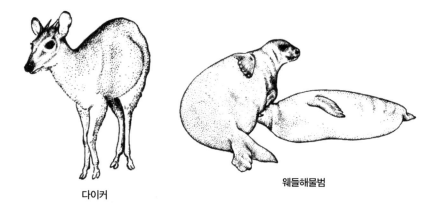

다이커 　　　　　　　　　웨들해물범

제시하는 사람은 거의 없다. 이와는 대조적으로 롤스는 아주 설득력 있고 확고한 이유를 들면서 이 문제를 다루고 있다. 그녀는 체격의 크기가 우위성의 한 요인이 된다는 것을 부정하지는 않는다. 그러나 암컷이 수컷보다 더 큰 다양한 실례를 들었다. 예를 들어 작은 영양의 일종인 딕딕과 다이커, 골든 햄스터, 아프리카 물 작은사슴류, 웨들해물범(그림 참조) 등이다. 그러나 이런 동물에서도 공격적이고 우위를 차지하는 것은 체격이 큰 암컷이 아니라 수컷이라는 것을 입증했다.

암컷이든 수컷이든 간에, 같은 성에서 체격이 작은 개체가 큰 개체보다 우위를 차지하는 예도 많이 찾아볼 수 있다. 이런 경우는 인간 사회에서도 얼마든지 찾아볼 수 있다. 아무튼 수컷이 우위성을 갖게 된 요인으로 육체의 크기를 무시하는 것은 성급하며, 이는 십중팔구 잘못된 것이다. 그러나 롤스의 연구를 보면 몸의 크기가 우위성을 확보하는 결정적인 요인은 아니며 또한 주된 요인도 아니다.

암컷이 더 큰 영장류의 수는 극소수밖에 알려지지 않아서 손가락으로 꼽을 수 있을 정도다. 이들은 모두 마모셋(명주원숭이)과 타마린으로 구성된 마모셋원숭이류에 속하는 것들이다. 알락꼬리 여우원숭이, 시파카, 탈라포인원숭이는 암컷이 수컷과 크기가 같거나 더 작지만 우위를 차지하는 종도 있다. 그러나 그렇게 많지는 않다. 여기서 다시 '왜?'라는 의문이 생긴다. 영장류의 생물학적, 사회적 체계에 어떤 장벽이 있기에 암컷이 힘을 갖는 사회가 번성하지 못하는 것인가?

이에 대한 부분적인 대답은 '이형배우자anisogamy'에서 찾을 수 있는데, anisogamy란 그리스어로 불평등을 의미하는 'aniso'와 난자와 정자를 의미하는 배우자 'gametes'가 결합한 말이다. 즉 배우자의 크기가 다른 것을 의미한다. 배우자의 크기가 달라진 것은 아주 오래전의 일로 어떻게 해볼 도리가 없는 문제다.

난자 하이재킹으로 어떤 일이 일어났나?

오늘날과 같은 암수의 성 구별이 생긴 것은 수십억 년 전이다. 작은 세포가 크고 영양분이 풍부한 세포를 찾아 결합하는 하이재킹hijacking과 같은 행동에서 시작됐다. 단순히 우연하게도 크기가 다른 차이에서 시작된 것이 마침내 전혀 다른 종류로 갈라졌고, 결국 각자의 번식 전략도 달라지게 됐다. 양분을 많이 갖고 있는 큰 세포와 짝을 맺기 위해 작은 세포가 서로 경쟁하는 동안 그들은 더욱 작지만 민첩하고 더 빨리 움직일 수 있도록 진화됐고 마침내 오늘날의 정자와 비슷한 모양으로 변했을 것이다. 이와 반대로 작은 세포의 습격을 받는 난자는 자손에게 유전 물질의 반을 공급할 뿐만 아니라 수정난이 발생하는 데 필요한 영양분을 제공한다.

이렇게 해서 아주 먼 옛날에 두 개의 전혀 다른 존재인 암컷과 수컷이 진화하는 데 필요한 기본적인 룰이 만들어진 것이다. 결국 난자가 영양분을 더 풍부하게 축적해 가는 동안 정자는 영양분을 차지하기 위해 경쟁하면서 특화되어 결국 서로 다른 두 개의 성이 만들어진 것이다.

유성생식은 번호가 다른 복권을 많이 갖고 있는 것이다

세포가 분열하기 전에 서로 융합하는 것은 작은 세포가 증식할 수 있는 기회를 갖는다는 의미였다. 작은 세포는 세포질의 양이 빈약하기 때문에 분열 증식을 하려면 서로 융합하지 않으면 안 된다. 이런 원시적 단계에서는 암컷이 수컷보다 풍부하고 강력한 생명체였다. 반면 수컷은 생존을 위해 암컷을 이용하는 책략가였다. 그 뒤 대형 세포는 단순히 두 개의 복제품으로 증가하는 무성생식이라는 클론 번식에서 벗어나서 문자 그대로 전혀 다른 새로운 생식방법을 시도하게 됐다.

유성생식이 바로 그것이다. 일단 기묘하고 흥미로우며 비능률적인 새로운 생물이 만들어지자 다시는 무성생식으로 되돌아갈 수 없게 됐다. 유성생식으로 전혀 다른 두 세포가 융합함으로써 엄청난 다양성과 적응성이 생겼기 때문이다. 이러한 성적인 결합은 환경의 변동이 심하고 한정된 자원을 놓고 벌이는 생물 종 사이의 경쟁에서 종의 멸종을 피할 수 있는 커다란 방패가 됐다. 비유를 잘 들기로 유명한 생물학자인 조지 윌리엄스는 성적 결합에 의한 유성생식은 번호가 다른 복권을 무수히 많이 갖고 있는 것과 같다고 했다. 반면에 같은 개체를 생산하는 클론 번식이라고 할 무성생식은 번호가 똑같은 복권을 많이 갖고 있는 데 불과하다고 했다. 당연히 서로 번호가 다른 복권을 많이 갖고 있는 사람이 당첨될 확률이 높을 것이다. 이때 복권에 당첨된다는 것은 많은 자손을 남기는 것을 의미한다. 진화적인 면에서 보면 모든 생물은 자신의 유전자를 다음 세대에 좀더 많이 남기는 데 지대한 관심을 갖는다.

자연선택은 집단 내에서 유전자가 불균등하게 나타나게 되는 과정을 말한다. 생물이 생존해서 번식하기 위해서는 적으로부터 재빨리 도망가거나 건강을 유지해야 하는데 이러한 능력은 개체마다 다를 수밖에 없다. 이 때문에 모든 개체들은 식량과 안전한 서식처를 놓고 서로 경쟁한다.

그러나 번식 연령에 도달할 때까지 살아남았다고 해서 번식할 수 있는 것은 아니다. 한 가지 더 넘어야 할 고비가 있다. 누가 이성에게 접근하는지를 놓고 또 다시 경쟁해야 한다. 이때 경쟁에 실패한 개체는 살아남더라도 극히 적은 수의 자손을 남기거나 전혀 자손을 남기지 못하게 될 것이다. 다윈은 번식능력의 차이가 동성 간의 경쟁으로 생기는 경우에 '성선택sexual selection'이라는 용어를 사용했다. 암컷에게 접근하기 위한 수컷끼리의 경쟁이 대표적인 예다. 성선택은 생존을 위한 투쟁이 아니라 번식을 위한 투쟁을 설명하기 위한 용어다. 최근에 로버트 트리버스는 100년 전에 발표한 다윈의 성선택 이론을 손질해 다음과 같이 말했다.

필연적으로 번식과 양육에 많은 투자를 하는 성이 경쟁의 대상이 된다. 투자를 많이 하는 쪽이 번식을 좌우하기 때문이다. 암컷은 처음부터 새끼에게 수컷보다 훨씬 많이 투자한다. 암컷은 배란, 임신, 수유 등에 엄청난 양의 에너지를 투자한다. 특수한 경우를 제외하면 수컷이 암컷만큼 양육 투자를 하는 경우는 거의 없다. 그러므로 수컷은 새끼에게 많이 투자하는 암컷을 쟁취하기 위해 수컷끼리 치열하게 경쟁한다.

암컷과 수컷의 몸집은 왜 달라졌는가?

암컷과 수컷의 최초의 불평등은 배우자 세포의 크기가 서로 다른 이형배우자의 출현에서 시작됐다. 그리고 이형배우자는 수컷이 암컷을 찾아 경쟁할 수밖에 없는 시스템을 유산으로 남겼다. 암컷을 찾아 끊임없이 방랑하고 경쟁자를 물리치는 데 필요한 공격성과 무기를 갖추고 계속해서 새로운 교미 상대를 찾는 난잡한 자질을 갖는 수컷이 번식하는 데 유리하게 됐다. 이것은 매우 고전적인 이야기다. 수컷 사이의 경쟁은 암컷이 집단적으로 이동하고 한 마리 수컷이 많은 암컷을 독점할 수 있는 종에서 가장 뚜렷하게 나타난다. 일부다처를 하는 종에서는 경쟁의 대가가 극히 가혹해서 경쟁에서 패배한 수컷은 전혀 번식할 기회를 갖지 못한다. 그러므로 수컷 사이의 경쟁은 격렬해질 수밖에 없다.

경쟁의 강도가 증가하면 할수록 수컷에게서 공격성과 강한 힘, 큰 체격을 진화시키려는 선택 압력도 증가하게 된다. 사바나 지역에 살고 있는 발이 긴 파타스원숭이를 보자. 이 동물은 성선택의 좋은 예를 보여 준다. 하얀 수염을 늘어뜨리고 밤색 털을 지닌 파타스원숭이 수컷은 거의 암컷의 두 배가 되는 몸집을 가지고 있다. 우간다나 세네갈에 있는 전형적인 파타스원숭이 무리에는 성숙한 수컷이 한 마리만 있다. 이 수컷은 무리 밖에서 방랑하는 수컷들이 무리인 하렘 속으로 들어오는 것을 막으면서 일곱 마리 정도의 암컷을 혼자

파타스원숭이

거느린다. 수컷은 자기 힘을 거의 무리를 방어하는 데 쓰는 반면 새끼를 기르는 데는 보잘것없는 역할밖에 하지 않는다.

파타스원숭이 수컷은 서로 돌아가면서 하렘의 주인이 되지만 수컷의 번식 성공률은 똑같지 않다. 특정한 수컷이 자신의 유전자를 남기는 데 더 유리한 기회를 가질 수도 있다. 예를 들어 다른 수컷보다 오래 하렘을 지배하게 되는 경우, 계속해서 여러 하렘을 인수하게 되는 경우, 다른 무리와 떨어진 외진 서식지에서 하렘을 소유하고 있는 경우, 우연히 다른 수컷이 하렘을 공격하지 않게 되는 경우 등이다. 이런 행운과 함께 강력한 힘, 커다란 체격을 가진 수컷은 다른 수컷보다 훨씬 많은 자손을 남기게 될 것이다.

파타스원숭이처럼 수컷의 번식능력의 차이가 크면 클수록 암컷과 수컷의 체격 차이도 커진다. 반면 암수가 한 마리씩 짝을 짓고 함께 영역을 방어하며 새끼를 기르는 일부일처제에서는 암수의 체격이 거의 비슷하다. 일부일처제에서는 암컷을 차지하기 위한 수컷 경쟁의 필요성이 훨씬 적기 때문에 공격성이나 강한 힘, 큰 체격을 가진 수컷이 특별히 유리할 이유가 없다. 이처럼 암수의 몸집은 일부일처제인 경우에는 비슷해지고 일부다처제인 경우에는 상당한 차이가 생긴다. 이것은 이미 19세기 초 일부다처제를 하는 물개 연구가인 테오도르 길에 의해 알려졌고, 다윈 자신도 《인간의 유래 및 성에 관한 선택》에서 이 점을 설명했다. 이와 같은 상관관계는 오늘날 더욱 더 많은 자료를 사용한 통계 분석으로도 입증됐다.

암컷이 수컷을 선택한다

일부다처제에서는 새끼에 대한 암수의 양육 투자가 크게 차이가 난다. 새끼에 대한 투자의 불균형이 암컷과 수컷 간의 크기 차이가 벌어지는 중요한 원인이 된다. 이 차이는 교미 상대를 '선택'하는 능력에서 더욱 커진다. 왜냐하면 번식을 결정하는 암컷이 수동적인 경우는 거의 없기 때문이다. 다윈이 지적한 바와 같이 암컷의 선호도 때문에 수컷 경쟁이 더욱 복잡해진다. 자연 상태의 영장류에서는 암컷의 선호도가 결정적인 의미를 갖고 있기 때문이다. 인간과 일부 유인원을 제외하면 영장류의 번식 활동은 암컷에 의해 좌우된다고 할수 있다. 만일 수컷이 라이벌과 경쟁하는 데 큰 몸집이 도움이 된다면 암컷의 입장에서도 작은 수컷과 교미하는 것은 도움이 안 된다. 그 이유인즉 태어나는 새끼의 반은 수컷인데, 그들도 결국은 다른 수컷과 경쟁해야 하기 때문이다. 작은 수컷과 교미하는 경우 작은 새끼를 낳을 확률이 높기 때문이다. 그러므로 체격이 큰 수컷을 선택한 암컷이 번식에서 유리하다.

그러나 몸집이 커지는 데는 한계가 있게 마련이다. 무한정 커질 수는 없을뿐더러 몸집이 커지는 데 따른 불이익도 상당히 많기 때문이다. 수컷이 커질 수 있는 한계는 음식물의 섭취와 중력에 의해 제한받는다.

몸집이 너무 크면 살아가는 데 불편하다

오랑우탄은 나무 위에서 생활하는 유인원 가운데 가장 크다. 그러나 75킬로그램이 넘는 성숙한 수컷은 나뭇가지가 중량을 지탱하지 못하기 때문에 얽히고설킨 숲 속을 멀리까지 걸어가야만 한다. 암컷보다 25퍼센트에서 50퍼센트 정도 더 큰 오랑우탄 수컷은 많은 식량을 채집해야 하기 때문에 단독 행동을 할 수밖에 없다. 이 무지막지한 털북숭이 거한은 까다로운 암컷이 먹다 남긴 익지 않은 열매나 딱딱한 잎과 같은 보잘것없는 음식을 천천히, 꾸준히, 쉬지 않고 엄청나게 먹어치운다. 한편 암컷은 작기 때문에 영양분이 많은 어린잎과 잘 익은 과일만을 선택해서 먹을 수 있다. 그러나 수컷은 많은 식량을 필요로 하므로 암컷보다 훨씬 넓은 지역을 돌아다녀야 한다. 이 때문에 암컷과 수컷은 정글에서 따로따로 행동한다. 때때로 서로 만나면 번식 활동을 하기도 하지만 마치 캄캄한 밤바다를 오가는 두 척의 배와 같이 서로 그냥 지나치는 경우가 더 많다.

고집스럽게 오랑우탄을 연구하는 영장류학자도 있지만, 그들의 공통적인 불만은 몇 시간 동안 계속 관찰해도 거의 아무런 행동도 하지 않고 그냥 있는 경우가 많고, 다른 오랑우탄과 만나는 경우도 거의 없다는 점이다. 그들은 그냥 혼자서 끊임없이 입을 우적우적하면서 쉬고 있을 뿐이다.

수컷도 자녀를 기른다

이형배우자와 성선택은 영장류를 포함한 모든 포유동물의 진화에 매우 중요한 영향을 미쳤다. 파타스원숭이와 오랑우탄에서 볼 수 있는 암컷과 수컷의 체격 차이는 많은 예 가운데 특별히 든 예일 뿐이다. 그러나 영장류목에서는 문제를 복잡하게 만드는 몇 가지 특수한 발달 현상이 나타나고 있다. 그중 가장 중요한 것은 영장류의 경우 어린 자녀에 대한 양육 투자가 점점 커지는 경향이 있다는 사실이다. 영장류에서 자녀에 대한 양육 투자는 주로 암컷이 담당한다. 물론 전부는 아니지만. 반면 영장류 수컷이 자녀양육에 참여하는 방법은 크게 달라졌고 좀더 정교하게 다듬어졌다.

영장류의 수컷은 자녀를 기르고 보호하며 때로는 식량을 제공하는 등 자녀양육에서 나름대로 독특한 역할을 한다는 점에서 일반적인 포유동물과 뚜렷이 구분된다. 영장류 수컷은 암컷과 교미하기 위해 다른 수컷을 정복하도록 만들어진 전쟁 기계가 아니다. 만일 수컷이 단순한 전쟁 기계와 같다면 암컷도 아주 다른 성격을 갖게 됐을 것이다. 더욱 더 복종적이고 덜 자주적이며 훨씬 단순한 암컷이 됐을지도 모른다(7장 참조).

자녀양육에 대한 과잉 투자의 역사

자녀양육에 대한 부담의 증가로 암컷과 수컷의 관계가 아주 복잡해졌다. 영장류 수컷의 특수한 역할에 대해서는 5장에서 자세히 설명하기로 하고, 영장류 암컷이 자녀에 대한 양육 투자를 증가시켜 온 경향에 대해서만 얘기하고자 한다.

현생 영장류 가운데 가장 원시적인 청서번티기에게 잠시 눈을 돌려 보자. 다람쥐같이 재빠른 이 동물은 옛날 식충류와 초기 영장류, 즉 여우원숭이, 로리스, 안경원숭이 같은 원원류原猿類의 가장 대표적인 모델이다. 청서번티기는 어미와 새끼 사이의 연대가 매우 느슨하다는 점에서 다른 영장류와 다르다. 야생 청서번티기는 땅속

청서번티기(위)와 안경원숭이

의 굴이나 나무 구멍 속에 사는데, 수줍음이 많아 은밀한 장소에 단독이나 쌍을 이뤄 숨어 산다. 수컷은 은신처를 만드는 것을 도와주기도 하지만 일단 암컷이 새끼 두세 마리를 낳으면 수컷은 은신처를 떠나든가 쫓겨난다. 수컷이 암컷이나 새끼를 보호하는 데 어떤 역할을 하는지는 아직 잘 모른다. 암컷도 토끼와 같이 여러 날 동안 새끼를 놔두고 나가서 돌아오지 않는 등 새끼에게 무관심한 경우도 있다. 그러나 대체로 48시간마다 돌아와서 새끼에게 잠시 젖을 먹이고는 떠난다. 청서번티기의 젖은 지방과 단백질 함량이 아주 높아 어미가 없는 동안 충분히 생명을 지탱할 수 있도록 발달됐다. 반면 인간이나 다른 영장류의 젖은 수분 함량이 상당히 높고 단백질과 지방 함량이 낮은데, 이것은 연속적인 수유에 적응한 결과로 보인다.

안경원숭이는 작고 활발하게 움직이는 원숭이인데, 원원류에 속하면서도 진원류眞猿類의 특징도 갖고 있고 또 그 자신만의 독특한 특질도 갖고 있다. 안경원숭이는 크기나 모양이 쥐를 닮았는데 상당히 많이 떨어져 있는 나뭇가지 사이를 뛰어넘을 수 있는 두 개의 가늘고 긴 발목뼈를 가지고 있다. 더 중요한 것은 안경원숭이의 태아가 진원류와 유사한 태반으로부터 영양을 공급받는다는 점이다. 여우원숭이나 로리스 같은 다른 원원류의 경우에는 태반이 모체와 태아의 혈액을 갈라 놓는 이중구조를 갖는 데 비해 안경원숭이는 원숭이와 유인원을 포함한 모든 진원류와 마찬가지로 직접 모체의 혈액 내에 잠겨 있는 태반을 갖고 있고, 두 혈액이 혼합되는 것을 막아 주는 것은 하나의 막뿐이다. 또 여우원숭이나 로리스가 여러 마리의 새끼를 낳는 데 비해 안경원숭이는 고등영장류와 같이 보통 한 번에 한 마리만 출산한다.

안경원숭이와 같은 생물이 출현하게 되자 일부 진원류의 선조가 영장류와 같은 형태의 번식을 시작했을 것이다. 이 같은 번식은 한 마리 새끼에게 엄청나게 투자한다는 것이 특징이다. 영장류가 다른 포유동물로부터 갈라져 나오기 시작한 결정적인 이유는 이 같은 양육 투자에 있다. 영장류의 진화에서 한 가지 가장 분명하고 뚜렷하게 나타나는 경향성은 부모에게 의존하는 유아기와 아동기가 길어졌다는 것이다. 인류와 유인원은 이런 의존 관계가 성숙한 뒤까지도 이어진다. 요람에서 무덤까지 한 명의 미국인을 성인으로 키우는 데 10만 달러가 든다고 한다. 이런 계산이 나온 근원을 따라가 보면 중생대에 뿌리를 둔 번식 전략이 엄청나게 확대된 결과로 볼 수 있다. 과연 이런 과잉투자는 어떻게 해서 시작됐을까?

새끼를 많이 낳는 것보다는 어떤 새끼를 낳느냐가 중요하다

안정된 환경에서 살고 있는 생물의 입장에서 보면 세상은 매우 경쟁이 심한 곳이다. 표면적으로는 안정되고 평온한 곳에서 살고 있는 것처럼 보이는 생물도 실제로는 자원을 놓고 엄청난 경쟁을 벌인다. 개체나 집단이 살아남기 위해서는 모든 기능이 살아가는 데 필요한 일들을 수행할 수 있도록 정교하게 다듬어져 있어야 한다. 그러므로 안정된 환경에서는 얼마나 많은 새끼를 낳느냐보다는 어떤 새끼를 낳느냐, 즉 새끼의 수보다 질이 중요하다.

　반대로 어떤 암수 한 쌍이 폭풍을 만나 통나무를 타고 표류하다가 기후가 온화하고 경쟁자가 없는 살기 좋은 지역에 정착하게 됐다고 생각해 보자. 새로운 환경에 처음 들어오게 된 개척자는 어떤 번식 전략을 사용하는 것이 가장 효과적일까? 진화적 관점에서 가장 이상적인 전략은 가능한 한 빨리 그리고 많이 번식하여 다른 경쟁자가 나타나기 전에 이용 가능한 모든 지역을 자신들의 자손이 점령하는 것이다. 이런 전략을 생태학적 용어로는, '감마선택(γ-selection)'이라 부른다. γ란 본래 집단의 증가율을 의미하는 파라메타로, 그 종이 어느 정도 번식력이 있는지를 측정하는 척도가 된다.

　그러나 어떤 생물이 한 장소를 점령했다고 해도 상당한 시간이 지나면 그곳도 결국은 다양한 집단으로 채워질 것이다. 이렇게 되면 이 제까지의 전략을 바꿔야 한다. 이제 환경은 포화됐으므로 심한 경쟁 상태에 놓이게 된다. 건강하게 성장한 개체만이 그 환경에서 살아남 아 번식할 수 있다. 이런 상황에서 부모가 선택할 수 있는 생식 전략 은 적은 수의 질 좋은 새끼를 낳아 충분히 자립할 수 있을 때까지 보 호하는 것이다. 이러한 전략을 'K선택(K-selection)'이라 부른다. K는 환경의 포화 수용 능력을 가리키는 파라메타다. 영장류의 경우 후자 인 'K선택 생식 전략'이 보편화되어 있다. 그런데 포유동물의 역사를 보면 새끼 양육에 대한 투자가 계속 암컷 쪽으로 치우쳐 왔다는 사실 을 알 수 있다. 더 크고 뛰어난 새끼를 더 오랫동안 돌봐야 하는 부담 을 암컷이 지게 됐다. 결국 좀더 '개량된' 새끼를 낳아 젖을 먹이고 돌보는 일 모두를 암컷이 하게 된 것이다. 양육 투자의 불균형은 이 처럼 포유동물의 오랜 진화과정에서 고착된 뿌리 깊은 문제다. 도대 체 왜 이렇게 됐을까?

자녀양육의 절대적인 책임은 누구에게 있는가?

여덟 달 동안의 임신기간이 끝나고 침팬지 새끼가 태어나면 어미는 6개월 동안 새끼를 데리고 다니며 돌본다. 다시 6년 동안 어린 침팬 지는 어미와 함께 돌아다니면서 매일 밤 어미와 함께 잔다. 수컷은 열 살이 될 때까지 며칠씩 어미를 떠나지 않는다. 수컷은 열다섯 살 이 되어야 완전히 성숙한다. 암컷은 좀더 일찍 성숙해 열세 살이면 성체가 된다. 그렇지만 암컷은 수컷보다 더 오랫동안 어미 곁에 머 문다. 어떤 경우에는 어미와 딸의 끈이 어른이 될 때까지 지속되어 딸의 자식을 할머니 침팬지가 돌보는 경우도 있다. 침팬지 새끼는 암컷이든 수컷이든 어미를 모방하면서 여러 가지를 배운다. 숲 속에서 어떤 길을 가야 하는지, 또 어떤 식물을 언제 먹어야 좋은지, 잠자리를 어떻게 만드는지, 흰개미 사냥에 사용하는 가느다란 막대기는 어떻게 만드는지 등을 배운다.

때로는 어미가 직접 손을 써서 가르치기도 한다. 새끼가 독이 들어 있을지도 모르는 낯선 곤충을 잡아먹으려고 하면 어미는 잽싸게 그것을 가로채 던져 버린다. 침팬지 어미가 이렇게 적극적인 교육을 하는 반면, 아비는 새끼 양육에 별 도움을 주지 않는다. 그러나 아비가 근처에 있는 경우에는 침입자를 쫓아버리거나 다른 집단의 수컷이 습격하는 것을 막아 준다. 또 자신의 새끼나 사촌들이 성숙하게 되면 그들이 집단 내에서 상위 서열에 오를 수 있도록 돕기도 한다.

원숭이나 인간 같은 영장류에서는 새끼의 생존에 대한 수컷의 투자가 적지 않지만 이 경우에도 양육과 관련된 일은 대부분 암컷이 책임진다. 원숭이에 대한 연구는 진 앨트먼이 가장 오랫동안 자세하게 연구했다. 그는 어미에게 주어진 부담이 실제로 어느 정도 되는지를 정량화하려고 노력했다. 이것은 극히 어려운 작업이었다. 앨트먼이 조사한 대상은 케냐 암보셀리 공원의 건조한 평원에서 사는 사바나 비비 집단이었다. 그녀는 한 가지 흥미로운 사실을 발견했는데, 새끼를 데리고 다니는 암컷이 다른 암컷보다 사망률이 높다는 것이었다. 앨트먼은 상당히 많은 자료를 정리한 뒤 다음과 같은 가설을 제시했다. "어미는 배에 매달려 있는 새끼에게 먹을 것을 계속 제공해야 한다는 압력에 시달리고 게다가 젖을 만드는 데 필요한 단백질, 미네랄, 지방을 섭취해야 하기 때문에 사망률이 높아진다." 이것은 인간에게도 적용된다. 단순히 영양 면만을 계산해 봐도 보통의 엄마가 아이를 젖으로 키우는 동안 약 3.4킬로그램의 지방을 소비한다.

열악한 환경에서 살아남는 쪽은?

어째서 수컷이 몸집이 크고 공격적인 방향으로 진화해 왔는지를 설명하기 위한 훌륭한 이론적 연구들이 많다. 그 가운데 몇 가지는 이미 위에서 언급했다. 그러나 왜 수컷이 암컷보다 우위를 차지할 수 있었는가 하는 근본적인 물음에 대해서는 지극히 작은 해답만 갖고 있을 뿐이다. 경쟁이라는 것도 일반적으로 생각하는 것처럼 수컷에게만 한정된 것은 아니다. 암컷도 자기 자신이나 새끼를 위해 또 필요한 자원을 얻기 위해 다른 암컷과 격렬하게 경쟁한다. 수컷의 경우 몸집이 크다는 것이 경쟁하는 데 도움이 되는 것은 확실하다. 그렇다면 암컷도 서로 경쟁하는 데 체격이 큰 것이 좋지 않겠는가? 게다가 몸집이 크면 암컷에게 도움이 되는 점이 또 있다. 새끼를 낳고 보호하고 양육하는 데 몸집이 크면 좋다. 키가 큰 여자가 아이도 쉽게 낳는다는 옛 사람들의 이야기는 사실이다. 한 가지 예를 더 들자면 물개 암컷은 체격이 크면 클수록 더 많은 젖을 분비한다. 만일 어미가 침입자로부터 새끼를 보호해야 한다면 몸이 크고 힘이 센 것이 역시 유리할 것이다. 몸집이 크면 추위와 같은 특수한 환경에서도 유리하다.

히말라야 고지의 한랭한 곳에 사는 랑구르 암컷은 평지에 사는 암컷보다 몸집이 크다. 반면 수컷은 암컷보다는 크지만 어느 쪽에 살든 몸집의 변화가 없다. 결과적으로 랑구르 암수 사이에서 나타나는 자웅이형성sexual dimorphism은 고도가 높은 장소에서는 그렇게 뚜렷하지 않다는 것을 의미한다. 식량이 부족하지 않으면 몸집이 큰 암컷이 도태됐을지도 모른다. 그러나 고산지대의 한랭한 곳에서는 늘 식량이 부족하므로 먹이를 차지하기 위해 싸워야 하는 암컷이 수컷과 같은 몸집을 갖게 됐던 것이다.

어쨌든 암컷이 수컷보다 체중이 더 나가고 수컷보다 우위에 있는 것으로는 점박이 하이에나만큼 좋은 예가 없을 것이다. 이 징그러운 아프리카 육식동물은 낮에는 몸을 축 늘어뜨리고 앉아 있지만 밤이 되면 흉악한 약탈자로 변한다. 네덜란드의 동물행동학자로 3년 동안 세렝게티Serengeti 평원에서 하이에나를 연구한 한스 크룩에 의하면 하이에나는 80마리 이상 되는 상당히 큰 무리를 이루고 산다. 무리 내에서 보면 확실히 암컷이 수컷보다 우위에 있다. 무엇보다 암컷은 평균 56킬로그램, 수컷은 평균 49킬로그램으로 암컷이 수컷보다 크고, 외견상 생식기로도 성이 잘 구분되지 않는다. 길게 늘어진 암컷의 클리토리스는 모방의 극치를 이루는 것으로서 수컷의 페니스와 모양이 비슷하다. 더구나 섬유조직으로 채워진 두 개의 주머니까지 붙어 있어 마치 수컷의 음낭과 같은 모양을 하고 있다. 수컷과 암컷이 구별이 안 될 정도인 하이에나는 아리스토텔레스 시대에서부터 자웅동체로 소문나 있었다. 이처럼 암컷이 수컷과 유사한 생식기를 갖고 있는 이유에 대해 여러 가지 설명이 제시됐다.

그중 가장 그럴듯한 설명은 암컷이 수컷보다 크게 자라는 데 필요한 태아기 때의 안드로겐androgen 농도가 높았던 것에 의한 부작용이라는 것이다. 크룩은 암컷이 크게 된 요인은 동족을 잡아먹는 카니발리즘cannibalism의 위협으로부터 벗어나기 위한 것이라고 가정한다. 성숙한 하이에나는 때때로 동료를 습격해서 잡아먹는다. 이때 어린 것들은 체격도 작고 방어할 힘도 없기 때문에 가장 위험하다.

하이에나 암컷이 무사히 자손을 보존하기 위해서는 자신의 새끼가 다른 하이에나의 먹이가 되지 않도록 방어하는 능력을 갖고 있어야 한다. 그 때문에 암컷의 성기를 마치 수컷의 성기처럼 보이게 하는 쪽으로 진화가 진행됐다는 것이다. 커다란 암컷은 식량이 많이 필요하다는 점에서는 불리할지 모르지만 육식성인 하이에나에게는 유리한 점이 더 많다. 왜냐하면 다른 동물과 생사를 건 싸움에서는 유리하기 때문이다.

일부일처제에는 어떤 요인들이 숨어 있는가?

5장과 6장에서 살펴볼 테지만 많은 영장류가 큰 암컷을 '만들려는' 똑같은 압력을 받는다. 이 압력은 자원이나 영역을 놓고 벌이는 경쟁 외에도 특히 어린 새끼를 보호할 필요성 때문에 생긴다. 새끼를 죽이는 '영아살해infanticide'는 영장류 전체에서 광범위하게 나타나는 현상인데 그것을 방어해야 할 책임은 어미가 진다. 몸집이 큰 것이 방어하는 데 훨씬 유리한데도 영장류 암컷은 극히 드문 경우를 제외하면 수컷만큼 몸집이 크게 진화하지 않았다. 여우원숭이와 몇몇 특수한 고등영장류에서만 암컷이 수컷보다 우위를 차지한다. 특수한 번식 시스템인 일부일처제를 하는 경우에만 몸집의 크기나 식량에 대한 권리 면에서 암수 양성이 평등해지려는 경향이 있다. 왜 그렇게 됐는가? 일부일처제에는 과연 어떤 요인들이 숨어 있는 것일까?

최초의 불평등은 어떻게 역전됐는가?

지금까지, 근 십억 년 전 유성생식이 시작되는 원초적인 상태부터 시작해 상당히 먼 길을 추적해 이야기를 전개해 왔다. 유성생식 초기에 생물은 단세포였고 암컷이 수컷보다 컸다. 그러나 시간이 지남에 따라 암컷과 수컷은 복잡한 번식 시스템을 발달시켰다. 이렇게 진화한 암컷과 수컷은 전혀 별개의 속성을 갖게 됐다. 그렇다 해도 여전히 암컷은 태어난 새끼에게 최상의 것을 제공했고, 때로는 암컷 쪽이 더 커진 경우도 있었다. 그러나 어디선가부터 크기에서 최초의 불평등이 역전됐다.

정자가 자원이 풍부한 난자와 결합하는 최초의 세포질 하이재킹으로부터 수없이 오랜 세대를 거치는 동안 정자와 난자는 각각 전혀 다른 길을 걷게 됐는데, 성선택이라는 강력한 진화의 압력 때문에 수컷은 점점 커지게 됐다. 성선택은 암컷이 커지는 대신에 수컷이 커지도록 형세를 역전시켜 버렸다. 에너지의 경제적인 측면에서 보면 암컷이 커지는 것이 더 효율적인데도 말이다. 수컷은 암컷이 갖고 있는 물질적 자원을 놓고 서로 경쟁했다. 그 결과 수컷은 몸집이 커지고 힘과 공격성을 갖게 됐다. 이렇게 해서 큰 몸집의 수컷이 생겨났는데 이것은 이미 예정된 일이었다. 수컷의 몸집이 커짐으로써 대부분의 경우에 수컷이 암컷보다 우위를 차지하게 됐던 것이다. 그렇다면 여기에 반론을 제기할 만한 예외는 없는 것일까? 물론 있다. 다음 장에서 우리가 해야 할 여행이 바로 그것이다.

일부일처제 영장류: 하나의 특수한 경우

3장

다른 동물과는 달리 사람은 태어나서부터 아주

오랫동안 허약하고 무력한 상태에 있다.

그 때문에 어미와 자식들은 어떻게 해서라도

아비의 애정과 실질적인 보살핌을 얻어내려고 노력하는 것이다.

—장 자크 루소, 1762

일부일처제에서 암컷의 지위

일부일처제 영장류에서 암컷은 안정되고 지속적인 특권적 지위를 누린다. 일부일처제를 하는 영장류는 대략 37종 정도로 알려져 있는데, 이들은 여러 가지 면에서 매우 비슷한 점을 갖고 있다. 그런데 이상하게도 일부일처제 영장류는 학자들도 잘 모를 정도로 희귀하거나 멸종 위기에 놓여 있다. 이것이 일부일처제 영장류를 자세하게 조사하게 된 이유다. 이밖에 개인적인 이유를 들자면 짝을 이루고 사는 동물을 좀더 자세히 알고 싶다는 것이다. 사회생물학적인 방법으로 오늘날의 동물 세계를 관찰하다 보면 좀 회의적인 생각이 든다. 이러한 회의를 없앨 수 있는 가장 좋은 방법은 마치 예술작품을 감상하듯이 모든 동물을 '자연'의 절묘한 창조물로 보는 것이다. 그렇게 본다면 일부일처제 영장류는 그중에서도 가장 뛰어난 걸작품에 속한다. 이제부터 이 동물에 대해 이야기해 볼까 하는데, 그 이유는 바로 인간이 여기에 속하기 때문이다.

남아메리카, 아프리카, 마다가스카르와 말레이시아 군도 같은 산림 속에 살고 있는 이런 영장류를 찾아 나설 때는 다음과 같은 문제를 깊이 생각하고 있어야 한다. 왜 일부일처제와 암컷의 지위가 그처럼 깊은 관계에 있는가? 도대체 어떻게 해서 이런 짝짓기 시스템이 진화됐는가? 관점을 달리해서 보면 다음과 같은 의문이 생긴다. 왜 일부일처제가 좀더 폭넓게 진화되지 못했는가? 일부일처제가 의미하는 것이 무엇이며 어떤 동물이 일부일처제를 히는지를 생각해 보자.

일부일처제라는 것은 암컷과 수컷이 번식을 한 뒤에도 헤어지지 않고 함께 새끼를 기르는 것이다. 그러나 여기서는 일부일처제라는 단어를 한층 더 폭넓게 적용하기로 하자. 긴팔원숭이와 같이 배우자가 일생을 같이 사는 경우, 티티원숭이와 같이 비교적 오랜 기간 밀접한 관계를 지속하는 경우, 청서번티기와 같이 일시적으로 두 마리가 같은 영역을 점령해 함께 번식하고 방어하는 경우 등도 모두 일부일처제에 포함시켰다. 물론 일부일처제가 반드시 배타적인 짝결속을 의미하는 것은 아니다. 각자는 때때로 다른 짝과 바람을 필 수도 있다. 그러나 파트너 양쪽이 모두 다른 짝과 결합하는 기회는 제한되어 있다. 그리고 단독행동을 하거나 일부다처제를 하는 종에 비하면 암수 양쪽 다 난교를 하는 경우가 극히 드물다. 따라서 일부일처제의 수컷은 태어난 새끼가 정말로 자신의 새끼라는 확신을 가지게 되며 그 때문에 수컷은 새끼에게 많은 투자를 하게 된다.

대체로 포유동물은 4퍼센트 이하, 조류는 90퍼센트 이상이 일부일처제를 하고 있다. 조류의 경우 알을 품거나 부화한 새끼에게 먹이를 줄 때 암컷이 수컷보다 더 적합하다고 할 이유가 없다. 이 때문에 조류는 수컷이 새끼를 기르도록 선택될 수도 있다. 반면 포유류 수컷은 경쟁을 통해 암컷을 획득하고 수정시킨 뒤에는 또 다른 암컷을 찾아 떠난다. 한편 홀로 남은 암컷은 혼자서 새끼를 낳고 젖을 먹여 키운다. 그러나 영장류는 이런 점에서 대부분의 포유동물과 다르다.

영장류의 암컷도 대부분의 포유동물과 마찬가지로 새끼에게 수컷보다 투자를 많이 한다. 그러나 수컷도 가족 주변에 남아 새끼를 돌보거나 보호하는 역할을 하려는 경향이 있는 것만은 확실하다. 단독행동을 하는 극소수의 종을 제외하면 대부분의 영장류 수컷은 그룹의 방어 역할을 담당한다. 영장류의 수컷은 그룹 내에서 태어난 새끼들에게 매우 너그러우며 새끼가 크면 같이 데리고 다니면서 여러 가지를 도와준다. 이런 경향은 일부일처제에서 더욱 뚜렷하게 나타나는데, 이 경우 새끼에 대한 수컷의 투자는 암컷의 투자와 거의 비슷한 수준에 달한다.

일부일처제 번식 시스템을 택하고 있는 영장류의 비율은 현재까지 알려진 바에 의하면 포유동물보다 약 네 배나 많다. 200여 종의 영장류에서 약 18퍼센트인 37종 또는 적어도 그 이상이 배우자와 일대일의 짝을 이루고 살고 있다. 새끼에 대한 수컷의 투자도 상당히 많은데 주로 자신의 새끼에게만 집중된다. 37종 외에도 이와 같은 가족집단을 이루고 있는 종이 더 있을지도 모르지만 아직은 관찰된 적이 없다. 일부일처제로 알려진 종에서도 적어도 3종은 특수한 조건 아래서만 일부일처제를 하는데, 청서번티기가 그 한 예다(표 1 참조).

카와미치스라는 일본 조사팀은 싱가포르 시 교외에서 117마리의 청서번티기를 잡아 각각 표시를 한 뒤 관찰했다. 조사팀은 청서번티기에서 두 가지 행동 유형을 발견했다. 대부분은 한 마리의 성숙한 암컷과 수컷이 거의 같은 생활권에서 '함께 산다'고 할 수 있는 데 비해 일부 수컷은 다른 암컷의 생활권까지 침투해서 일부다처적으로 산다. 불행하게도 우리는 청서번티기 수컷이 새끼를 양육하는 데 어떤 역할을 하는지 잘 알지 못한다. 어쨌든 청서번티기는 '유동적 일부일처제'라고 할 수 있는 번식 체계를 갖고 있다. 즉 어떤 상황에서는 일부일처제를 하지만 다른 상황에서는 다른 방법을 채택하는 융통성 있는 번식 체계를 갖고 있는 것이다.

표 1. 일부일처제 영장류의 분류

원인아목(原猿亞目)

인드리과	여우원숭이과	안경원숭이과	청서번티기과
인드리	망구스 여우원숭이[b]	유령안경원숭이	청서번티기[b]
(아바히)[a]	(붉은배여우원숭이)	보루네오안경원숭이	
	(젠틀여우원숭이)		
	(목도리 여우원숭이)		

유인아목(類人亞目)

신세계원숭이

마모셋과	꼬리감기원숭이과
마모셋(3~8종)[c]	올빼미원숭이
타마린(10~25종)[c]	흰머리사키
피그미 마모셋	티티원숭이(2, 3종)[c]
칼리미코	

구세계원숭이

긴꼬리원숭이아과	콜러버스아과
브라치원숭이[b]	멘타와이 제도 랑구르
	시마코브[b]

인상과
긴팔원숭이과('작은 유인원')
　긴팔원숭이(8종)
　샤망원숭이

인과
　인간[b]

a. ( ) 안의 종은 일부일처제인지 아닌지 의문이 있다.

b. 일부일처제가 유동적이다. 환경에 따라서 일부일처제와 일부다처제를 결정한다.

c. 얼마나 많은 종이 여기에 속하는지에 대해서는 학자들 사이에 논란이 있다. 마모셋과와 같이 의견이 일치하지 않는 경우에는 가능한 일부일처제를 하는 종의 수가 많아지지 않도록 노력했다. 그러나 일부일처제 동물마다 특수한 경향이 있다면 이 숫자가 잘못될 수도 있다. 적어도 그런 가능성을 염두에 두어야 한다.

인류사회의 80퍼센트가 일부다처제를 채택하고 있다

인류도 물론 유동적인 일부일처제를 하는 예에 속한다. 대체로 인류 사회의 20퍼센트가 일부일처제를 채택하고 있지만 80퍼센트는 일부다처제를 허용한다. 일부다처제 사회라 해도 아내를 한 명만 갖는 경우도 있고 전혀 아내를 갖지 못하는 남자도 있다. 이것은 보통 경제적 이유로 결정되지만 인류의 경우 일부일처제는 생태적 필요성이나 법적 규제에 의해 강요되기도 한다. 일부일처제 영장류에서 볼 수 있는 일반적인 특징 가운데 아비가 자식에게 많은 투자를 한다는 것은 인류에게도 적용될 수 있지만 그 밖의 특수한 속성은 그렇지 않다. 나무 위나 숲 속에서 생활하지 않는 영장류 가운데 일부일처제를 하는 것은 호모사피엔스, 즉 인간뿐이다. 지상 생활을 하는 모든 영장류는 일부다처제를 채택하고 있다.

영장류의 일부일처제는 특별한 회원제 클럽과 같은 것이 결코 아니다. 일부일처제의 번식 체계는 영장류의 주요 그룹에서 모두 발견할 수 있는 현상일 뿐, 결코 고등영장류에만 한정된 것은 아니다. 일부일처제는 청서번티기, 인드리, 여우원숭이, 안경원숭이와 같은 '원시적'인 원원류原猿類에서도 나타나고, 신세계 원숭이 사이에도 상당히 널리 퍼져 있다. 신세계 원숭이는 그 선조가 지금으로부터 3400만 년 전 올리고세Oligocene 이전에 아프리카-아시아 계통의 영장류에서 분기됐다. 존 아이젠버그는 신세계 원숭이에서 일부일처제가 나타나는 것으로 봐서 적어도 신세계 원숭이와 현생 원원류의 공통 조상이 이미 일부일처제의 번식 형태를 갖고 있었을 것이라고 생각했다. 만일 이 생각이 옳다면 수컷이 특정한 암컷하고만 지속적인 관계를 가지려는 경향이나 수컷이 새끼의 양육에 참여하려는 경향은 영장류의 오랜 전통 속에 내재되어 있었다고 할 수 있다.

성숙한 암컷과 수컷이 집중적으로 새끼를 돌본다면 쌍둥이의 출생률이 높아지거나 출산간격이 짧아질 수도 있다. 왜냐하면 출산 후에 수컷이 새끼에게 많이 투자하면 암컷의 부담이 그만큼 줄어들기 때문이다. 아무것도 할 수 없는 무력한 신생아는 부모 양쪽으로부터 보호와 양육을 받지 않으면 안 된다. 이런 상황이 아마도 초기 인류가 직면했던 상황이었을 것이다.

그러나 이런 설명과 원칙적으로 대립되는 가설이 있다. 각각의 영장류들이 직면했던 독특한 환경적 압력에 따라 일부일처제가 독립적으로 진화됐을 것이라는 설이 그것이다. 그러나 원인이야 어쨌든 일부일처제를 채택하는 종은 놀랄 정도로 많은 유사성을 갖고 있는 것도 사실이다. 몸집이나 외모로 암수를 구별할 수 없는 경우가 많고, 수컷이 암컷보다 큰 경우라도 그 차이는 별로 크지 않다. 극소수지만 마모셋과 같이 암컷이 더 큰 경우도 있다. 일부다처제 동물은 수컷과 암컷의 몸집이 아주 다르거나 수컷의 송곳니가 암컷보다 큰 것이 일반적인 특징인 반면, 일부일처제에서는 암수의 크기가 같은 것이 보통이다. 일부일처제에서는 수컷이 다른 수컷 침입자를 퇴치하는 역할을 하지만 암컷도 다른 암컷 침입자를 쫓아내면서 수컷과 동등한 역할을 수행한다.

수컷은 동료와 하렘을 놓고 경쟁할 필요도 없고 영역과 자원을 암컷과 수컷이 함께 방어하기 때문에 큰 수컷이 특별히 유리할 이유도 없다. 대체적으로 배우자 간에는 재산 독점과 같은 우위성이 나타나지 않는다. 만일 그런 관계가 생기는 경우에는 암컷이 자신의 권리를 확보하고 실질적으로 수컷보다 우위를 차지한다. 이밖에도 일부일처제에서 암컷이 우위를 차지하는 경우는 여러 가지 형태로 나타난다. 암컷이 수컷에게 털 고르기를 해주는 것보다 수컷이 암컷에게 털 고르기를 더 많이 해준다. 그러나 일부다처제를 하는 대부분의 영장류에서는 그 반대다. 일부일처제에서는 가족이 먹이 장소를 옮기는 경우에도 암컷이 주도권을 갖고 식량의 선취권도 암컷이 갖는다. 그리고 이들은 대부분 자신과 성이 같은 침입자를 공격하는데 암컷은 다른 암컷을, 수컷은 다른 수컷을 공격한다.

일부일처제를 하는 영장류의 생활 스타일은 매우 유사하다. 그들은 거의 모두 숲 속에서 생활하며 생활권이나 영역이 상당히 협소하다. 배우자가 같이 자기 가족의 영역을 지키는데 수컷은 새끼를 직접 데리고 다니거나 먹이를 찾아 주고 어미와 새끼에게 먹이를 양보하는 식으로 새끼에 대한 양육 투자를 한다. 야생 티티원숭이, 사육 중인 타마린, 긴팔원숭이와 같은 몇몇 종에서는 가족끼리 식량을 나누기도 한다. 이 정도의 '관대함'은 일부일처제 영장류 외에서는 찾아보기 힘들고, 있다 해도 보통 어미와 자식 사이에서만 찾아볼 수 있다.

암컷은 수컷의 바람기를 어떻게 통제하는가?

일부일처제 사회구조의 뼈대에 대해서는 이 정도로 하고, 다음은 영장류의 진화 계통 가운데 대표적인 예를 구체적으로 설명하면서 이제까지의 일반론에 살을 붙여 보자. 영장류의 진화에는 네 개의 중요한 계통이 있다. 즉 원원류, 신세계 원숭이, 구세계 원숭이, 유인원이다. 일부일처제를 하는 종의 수로 보면 신세계 원숭이가 19종으로 가장 많다. 신세계 원숭이에는 마모셋과 꼬리감기원숭이 두 과가 있다. 마모셋과에는 마모셋과 타마린 외에 이름이 재미있는 칼리미코도 포함된다. '아름다운 작은 원숭이'라는 뜻의 칼리미코는 마모셋과와 꼬리감기원숭이과의 중간적 동물이다. 다른 마모셋과 원숭이가 쌍둥이를 낳는 데 비해 칼리미코는 한 번에 한 마리의 새끼만을 낳는다.

학자들은 오랫동안 쌍둥이를 낳는 마모셋과 발톱이 있고 온몸이 솜털로 덮여 있는 그의 작은 동료, 즉 마모셋과에 속하는 작은 원숭이들을 포유류와 같은 원시적인 출산 양식을 갖고 있는 영장류로 생각해 왔다. 그러나 최근 월터 루테네거는 마모셋의 쌍둥이 출산을 원시적인 출산의 잔재로 보는 데 의문을 제기했다. 마모셋의 자궁은 일실구조로 되어 있다. 이것은 마모셋의 선조가 다른 고등영장류와 마찬가지로 한 번 출산에 한 마리씩 낳았다는 것을 말해 준다. 그렇다면 마모셋이 쌍둥이를 출산하는 것은 이차적으로 진화에 적응한 것인지도 모른다. 무엇을 위한 적응이었을까? 아마도 몸집이 작은 제약을 극복하고 빨리 번식하기 위한 적응이었을 것이다.

마모셋은 곤충뿐 아니라 도마뱀, 나무개구리, 작은 새 등을 잡아먹고 산다. 또 과일과 나무의 수액도 먹는다. 마모셋이 살고 있는 곳의 나무는 마모셋이 수액을 빨아먹기 위해 여기저기 뚫어 놓은 구멍으로 얼룩져 있다. 마모셋은 숲 속의 주변부나 하천의 가장자리와 같이 곤충이 많은 곳에 산다. 주로 곤충을 잡아먹고 사는 영장류는 거의 모두 몸집이 작은데 그것은 날아다니는 먹이를 잡아먹어야 하기 때문인 것으로 보인다. 이러한 생태적 필요성 때문에 몸집이 점점 더 작아지는 방향으로 선택이 이루어졌다. 결국 암컷은 점점 작아지는 골반으로 커다란 새끼를 분만해야 하는 문제에 직면하게 됐다. 쌍둥이 출산이란 바로 이런 어려운 문제를 실질적으로 해결할 수 있는 수단으로 진화된 것이다. 어미는 커다란 새끼를 한 마리 낳

마모셋

는 대신에 크기가 작은 새끼를 두 마리 혹은 세 마리를 낳게 된 것이다.

마모셋은 원래 끊임없이 이동하는 동물이다. 그동안 살던 환경이 어떻게 해서 조금이라도 변하게 되면 마모셋은 곧바로 이동하기 시작해 나무가 잘려진 숲 속의 빈터나 낙뢰에 타버린 땅을 찾아간다. 그렇지 않으면 숲의 가장자리를 따라가며 살아간다. 이런 환경에서는 자원이 빨리 없어지기 때문에 번식기가 짧아야 한다. 만일 우연히 좋은 환경을 만나게 된다면 그런 환경을 최대한으로 이용하기 위해 가능한 한 빨리 새끼를 낳아야만 한다. 이런 점에서 볼 때 마모셋은 아주 현명한 원숭이다. 그들은 1년에 두 번씩, 그것도 한 번에 두 마리씩 새끼를 낳는다.

그러나 상황이 변해서 삼림이 줄어들면 곤충과 도마뱀도 거의 없어진다. 그러면 마모셋은 식량을 놓고 심각한 경쟁을 벌여야 하고 그 와중에 무리의 규모도 축소된다. 이때 쌍둥이 가운데 건강한 새끼만이 살아남는다. 그리고 출산간격도 길어진다. 다시 말하면 마모셋도 다른 소형 포유동물과 마찬가지로 이중적인 생태 전략을 갖고 있는 것이다. 즉 번식력에 의존하는 감마선택과 경쟁력에 의존하는 K선택의 양극단 사이를 왔다갔다하면서 그 사이의 중간적인 다양한 전략을 선택한다.

작은 마모셋이 이와 같이 뛰어난 번식능력을 갖게 된 것은 다른 포유동물과 같이 효율적인 번식 체계를 갖고 있기 때문이다. 마모셋의 번식 체계는 헌신적인 암컷과 그룹 구성원의 공동 방어, 그리고 가장 중요한 요인인 수컷의 '아비 역할'에 의해 유지된다. 수컷은 새끼에게 젖을 먹이는 일 외에 거의 모든 것을 책임진다.

마모셋의 이런 특이한 속성은 18세기부터 알려졌다. 중남미 자연 서식지에 사는 마모셋을 연구한 경우는 거의 없지만, 옛날부터 마모셋은 인간이 포획해 사육해 왔다. 한때 프랑스에서는 상류사회의 상징으로 마모셋을 데리고 다녔다. 마모셋이라는 이름도 괴상한 난쟁이를 의미하는 프랑스 고대어에서 따온 것이다. 당시 영국에서도 마모셋이 유행했다. 사교계 명사들은 정원에서 희귀한 동물로 마모셋을 길렀다. 나중에 조지 4세가 된 웨일스 왕자 가족 가운데 출산을 담당하던 하녀가 마모셋을 많이 증식시키는 데 성공했다. 1758년에 출판된 책에 다음과 같은 관찰기록이 나타난다.

마모셋의 새끼는 재빨리 어미의 가슴에 매달려서 떨어지지 않는다. 조금 커지면 어미의 등이나 어깨에도 매달린다. 그러나 어미가 피로를 느끼면 어미는 새끼를 흔들어 떨어뜨린다. 그럴 경우엔 암컷이 쉴 수 있도록 수컷이 즉시 새끼를 자신의 등에 매달고 다니면서 돌봐준다.

암컷이 휴식을 필요로 한다는 것도 무리는 아니다. 마모셋과 타마린은 출생 때 무게가 어미의 5분의 1 또는 4분의 1이 된다. 수컷이 도와주지 않는다면 암컷은 새끼 때문에 엄청난 부담에 시달릴 것이다. 어쩌면 아마 한 마리도 기를 수 없을지도 모른다.

새끼는 성숙할 때까지 부모와 함께 사는데 어떤 경우에는 성장한 뒤에도 계속 부모와 함께 남는다. 그 이유는 부모가 새끼의 성장에 결정적인 역할을 하기 때문이라는 설명도 있다. 어린 새끼들은 그룹 내에서 아무에게나 먹이를 얻어먹는다. 마모셋과 가운데 가장 매혹적인 아름다움을 갖고 있는 것으로 현재 멸종 위기에 놓여 있는 황금 사자 타마린은 식구가 식량을 나누어 먹는데, 그것은 필요에 의해 생긴 일종의 적응 행위로 볼 수 있다. 즉 젖을 막 뗀 어린 새끼가 영양실조에 걸릴 위험이 가장 크기 때문에 성숙한 타마린이 이유를 끝낸 어린 새끼에게 먹이를 양보하는 것이다.

타마린이나 마모셋의 생활은 영장류로서는 비교적 평화롭다. 암컷과 수컷은 번식기가 되면 대부분의 시간을 서로 가까이 접근해 털을 고르고 냄새로 서로서로를 나타내고 영역을 정하면서 보낸다. 대부분의 마모셋 수컷은 암컷에게 먹을 것을 제공한다. 상대가 보이지 않거나 소리가 들리지 않을 정도로 멀리 떨어지는 경우는 거의 없다. 암컷이 자신의 배우자와 교미하는 비율은 90퍼센트를 넘는다. 암컷과 수컷은 싸우지 않으며 특히 배우자와 싸우는 경우는 거의 없다. 싸움이 벌어지는 것은 영역을 침입한 자를 몰아내는 경우밖에 없다. 그때도 침입자가 암컷이면 암컷이, 수컷이면 수컷이 더욱 거세게 싸운다. 반면에 성이 다른 쪽은 침입자에게 훨씬 관대하고 때로는 침입자와 교미를 시도하기도 한다. 마모셋이 외부 침입자와도 교미하려는 것은 물론 일반적인 '짝결속'의 이념과 일치하지 않는다. 동물계에서는 개체의 행동이 그 동물의 번식 체계와 완전히 일치하는 경우는 드물다. 예를 들면 '일부일처제' 영장류에서도 배우자가 아닌 이성과 교미를 하려는 개체도 있는 반면에 '일부다처제' 영장류에서도 특정한 배우자와 오랫동안 관계를 지속하는 경우도 있기 때문이다.

황금사자 타마린

　그럼에도 불구하고 마모셋과 동물의 높은 번식률에 관심을 갖고 계속 관찰해 온 사람들에 의하면 한 쌍을 우리 속에 넣고 기를 때 가장 번식률이 높다. 기젤라 에플, 레이니어 로렌츠, 할므트 로테 등의 연구에 의하면, 수컷보다 우위를 차지하는 암컷은 짝결속의 유대를 방해하는 암컷이 가까이 오면 격렬하게 쫓아버린다. 사육 중인 마모셋의 사회행동에 대한 연구결과를 보면 대부분 경쟁자에 대해 매우 공격적이라는 사실을 알 수 있다. 또한 지금까지 조사된 모든 마모셋을 보면 암컷끼리의 싸움이 더욱 빈번하고 격렬하다. 암컷은 번식능력이 있는 다른 암컷을 적극적으로 차단함으로써 수컷의 바람기를 통제한다.

암컷과 수컷의 합창은 일부일처제의 확실한 증거다

야생 타마린에 대한 최근의 연구를 보면 그룹의 핵심은 번식능력이 있는 암수 한 쌍이라는 것을 알 수 있다. 일곱 마리 정도가 한 그룹의 평균 규모인데, 어떤 때는 이보다 더 많은 수가 모여 그룹을 형성하기도 한다. 지금까지 보고된 가장 큰 그룹은 열아홉 마리로 구성돼 있었다. 그러나 이 그룹은 상당히 유동적이기 때문에 원숭이들은 별다른 저항 없이 이쪽저쪽 그룹을 넘나든다.

그러면 왜 이런 일시적인 체류가 허용되는 것일까? 그것은 상호 이해가 일치하기 때문일 것이다. 일시적인 체류자는 영역 소유자의 새끼를 양육하는 데 도움을 주고, 그 대가로 비교적 안정적으로 식량을 공급받는다. 그룹 속에 있는 원숭이는 혼자 있는 원숭이보다 약탈자에 대한 위험이 적다. 그룹지어 있으면 효과적으로 주변을 감시할 수 있기 때문에 맹수 같은 포식자가 습격해도 집단적으로 반격해서 쫓아버릴 수 있다. 어린 개체들은 이와 같이 비교적 안전한 피난처에서 그들이 짝을 이루어 번식할 수 있는 적절한 영역을 갖게 될 때까지 기다린다. 그리고 그동안 부모 노릇을 하는 데 필요한 필수적인 역할을 실무적으로 훈련받고 교육받는다.

마모셋과에서는 비록 그룹이 크다 해도 새끼를 낳고 번식을 하는 짝이 하나 이상 존재하는 경우는 결코 없다. 이런 사실은 마모셋을 관찰했을 때 하위 암컷은 배란을 하지 않는다는 것과 일치한다. 상위 암컷의 존재가 어쨌든 다른 암컷의 배란을 억제하고 있는 것만은 확실하다. 그렇지만 하위 암컷이 동료로부터 떨어져서 한 마리의 수컷하고만 있게 되거나 어떤 이유로 상위 암컷이 없어진다면 그때까지 하위에 있던 암컷도 즉시 배란을 시작해 곧바로 임신을 하게 된다. 그런데 상위 암컷이 존재하는데도 하위 암컷이 번식을 시작하면 어떤 일이 일어날까? 상위 암컷이 번식하는 하위 암컷을 쫓아버릴까? 아니면 침팬지처럼 하위 암컷의 새끼를 죽여 버릴까? 이에 대해서는 아직까지 별로 알려진 것이 없다. 어느 경우가 됐든 하위 암컷은 자신이 영역을 가질 때까지 생식활동을 늦추는 편이 안전할 것이다. 왜냐하면 하위계급 상태에서 번식하는 것은 큰 손실을 초래할

뿐만 아니라 매우 위험한 일이기 때문이다. 그렇다면 어떻게 상위 암컷이 존재하는 것만으로도 하위 암컷이 번식에 영향을 받는가? 이 문제는 6장에서 좀더 자세히 다루겠다.

마모셋과에 속하는 15종을 제외하고 대략 22종의 영장류가 단혼제의 짝짓기 체계를 갖고 있다. 그러나 모두 똑같은 방식으로 일부일처제를 하고 있는 것은 아니다. 그중에서 구세계 원숭이에 속하는 3종은 인간의 약탈 행위에 대항하기 위해 일부일처제를 채택한 것으로 보인다. 멘타와이 제도 랑구르, 시마코브원숭이, 브라치원숭이가 바로 그런 경우다. 이들은 모두 자신들이 속한 속屬에서 보편적으로 실시되는 일부다처를 하지 않는 종들이다.

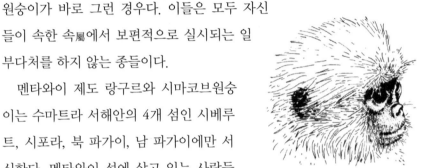

시마코브원숭이

멘타와이 제도 랑구르와 시마코브원숭이는 수마트라 서해안의 4개 섬인 시베루트, 시포라, 북 파가이, 남 파가이에만 서식한다. 멘타와이 섬에 살고 있는 사람들은 이 원숭이를 식용으로 잡아먹기도 하고 사냥꾼의 화살촉에 달린 장식용 털의 재료로 사용하기 위해 남획했다. 시마코브원숭이의 수는 너무 적어서 나 자신도 사진으로 한 번밖에 보지 못했다. 그것도 동물학자인 론 틸슨이 촬영한 것인데, 원주민이 잡은 죽은 시체였다. 불쌍한 원숭이의 코는 콧구멍이 위로 뚫려 있었는데 그와 가장 가까운 친척인 보르네오 원산의 코주부원숭이의 어린 새끼와 매우 유

브라치원숭이

브라치원숭이

사했다. 시마코브원숭이는 돼지꼬리 랑구르라고도 부른다.

멘타와이 제도 랑구르 수컷은 사냥꾼이 가까이 가면 나뭇가지를 격렬하게 흔들면서 큰 소리를 지르고 넓은 원을 그리며 빙빙 돈다. 한편 암컷과 어린 것들은 나무 꼭대기에 아무 소리도 내지 않고 조용히 움츠리고 앉아 있다. 서아프리카의 브라치원숭이 수컷도 비슷하게 적을 혼란스럽게 만드는 것으로 알려져 있다. 마치 새가 자신의 부러진 날개를 감추려고 몸부림치는 것과 같다. 그러나 시간이 충분하면 암컷과 수컷 모두 안 보이는 곳으로 숨는다. 되도록 몸을 움직이지 않고, 조용히 꼼짝도 않는다. 이것이 시마코브의 전략이다. 이상과 같은 세 가지 경우 모두 일부일처제는 은폐 행동, 즉 방어를 위해 몸을 숨기는 것과 관련돼 있다. 멘타와이 제도의 영장류를 처음으로 연구한 틸슨과 티네자, 아프리카에서 브라치원숭이를 처음으로 연구한 앙리 고티에-이옹은 각자 독자적으로 다음과 같은 똑같은 결론에 도달했다. 즉 이들이 작은 가족집단을 이루게 된 것은 사냥의 위협에 대처하기 위한 것으로, 비교적 최근에 적응한 것 같다는 것이다.

일부일처제 동물은 대부분 자기 영역을 방어하기 위해 멀리서도 들을 수 있는 소리를 지른다. 긴꼬리원숭이속의 랑구르도 모두 그런 소리를 지르는데, 멘타와이 제도 랑구르만 암수가 같이 소리를 지르고 나머지는 수컷만 소리를 지른다. 그 예외가 바로 긴꼬리원숭이속에서 유일하게 일부일처제를 하고 있는 멘타와이 제도 랑구르다. 멘타와이 제도 랑구르의 일부일처제는 상당히 오래된 것이기 때문에 암컷도 영역 방어를 위한 소리를 낼 수 있도록 진화하기에는 충분한 시간적 여유가

멘타와이 제도 랑구르

있었을 것이다. 또한 암수의 크기가 같아지는 데도 충분한 시간이었을 것이다. 실제로 멘타와이 제도 랑구르 수컷의 평균체중은 6.5킬로그램, 암컷은 평균 6.4킬로그램으로 거의 차이가 없다. 머리부터 꼬리까지의 길이를 측정해 봐도 암수가 거의 같다. 그러나 다른 대부분의 랑구르는 암수가 다르다. 또한 비교적 최근에 와서야 일부일처제를 시작한 것으로 보이는 브라치원숭이나 시마코브원숭이의 경우는 수컷이 암컷보다 크다. 일부일처제 영장류에서는 암컷과 수컷이 크기가 거의 같다는 일반론에 비추어 볼 때 이 두 가지 경우는 극소수의 예외에 해당한다.

1976년 틸슨과 티네자의 보고가 발표되기 전까지는 구세계 원숭이가 일부일처제를 한다고는 아무도 생각하지 않았다. 더구나 랑구르는 일부일처제를 할 것으로 보지 않았다. 그때까지 고등영장류에서 일부일처제를 하는 종으로 알려진 것은 신세계 원숭이와 긴팔원숭이밖에 없었다. 나 자신도 처음에는 상당히 회의적이었다. 뒤에가서 틸슨이 멘타와이 제도 랑구르 암컷과 수컷의 합창소리를 녹음한 것을 들었을 때에야 비로소 믿게 됐다. 열대 조류에서 오래전부터 알려진 것과 같이 암수의 합창은 일부일처제의 한 가지 뚜렷한 특징인 것이다.

노래는 서로의 존재를 확인하고 구애를 하는 것이다

영역 방어를 위한 소리 지르기는 아주 다양하다. 원원류에 속하는 마다가스카르의 인드리는 마치 아우성과 같이 일제히 소리 지르고, 아시아에 살고 있는 긴팔원숭이와 샤망원숭이siamang는 오페라와 같은 복잡한 가곡풍의 소리를 지른다. 긴팔원숭이 암컷이 지르는 소리를 이른바 '그레이트 콜'이라 하는데 가장 크고 길다. 그레이트 콜은 일정한 간격으로 반복되는데 그 사이사이에 수컷의 울부짖는 소리가 뒤에 깔린다. 그리고 곡예와 같은 재주부리기도 암컷 쪽이 훨씬 더 화려하다.

이런 영역 과시 행위로 긴팔원숭이의 암컷과 수컷은 서로의 존재를 확인한다. 만일 상대를 잃어버리면 합창이 깨지는데 그것은 교미 상대를 찾고 있는 다른 원숭이가 들어올 수 있는 구실을 주게 된다. 노래는 영역을 선전하는 것이면서 동시에 상대를 유혹하는 세레나데이기도 하기 때문이다.

티네자는 짝이 없는 긴팔원숭이 수컷이 짝이 있는 수컷보다 더 많이 노래한다는 것을 알아냈다. 아마도 제 짝을 찾으려면 상대를 더욱 유혹해야 하기 때문일 것이다. 과학 논문에 소개되는 아주 짤막한 구절 속에도 야생 긴팔원숭이가 어떻게 상대를 유혹하는지를 어렴풋이 알 수 있다. 말레이시아에서 동남아 조약기구에 근무하고 있었던 마셜 부부는 오페라에 관심이 있었다. 그들은 동남아 일대에서 긴팔원숭이의 노랫소리를 녹음하면서 자신들의 오페라에 대한 사랑을 자연에 대한 관심으로 돌릴 수 있었다. 마셜 부부는 〈사이언스〉 지에 다음과 같이 기고했다.

긴팔원숭이 암수 한 쌍은 매일 커다란 소리로 노래하고 체조하면서 자신들의 영역을 선포한다. 일종의 힘을 과시하는 것이다. 암컷은 아침나절에 약 30분간 요란스럽게 그레이트 콜을 질러댄다. 약 20초 동안 지속되는 멋진 소리는 2분 내지 5분 간격으로 반복된다. 처음에는 부드럽고 조용하게 시작하지만 점차 음량이 고조되어 마침내 박자, 강약, 속도 등 모든 면에서 최고조의 클라이맥스에 도달한다. 바로 이때 아름다운 체조를 곁들인다. 그러고는 잠잠해진다.

이에 반해 수컷의 응답은 짧고 종에 따라 다양한데, 암컷의 그레이트 콜이 진행되는 중간에 하거나, 피날레를 장식한다. 대체로 암컷이 노래를 시작하면 수컷은 침묵한다. 아니면 새벽 전에 합창이 계속되는 동안 수컷의 소리가 여기저기 나무 위의 잠자리에서 펴져나간다. 수컷의 새벽 전 합창은 간단하게 짧은 소리를 지르는 것으로 시작되는데, 소리를 지른 뒤 약 15분가량은 이웃 동료로부터 응답이 오기를 기다리면서 침묵한다. 이때부터 새벽까지의 약 45분 정도, 수컷은 조금씩 노래를 첨가하면서 짧지만 그럴듯한 변주곡을 만들어 낸다.

긴팔원숭이

암컷은 수컷과 똑같이 짧은 노래를 할 수 있는 데 비해 수컷은 암컷처럼 그레이트 콜을 흉내 낼 수 없다. 그레이트 콜은 개체마다 약간씩 미묘한 차이가 있고, 때로 성숙한 젊은 개체들도 그레이트 콜의 합창에 참가하기도 한다. … 그중에서도 클로스 긴팔원숭이 암컷의 그레이트 콜이 가장 멋지다. 최고조의 멋진 비브라토 테마가 끝나면 한층 더 낮은 음정으로 서서히 내려간다. … 새벽이 되기 전에 부르는 수컷의 아름다운 소절에도 비브라토가 포함되어 있다. … 해뜨기 전인 오전 4시경에 우리는 남부 파가이 섬의 티네자 씨의 캠프에서 이 아름다운 음악을 들었다.

이들 프리마돈나는 유인원 가운데 가장 작은 동물로서 침팬지, 오랑우탄, 고릴라 다음으로 인류와 가까운 영장류인데, 동남아 본토와 주변 섬에 분포되어 있다. 현재는 열대삼림이 급속히 파괴되고 있지만 아직도 일부 남아 있는 상록수림대나 몬순성의 낙엽수림 지대에서는 가지각색의 긴팔원숭이가 양손으로 높은 나뭇가지를 붙잡고 흔들거리는 모습을 발견할 수 있다. 긴팔원숭이의 선조는 큰 몸집에 털이 검은, 오늘날의 검은 샤망원숭이와 아주 유사한 것으로 생각된다.

긴팔원숭이의 선조는 홍적세 후기에 지금은 선다랜드Sundaland라 불리는 동남아부터 인도네시아 서부에 이르는 광활한 육지에 서식했다. 오늘날 선다Sunda 대륙붕으로 알려진 지역은 말레이시아 반도, 말레이 군도, 보르네오, 스마트라, 자바, 멘타와이 군도 등으로 얕은 해로로 서로 분리되어 있다. 홍적세에는 주기적으로 찾아온 빙하 때문에 대부분 선다 열도는 아시아 본토와 연결되어 있었다. 현재 남아 있

샤망원숭이

는 긴팔원숭이속의 8종과 샤망원숭이가 바로 이 홍적세 때 공통의 선조로부터 생겨났다. 긴팔원숭이의 연구와 보호에 십여 년 동안 헌신한 데이빗 치버스의 추정에 의하면 1977년 당시, 전세계에 대략 400만 마리의 긴팔원숭이가 있었던 것으로 알려져 있다. 그러나 이 동물이 살고 있는 세계는 급속히 줄어들고 있어 1982년에는 그 수가 거의 70만 마리 이하로 줄어들 것으로 추정했다.

소형 유인원은 샤망원숭이와 긴팔원숭이 두 그룹으로 분류된다. 샤망원숭이는 크기가 긴팔원숭이의 두 배 가까이 되고 목 부분에 독특한 주머니가 있는데 이것이 공명을 일으킴으로써 짖거나 왁 소리를 지르기도 하고 귀가 찢어질 것 같은 소리도 낸다. 다른 어떤 유인원보다도 몹시 시끄러운 동물이다. 샤망원숭이의 생활권은 긴팔원숭이보다 좁지만 영역을 수호하는 일에는 무관심하다. 음식에 대해서도 별로 까다롭지 않고 많은 양의 나뭇잎에 과일을 약간 곁들여 먹는다. 이에 비해 긴팔원숭이는 과일이 주식이다. 샤망원숭이 수컷은 긴팔원숭이 수컷보다 훨씬 더 직접적으로 새끼를 돌본다. 수컷은 생후 1년 정도 된 어린 새끼를 데리고 다닌다.

샤망원숭이와 달리 긴팔원숭이는 식량을 까다롭게 선택하는데 약 60퍼센트를 과일로 먹는다. 긴팔원숭이는 과일을 상식하기 때문에 몸집은 비록 작아도 나뭇잎을 주로 먹는 검은 털의 사촌보다 영역의 면적이 두 배 이상 필요하다. 그래서 샤망원숭이 수컷은 새끼를 데리고 다니는 데 힘을 소비하는 것에 비해 긴팔원숭이 수컷은 식량원인 과일 나무를 수호하는 데 많은 노력을 한다. 자신의 영역을 지키다가 침입자가 나타나면 보통 소리를 지르는 온건한 수단을 사용하지만 가끔은 물리적으로 침입자를 쫓아버린다.

긴팔원숭이와 샤망원숭이는 생식기를 제외하면 암컷과 수컷이 외모나 크기에서 차이가 나지 않는다. 암수가 모두 검은색 바탕에 전체적으로 엷은 반점을 가지고 있다. 이마에 무늬가 있어서 얼굴이 생기 있어 보인다. 그러나 일부는 전신이 담황색이거나 흑색인 경우도 있다. 그런데 긴팔원숭이속에 속하는 종 가운데 갓머리긴팔원숭이, 검정긴팔원숭이, 훌록긴팔원숭이의 3종만이 자웅색체이형성을 보인다. 즉 수컷과 암컷이 서로 다른 색을 갖고 있다. 수컷은 보통 검은색이고, 암컷은 엷은 색이나 담황색, 혹은 엷은 갈색, 금색 등을 띤다. 만일 이 시스템이 전혀 이상하게 느껴지지 않는다면 남자는 모두 검은색 피부에 노랑머리를 하고 있고, 여자는 모두 흰 피부에 검은 머리를 하고 있는 나라를 한 번 상상해 보면 좋을 것이다.

배우자를 결정하는 데 영향을 끼치는 요인은?

일부일처제 영장류에서 암컷과 수컷의 모양이 비슷하다는 것은 이해할 수 있다. 동성간의 경쟁으로부터 자유로워질 수 있다면 암수 모두 환경에 가장 잘 적응된 최상의 체형을 가지게 될 것이다. 이것은

황제 타마린

매우 효율적인 시스템이다. 만일 어떤 동물이 불필요해 보이는 기관을 갖고 있다면 그것은 필시 그럴 만한 이유가 있을 것이라고 가정해 보는 것이 좋다. 동성 경쟁에서와 마찬가지로 다른 동물과의 경쟁에서 유리하기 때문일 것이다. 그런 경우 암수 모두가 똑같은 특질을 갖게 되는 경우가 많다. 황제 타마린의 수염이 그런 경우다. 황제 타마린의 암컷과 수컷은 모두 거의 어깨에 닿을 만한 거대한 흰 수염을 늘어뜨리고 있다. 왜 그런 수염이 필요했을까? 황제 타마린은 비록 몸집이 크지는 않지만 매우 공격적이기 때문에 동물원에서도 다른 동물과 별도로 수용해야 할 정도다. 자연 상태에서도 황제 타마린은 매우 공격적이다. 그들은 다른 마모셋이나 타마린보다 우위를 차지하고 있기 때문에 과일과 같은 식량자원에 그들이 접근하지 못하게 한다.

그러면 황제 타마린이 왜 불필요한 수염을 갖고 있는지를 설명해 보자. 그것은 다른 마모셋과 동물에게 전투적인 성질을 과시하고 실제보다도 몸집이 더 크게 보이도록 하기 위해서다. 황제 타마린은 암수가 똑같이 식량자원을 지키기 때문에 수염이 눈에 잘 띄는 진화적 선택압이 암수 모두에게 똑같이 작용했을 것이다.

그렇게 본다면 일부일처제의 암수에게서 서로 다른 특질이 나타 난다면 매우 난처할 것이다. 암수의 색깔이 다르게 나타나는 7종의 영장류에서 5종이 일부일처제라는 것이 더욱 문제를 어렵게 만든 다. 이에 대한 해석은 여러 가지가 있지만 가장 그럴듯한 것은 한 가 지밖에 없다. 그러나 이 경우는 두 가지 전제가 필요하다. 첫째는 자 웅색체 이형성을 나타내는 종은 진화과정에서 담황색 같은 특정한 색을 나타내는 유전자가 암컷의 적응력을 높여 주는 특질과 서로 연 결됐을 가능성이다. 둘째는 수컷이 교미 상대를 선택하는 능력을 갖 고 있었다고 가정하는 것이다. 이런 경우 담황색 암컷을 짝으로 선 택한 수컷은 그렇지 않은 수컷보다 더 많은 자손을 남기게 될 것이 다. 왜냐하면 일부일처제에서 수컷의 적응성은 자신의 짝인 암컷의 적응성과 직접 관련되어 있기 때문이다. 그래서 마침내 집단에는 담 황색 암컷을 선호하는 수컷과 담황색 암컷이 다수를 점하게 되고, 결국에는 담황색 암컷만이 남게 될 것이다.

이와 같은 성선택, 즉 유전자 수준에서 암컷끼리 경쟁하고 수컷 이 암컷을 선택한다는 가정은, 포유동물에서 보편적으로 나타나는 수컷끼리의 경쟁과 암컷이 수컷을 선택한다는 성선택과는 상반되는 형태다. 이런 종의 암컷과 수컷은 비슷한 조건에서 똑같은 식량을 먹고 비슷한 온도에서 갈증을 느끼며 똑같은 적을 갖고 생활하기 때 문에 이들의 차이는 성선택으로밖에 달리 설명할 길이 없다. 그렇지 않으면 신비라고 할 수밖에 없다.

신사들이 금발 여성을 좋아하는지는 잘 모르지만, 긴팔원숭이속 의 어떤 수컷은 확실히 그런 경향을 갖고 있다. 동물의 털 색깔은 가 장 눈에 띄기 쉬운 뚜렷한 특징의 하나인 것만은 분명하고, 또 그것 이 짝선택에 사용된다 해도 이것과 견줄 만큼 중요한 또 다른 특질도 있다. 특히 긴팔원숭이는 모두가 노래를 부르는데, 암컷과 수컷의 노랫소리는 아주 다르고 각각의 개체 사이에도 어느 정도 차이가 난다. 긴팔원숭이만 연구해도, 두 개체를 짝을 짓는 데 영향을 끼치는 외모, 소리, 냄새 등에 대해 충분히 이해할 수 있을 것으로 생각한다. 무조건 서로 몸을 가까이 했다고 해서 짝짓기가 이루어지는 것은 아니다. 뭔가 다른 것이 있다. 즉 선택의 여지가 있다. 그리고 일단 선택이 이루어지면 둘은 일생 배우자 관계를 지속한다. 데이빗 치버스는 샤망원숭이 한 쌍을 7년 동안 계속 관찰하면서 연구했다. 일부일처제 영장류를 이만큼 오랫동안 계속 관찰한 예는 없지만, 오늘날까지 이들의 배우자 결합이 영구적이라는 데 의문을 가질 만한 사례는 없었다. 그렇지만 긴팔원숭이, 마모셋, 멘타와이 제도 랑구르의 경우 파트너가 없어지면 곧바로 다른 상대를 찾는 것도 사실이다.

짝을 이루어 사는 암컷과 수컷은 영역 방어와 부모 역할을 함께 수행한다. 성장한 새끼와 부모가 어느 정도의 접촉을 유지하는지에 대해서는 잘 알려져 있지 않다. 그러나 몇 가지 경우를 보면 새끼가 처음으로 교미 상대를 만날 때까지는 부모의 보호가 계속된다.

수컷이 암컷의 정절을 신경 쓰는 진짜 이유

티네자의 보고에 의하면 클로스 긴팔원숭이는 아직도 멘타와이 제도 군도에서 서식하는 일부일처제 동물로, 긴팔원숭이속에서도 가장 음악적인 노래를 하는데 수컷은 새끼 수컷이 그들의 생활공간을 부모의 집에서 가까운 곳에 마련하도록 도와준다. 이에 비해 암컷은 적극적인 행동을 하지 않는다. 자식의 신붓감이 자유롭게 방문할 수 있도록 조용히 앉아 있다.

수컷의 양육 투자가 언제 어떤 형태로 이루어지는지는 종마다 다르지만, 모든 종에서 공통적인 것은 수컷이 자녀양육과 영역 방어에서 실질적인 역할을 한다는 것이다. 이와 같이 수컷이 실질적으로 새끼에게 투자하는 경우에는 태어난 새끼가 정말로 자신의 새끼인지가 매우 중요한 문제가 된다. 특히 수컷이 특정한 새끼에게 배타적으로 양육 투자를 하는 경우는 더욱 그렇다. 만일 잘못해서 다른 수컷의 새끼를 기르는 데 많은 투자를 한다면 자손을 남겨야 하는 수컷의 입장에서 보면 결국 일생을 헛되게 낭비한 셈이 된다. 따라서 일부일처제의 수컷이 암컷과의 교미권에 대해 극도의 경계심을 갖게 된 것은 당연한 일이다. 함께 있는 것과 감시하는 것, 사랑과 단순한 질투 사이의 미묘한 관계는 중남미 숲 속에 살고 있는 신세계 원숭이인 티티원숭이의 애정 표현에서 극단적으로 나타난다. 티티원숭이 암컷과 수컷은 긴 꼬리를 서로 꼬고 나뭇가지에 몇 시간이고 계속 나란히 앉아 있다.

사실상 부정이 금지되어 있는 일부일처제에서는 태어난 새끼가 자기 자식이라는 확신을 가질 수 있다. 그렇기 때문에 부모로서의 무거운 의무를 다하는 것이다. 수컷이 얼마나 성공했는지는 자신의 짝인 암컷이 얼마나 많은 새끼를 낳아 주느냐에 달려 있다. 반면 암컷은 새끼의 출산과 수유에 필요한 식량을 얼마나 많이 얻을 수 있느냐에 따라 좌우된다. 이런 면에서 볼 때 티티원숭이나 마모셋 수

티티원숭이

컷이 자신의 식량을 자식과 배우자에게 제공하거나 양보하는 것은 이상할 것이 없다. 그렇게 함으로써 수컷은 암컷이 단기간에 많은 새끼를 낳을 수 있도록 도와준다.

자기보다 아내를 더 사랑하는 인드리

일부일처제 동물에서 수컷의 양보가 두드러지게 나타나는 것은 인드리에서다. 인드리는 현존하는 여우원숭이 가운데 가장 크다. 인드리보다 더 크고 송아지의 반 정도 되는 여우원숭이가 있었지만 17세기에 멸종됐다. 인드리는 여우원숭이 가운데 유일하게 꼬리가 없는데 그렇다고 영장류처럼 보이는 것은 아니다. 마치 유칼리나무 숲에 사는 코알라를 마다가스카르의 삼림지대로 옮겨 놓은 것과 같다.

인드리를 상상하는 것은 쉽지만 실제로 보기는 어렵다. 인드리는 사육할 수 없기 때문이다. 나는 수년 전에 유일하게 인드리가 서식하고 있는 마다가스카르 섬의 동해안을 방문한 적이 있다. 그리고 내 방식대로 인드리를 발견하는 데 성공했다. 어떻게 인드리를 발견할 수 있었을까? 먼저 마다가스카르의 우림지대로 들어간다. 밀림 속의 축축하고 이끼 낀 관목 숲과 고사리 나무 사이를 걸어 다니면서 이끼로 얼룩진 나뭇가지를 조심스럽게 관찰한다. 놀랍게도 이곳에는 새가 별로 없다. 그래서 새 때문에 놀라는 경우는 거의 없다.

나무에서 나무로 눈을 옮기다 보면 꽃도 눈에 들어온다. 계속 앞으로 나가서 구릉지대를 조금씩 올라가다 보면 드디어 빽빽한 대나무 숲에 들어서게 된다. 이곳은 어디를 가도 거머리들이 구두에 달라붙고 손등을 기어오른다. 거머리는 작기 때문에 피부를 뚫고 들어올 때까지 잘 느끼지 못하는 경우도 많다. 그러는 사이에 여기저

인드리

기서 인드리의 노랫소리가 들린다. 가끔은 어느 틈에 피었는지 모르는 봄맞이꽃과 함께 가까운 구릉 위에서 혹은 계곡 쪽에서 들려온다. 노랫소리가 끝나면 재빨리 가까운 오솔길을 따라 뛰어가다가 길이 없어지면 잡목 숲 속을 헤치며 들어간다. 무성한 밀림 속에서 문득 머리 위를 보면, 거기에 겉모습이 완전히 똑같은 두 마리의 인드리가 앉아 있는 것을 발견하게 된다. 어쩌면 새끼를 데리고 있을지도 모른다. 만일 새끼가 있다면 돌보는 것은 암컷이다. 그렇지 않은 경우 암컷과 수컷을 구분할 수 있는 유일한 방법은 소변을 볼 때뿐이다.

내가 인드리를 관찰한 내용은 조잡한 것이다. 그나마 어느 정도 연구한 사람은 조나단 폴록뿐이다. 폴록은 1년간 거머리의 습격을 참아가면서 인드리를 관찰했다. 그리고 그는 다시 한 번 더 가보고 싶다고 말한다.

인드리가 살고 있는 열대우림은 상당히 안정된 환경이기 때문에 극히 천천히 자원이 재생된다. 마모셋이 사는 경쟁이 심한 세계와는 대조적이기 때문에 그들은 비교적 일정하고 느슨한 밀도로 살고 있으며 번식 속도도 느리다.

한 번 출산하면 수년간 새끼를 낳지 않아 출산간격이 매우 길다. 일정한 지역 내의 개체 수는 한 쌍의 인드리와 새끼를 양육하는 데 필요한 식량을 얻을 수 있는 만큼의 영역으로 결정된다. 인드리가 가장 좋아하는 식량인 과일이나 새싹, 새순 같은 것들은 나오는 시기가 정해져 있어 모두 일시적으로 나오기 때문에 거의 먹지 않는다.

폴록은 인드리가 식량을 채집할 때 암컷과 어린 새끼가 가장 좋은 장소를 먼저 차지한다는 흥미로운 사실을 발견했다. 수컷은 먹는 양도 적지만 암컷과 어린 새끼가 좋아하는 새순 같은 것은 거의 먹지 않는다. 유대교의 탈무드 계율, 즉 "자신을 사랑하는 것과 같이 당신의 아내를 사랑하라. 그리고 아내에게는 지금보다 더 예를 다하라"는 교훈을 인드리만큼 엄격하게 지키는 영장류는 아마도 없을 것이다.

일부일처제는 암컷의 번식 전략에 따른 것이다

인드리 수컷은 식량을 암컷에게 양보하고 암컷보다 하위에 있지만 영역의 침입자를 격퇴시키고 집단을 수호하는 책임을 담당한다. 수컷이 침입자를 격퇴시키는 동안 암컷과 새끼는 영역의 한가운데서 가만히 지켜만 본다. 우리는 여기서도 다시 한 번 일부일처제 영장류의 수컷이 암컷과 새끼를 보호하기 위해 일부다처제에서는 볼 수 없는 자기희생적인 행동을 하는 것을 볼 수 있다. 바로 이것이 일부일처제에서 가장 골치 아픈 핵심적인 문제다. 즉 일부일처제를 통해 수컷이 얻을 수 있는 것이 무엇인가 하는 문제다.

수컷은 십여 마리 이상의 암컷을 수정시킬 능력을 갖고 있다. 그런데 왜 수컷은 많은 암컷을 버리고 단지 한 마리에게만 관심을 집중하는 것인가? 물론 암컷이 일부일처제를 지키는 수컷만을 선택적으로 교미 상대로 받아들인다고 생각할 수도 있다. 그러나 이것은 비현실적이다.

수컷이 정절을 버리는 것은 간단한 일이다. 짝이 임신하면 곧바로 다른 암컷을 찾아가면 그만이다. 그러므로 이 같은 결정은 수컷 자신이 암컷의 곁에 남기로 선택했다고 생각해야 할 것이다. 암컷 곁에 남아 있는 수컷의 새끼가 떠나 버린 방탕한 수컷의 새끼보다 생존율이 훨씬 높다면 곁에 남아 암컷과 새끼를 도와주는 수컷의 번식 성공률이 훨씬 높을 것이다. 수컷이 일부일처제를 선택하는 이유가 바로 여기에 있다.

암컷이 어미로서의 책무를 다하지 않는 경우에는 상황이 전혀 달라진다. 예를 들면 마모셋 암컷은 침팬지처럼 하나의 새끼에게 많은 투자를 해야 하기 때문에 스스로 자신의 번식능력을 저하시켰다. 이런 경우 수컷은 더 많은 번식 기회를 갖기 위해서는 다른 암컷을 찾아서 어디론가 떠나야 한다. 이 점이 매우 중요하다. 암컷과 수컷이 함께 복잡한 상호진화를 거듭해 온 과정을 과소평가할 위험이 있기는 하지만 암컷의 번식 전략이 수컷의 양육 투자를 결정한다. 비록 다양한 생태적 압력이 일부일처제 암컷과 수컷으로 하여금 더욱 더 서로 의존하고 협력하도록 했다 해도, 사실상 암컷이 이런 식으로 일부일처제를 수컷에게 강요해 왔다는 사실을 무시해서는 안 된다. 암컷이 상대를 선택하는 암컷 선택도 일부일처제의 한 요인이 될 수 있다. 그러나 일부일처제는 좀더 근본적인 면에서 암컷이 만들어 낸 구속 요인 때문에 생긴 것이다. 일부일처제에서는 한 그룹 속에 생식 능력이 있는 암컷 한 마리만 존재하고 나머지 암컷은 흩어진다. 생식 연령에 도달한 암컷 사이의 불꽃 튀는 적대감 때문에 어떤 형태의 일부다처제도 애초부터 불가능하기 때문이다.

대부분의 일부일처제에서는 배우자가 된 암컷이 경쟁 상대를 공격해서 영역 밖으로 쫓아낸다. 만일 야생 타마린과 같이 다른 암컷이 함께 살게 될 경우에는 하위 암컷의 배란이 억제되기 때문에 번식 단위로 볼 때 역시 일부일처제와 마찬가지 결과를 가져온다. 따라서 일부일처제는 영역 방어와 자녀에 대한 양육 투자라는 수컷의 도움이 필요한 암컷에 의해 유지되며 또한 암컷이 사회적으로, 지리적으로 분산됨으로써 유지되는 것이다. 이런 상황에서는 감정도, 성적 요인도 끼어들 여지가 없다. 적어도 이 단계에서는.

일부일처제는 난국을 극복하기 위한 고도의 전략이다

최근에 몇몇 학자들이 다음과 같은 문제를 제기하기 시작했다. 암컷이 집단을 이루지 않고 한 마리씩 넓게 흩어져 분포하게 된 요인은 무엇일까? 또한 어떤 이유 때문에 번식능력을 갖고 있는 암컷끼리 공존하지 못하는가? 여기에 한 가지 그럴듯한 설명이 있다. 즉 영장류가 일부일처제를 하게 된 것은 생활환경이 안정되기 때문이라는 것이다. 그러나 안정된 환경에서는 자원이 재생되기는 하지만 그 속도가 매우 느리다. 따라서 한곳에 여러 마리가 집중해 살 수 없고 결국 넓은 지역에 퍼져 살 수밖에 없다. 계절에 관계없이 열매를 얻을 수 있는 열대 우림과 비교하면 이해하기 쉬울 것이다.

폴록은 이런 상황을 인드리의 예를 들어 잘 설명하고 있다. 동물들은 자기가 살고 있는 자연환경이 허락하는 한도까지 번식하려 한다. 그런 상황에서의 생활은 경쟁적일 수밖에 없다. 식량자원을 확보하기 위해 각 그룹은 그들의 먹이를 구할 수 있는 영역을 확보하고 지켜야 한다. 그들이 성공적으로 방어할 수 있는 영역의 범위는 겨우 두 마리의 성숙한 암수와 그 새끼들이 먹고살 수 있을 정도의 식량을 얻을 수 있을 만한 넓이다. 아시아 긴팔원숭이, 마다가스카르 인드리, 남미 티티원숭이가 모두 이런 예에 속한다.

자기 영역을 지키는 데는 한 마리보다 두 마리가 훨씬 유리하다. 그렇다면 왜 두 마리 암컷이 같이 살면 안 될까? 특히 암컷이 수컷과 몸집이 똑같아서 비슷한 공격능력을 갖고 있는 경우에 말이다. 그러나 자매지간인 두 마리 암컷이 함께 살면서 일시적으로 수컷을 받아들여 임신하고는 수컷을 추방해 버리는 경우와 같은 것은 영장류에서 보고된 적이 없다. 이 같은 일은 매우 합리적인 문제 해결 방법처럼 보인다. 그럼에도 불구하고 이런 시스템이 실제로 사용되지 않는 것은 아주 단순한 이유 때문이다. 즉 자녀를 기르는 데 이모보다는 아버지 쪽이 더 유리하다는 것이다. 아버지는 자식과 절반의 유전자를 공유하고 있지만 이모는 4분의 1밖에 공유하고 있지 않기 때문이다. 수컷이 암컷과 자식을 위해 식량을 양보하고 희생할 준비가 되어 있는 데 비해 자신도 번식능력을 갖고 있는 이모가 과연 그렇게 할 수 있겠는가?

폴록의 의견과 관련한 또 다른 주장도 있다. 그것은 일부일처제를 하면서도 영역이 필요 없는 경우다. 식량부족과 같은 극히 어려운 생활조건 때문에 할 수 없이 암컷끼리 서로 받아들일 수 없게 됐지만 그럼에도 불구하고 새끼를 양육하기 위해 다른 성숙한 개체로부터 원조를 받는 것이 훨씬 유리한 경우다. 그러나 무엇이 어려운 환경인지를 결정하는 것은 극히 어려운 문제다. 정의에 의하면 현재 잘 살아가면서 번식하고 있는 야생동물은 모두 적절한 환경에서 살고 있다고 할 수 있다. 어떤 일부일처제 영장류가 빈약한 생태적 환경에서 살고 있는 것인지 아닌지, 혹은 최선은 아니지만 차선으로 조금 부족한 자원에 자족하고 있는 것인지 아닌지에 대한 판단은 학자들 사이에서도 논란이 계속되고 있다. 예를 들면 몽구스여우원숭이는 보통 때는 꽃의 꿀과 수액을 먹고살지만 건조기에 새도 잡아먹는다. 박쥐나 조류에 대해서 잘 알고 있는 학자들은 영양이 풍부한 꿀을 먹는 것이 결코 빈약한 식생활이 아니라고 할지도 모른다. 그러나 꿀이 그처럼 영양가가 높은 식량으로 선택할 만한 것이었다면 왜 영장류 가운데 그토록 적은 수만이 꿀을 먹고살도록 진화됐을까?

올빼미원숭이

오랫동안 주행성 동물로 있다가 야행성으로 돌아간 여러 동물들이 일부일처제를 유지하고 있는 것도 매우 흥미 있는 일이다. 진원아목에서 유일한 야행성인 올빼미원숭이, 인드리과의 유일한 야행성 동물인 아바히, 여우원숭이에서 유일한 야행성인 망구스 여우원숭이 등이 그들이다. 뉴욕에서 자란 패트 라이트는 애완동물 가게에서 발견한 플라워Flower라 부르는 올빼미원숭이에 완전히 빠져버렸다. 라이트는 케이프 코드에 있는 여름 별장에서 플라워를 방목했는데, 접시같이 커다란 눈을 뜬 원숭이가 잠을 잘 때면 늘 자신의 침대로 돌아왔다. 그래서 그녀는 자연 상태에서도 올빼미원숭이의 잠자리를 만들어 줄 수 있다면 야밤중에 정글 속을 돌아다니지 않고도 이들을 쉽게 관찰할 수 있을 것으로 생각했다. 페루에서 실시한 라이트의 최근의 야외조사 결과를 보면 올빼미원숭이와 마다가스카르의 부분적으로 야행성인 망구스 여우원숭이 사이에 많은 공통점이 있다는 것을 알 수 있다.

올빼미원숭이와 망구스 여우원숭이는 동료들과 함께 좁은 생활권에서 움직이며 특정 식량만 먹는다. 이들은 지금까지 연구된 거의 모든 일부일처제 영장류와는 대조적으로 양쪽 모두 자기 영역을 방어하지 않는다. 이것은 아마도 그들의 식량이 한정되어 있으며 그것

몽구스여우원숭이

조차도 한곳에 집중되어 있지 않고 흩어져 있기 때문에 영역을 효과적으로 방어하기가 어렵기 때문일 것이다. 일부일처제가 삶의 어려움을 극복하기 위한 진화라는 가설을 전적으로 입증하는 것은 아니라 할지라도 올빼미원숭이와 몽구스여우원숭이에 대한 조사결과는 이들이 나뉠 수 있는 얇은 조각으로 된 빵이 아니라 덩어리로 된 빵을 먹으며 살고 있음을 알려 준다. 이런 경우 두 마리 암컷이 서로 화기애애하게 식량을 나누어 먹을 수는 없다.

암컷에 대한 수컷의 여유 있는 양보, 격조 높은 합창소리, 꼬리를 꼬고 앉아 있는 친밀함, 상대를 보호하려는 숭고한 이타주의, 이들 모두가 난국을 극복하기 위한 단순한 전략에 지나지 않는다는 말인가? 일부일처제는 빈약한 자원과 커다란 새끼에 속박당한 암컷이 다른 암컷과 상호 공존할 수 없는 상황 때문에 수컷에게 강요한 시스템인가? 이런 가정은 비교적 정확하고 일반화된 것이지만 약간 냉소적인 면도 있다. 다음 장에서는 일부일처제를 하지 않는 다섯 종의 영장류에 대해 설명하고자 한다. 이들은 일부다처제를 하지만 특이하게도 암컷이 우위를 차지한다. 그러나 그들의 예는 암컷이 우위를 차지하고 있음에도 불구하고 생각만큼 로맨틱하지는 않다.

여성 우위는
어떻게 일어나는가?

4장

암컷이 출산과 육아를 담당함에도 불구하고

왜 식량에 대한 우선권은 수컷이 가지는 것일까?

도대체 암컷은 무엇 때문에 수컷에게 그토록 너그러운 것일까?

성숙한 수컷의 수가 암컷보다 적은 것이 보통인데

왜 암컷들은 힘을 합해 자신들의 요구를 주장하지 않을까?

일부다처제에서 일어나는 여성 우위

그동안 남성이나 여성이나 모두 자신의 성이 우월하다고 주장하는 근거로 영장류의 예를 아전인수 격으로 인용해 왔다. 그 결과 양쪽 모두 영장류에서 만족할 만한 예를 발견할 수 있었다. 영장류의 종은 아주 다양하기 때문에 수컷이 암컷보다 우월한 것이 자연의 본모습이라는 것을 '증명'하기는 쉬웠다. 비비(개코 원숭이), 랑구르, 오랑우탄 같은 것을 예로 들면 되니까. 한편 원원류만 보면 암컷이 수컷보다 우월한 것이 좀더 근본적인 암수관계라고 주장할 수 있다. 지금까지 연구된 모든 여우원숭이 사회에서는 암컷이 우위에 있으니까. 하지만 영장류는 뭐라고 딱히 규정할 수 없게 다양한 형태로 살아간다.

집단을 이루기도 하고 독립적으로 살기도 하고 혹은 작은 소규모의 무리들이 모여 대규모의 집단을 형성하기도 한다. 또한 결혼 형태도 다양해 쌍을 이루거나 하렘을 형성하기도 하고 하나의 성으로

만 이루어진 단성집단이나 복수 수컷 무리로 살기도 한다. 암컷이 우위를 차지한 예도 있고 반대로 대등한 지위에 있거나 우열관계가 없는 경우도 있다. 지금까지 관찰된 바 없는 일처다부제를 제외하면 사실상 지금까지 알려진 모든 종류의 사회형태가 영장류 집단에 존재한다고 해도 좋다. 바로 이런 이유 때문에 개별적인 사례만 들먹일 것이 아니라, 전체적으로 검토해서 그중에서 몇 가지 전형적인 유형을 찾아내야 하는 것이다. 어떤 상황에서 수컷이 암컷에게 양보하는가? 앞 장에서는 암컷이 우위를 차지하는 일부일처제 영장류를 다루었다. 그래서 여기서는 일부다처제를 하는 일곱 종의 영장류에 초점을 맞추고자 한다. 여기에 속하는 수컷은 암컷 한 마리에 구속되지 않으면서도 1년 가운데 어떤 시기 혹은 전 기간에 걸쳐 일부일처제에서와 마찬가지로 암컷의 의사를 따른다. 이 때문에 암컷은 먹이 장소에 대한 선취권과 다른 구성원에 대한 통제권을 어느 정도 갖게 된다. 여기서는 수컷이 특정한 암컷이나 그녀의 새끼에게 가까이 접근하면 다른 암컷이 그의 얼굴을 후려쳐서 쫓아버린다. 어떤 경우에는 수컷이 무리의 변두리로 쫓겨나기도 한다. 이런 종은 우리가 흔히 말하는 '수컷 중심의 서열구조'나 '우월한 수컷 리더'와는 전혀 거리가 멀다.

일부다처제에서는 영양상태가 좋고 건강하며 경쟁력이 있는 수컷이 많은 암컷을 거느릴 수 있는 기회를 갖는다. 이런 경우 대개는 수컷의 육체적 컨디션이 매우 중요하고, 그것은 대부분의 경우 사실이다. 이때 수컷은 폭군처럼 행동한다. 그럼에도 불구하고 어떤 이유에서 일부다처제 수컷이 암컷에게 양보하고 암컷의 의사에 따르게 됐을까? 어떻게 일부다처제에서 암컷 우위의 사회체제가 발달할 수 있었을까?

여기에 대한 대답은 원원아목에 대한 이야기로부터 출발하는 것이 자연스러울 것 같다. 그 이유는 두 가지를 들 수 있는데, 하나는 이들이 현생 영장류 가운데 가장 원시적이라는 것이고 다른 하나는 이들이 뚜렷한 '모권제' 경향을 보인다는 것이다. 암컷 우위는 군집성 원원류의 특징적인 현상이다. 1년 이상 연구한 바에 의하면 알락꼬리 여우원숭이, 갈색 여우원숭이, 흰색 시파카와 같이 여우원숭이과의 군집성 동물의 경우 암컷이 우위를 차지하는 빈도가 매우 높다는 것이 밝혀졌다. 또한 목도리 여우원숭이, 검정 여우원숭이, 관머리 시파카에서도 암컷이 종종 우위에 있는 것으로 알려져 있다. 물론 인드리도 암컷의 지위가 높은 전형적인 예지만 인드리의 경우 다른 원원류의 일부 종과 마찬가지로 일부일처제이기 때문에 문제가 복잡하다.

이와 같이 원원류에서 암컷이 우위를 차지하고 있는 것에 대한 설명으로는 여러 가지가 있다. 그중 한 가지는 암컷의 우위성이 영장목의 오래된 특징이며 일부 페미니스트가 주장하는 것과 같이 진화과정에서 형성된 '기본상태'라는 것이다. 이 관점은 인류 진화과정에서 '모권제' 단계가 있었다는 19세기에 유행했던 이론과 유사하다. 그러나 이 이론에 대한 반대 가설이 있다. 즉 여우원숭이에서 볼 수 있는 암컷의 우위성은 인도양의 특이한 섬, 마다가스카르의 생활에 적응하기 위해서 생긴 것으로 보는 것이다. 어쩌면 이쪽이 더 타당한지도 모른다.

다음 단계로 여우원숭이뿐만 아니라 암컷이 압도적으로 우세한 것으로 알려진 다른 모든 일부다처제 영장류에서 나타나는 더욱 더 광범위한 사회생태학적 적응 과정을 생각해 보자. 아프리카에 사는 작은 '난쟁이 거농'으로 알려진 탈라포인원숭이와 남미 원산의 두 종의 다람쥐원숭이의 사례도 포함시켜야 할 것이다. 이런 동물에 대한 분류학상의 위치는 표 2와 같다.

내 생각에 구세계 원숭이인 탈라포인원숭이와 신세계 원숭이인 다람쥐원숭이, 마다가스카르 섬에 격리된 군집성 여우원숭이, 이 세 가지 종에서 놀랍도록 똑같이 나타나는 이런 현상은 암컷의 우위성이 특수한 환경적 압력과 결부된 것이라는 데 대한 강력한 논거를 제공해 준다. 이런 이유로 여기서 알락꼬리 여우원숭이, 시파카, 다람쥐원숭이, 탈라포인원숭이의 생태를 간단히 설명하고 왜 이처럼 상당히 서로 다른 종이 공통점을 갖게 됐는지를 탐구해 보고자 한다.

표 2. 암컷 우위의 일부다처제 영장류

원원아목(原猿亞目)
　　인드리과
　　　　시파카(2종)[a]
　　여우원숭이과
　　　　알락꼬리 여우원숭이
　　　　검정 여우원숭이

유인아목(類人亞目)
　　신세계 원숭이
　　　　꼬리감기 원숭이과
　　　　　　다람쥐원숭이(2종)[a]
　　구세계 원숭이
　　　　긴꼬리원숭이아과
　　　　　　탈라포인원숭이

---

a. 시파카속과 다람쥐원숭이속의 경우 모두 한 종(*Propithecus verreauxi*와 *Saimiri sciureus*)씩은 비교적 잘 알려져 있지만 다른 한 종(*P. diadema*와 *S. oerstedii*)씩은 거의 알려져 있지 않다.

먹이에 관한 실권은 암컷에게 있다

1962년경 베렌티라 부르는, 마다가스카르 섬 남부에 여우원숭이가 살 수 있도록 남겨진 숲인 작은 자연 보호 구역에서 앨리슨 졸리가 최초로 원원류의 사회행동에 대한 본격적인 연구를 실시했다. 그녀는 특히 시파카와 알락꼬리 여우원숭이를 관찰했다.

알락꼬리 여우원숭이는 영장류지만 거의 모든 사람들이 미국 너구리로 잘못 생각한다. 얼굴은 희고 양쪽 눈언저리에 검은 복면을 한 것 같은 알락꼬리 여우원숭이는 꼬리가 미국 너구리보다 길고 털은 적다.

보통 20~30마리 정도가 무리를 이루는데, 가장 전형적인 무리는 여섯 마리의 성숙한 수컷과 아홉 마리의 암컷, 여러 마리의 새끼로 구성되어 있다. 땅 위를 걸어 다닐 때는 흰색과 검은색 줄무늬가 있는 꼬리를 하늘로 똑바로 치켜든다. 나무 위에서 먹이를 먹을 때는 꼬리를 아래로 축 늘어뜨린다. 알락꼬리 여우원숭이의 꼬리는 멀리서도 눈에 잘 띄는데, 어떻게 보면 털북숭이 벌레들이 모여 있는 것처럼 보인다. 이런 꼬리는 수컷에게 특히 중요한 의미를 갖는데 이른바 졸리가 '악취 전투'라고 부르는 행동에 사용한다.

여우원숭이 수컷은 겨드랑이와 앞발 안쪽에 각각 두 개의 피지선皮脂腺이 있다. 수컷이 악취 전투를 할 때는 미리 앞발에 있는 분비선을 꼬리로 문지른다. 공격행동은 보통 노려보는 것으로 시작해 꼬리를 흔들어 상대에게 악취를 날려 보낸다. 이런 악취 전투의 결말은 수컷과 암컷이 서로 다르다. 앨리슨 졸리가 묘사한 바에 의하면 다음과 같다. "꼬리를 흔들면 상대 수컷은 보통 날카로운 소리를 지르고 도망간다. 반면 암컷의 경우는 때때로 소리를 지르고 꼬리를 흔

알락꼬리 여우원숭이

든 상대에게 달려가서 한 대 후려갈긴다."

졸리는 여우원숭이의 우위관계에 대해서도 설명했다. 수컷은 암컷보다 더 자주 우위관계를 나타내는 위협적인 행동을 한다. 실제로 자원에 관한 실권을 암컷이 갖고 있다.

우위에 있는 수컷은 거만하게 걷고 그렇지 않은 수컷은 위축돼 걷는다. … 암컷이 위협적인 행동을 하는 경우는 극히 드물지만 … '그럼에도 불구하고' 식량 선취권만큼은 수컷보다 우위에 있다. 필요한 경우 암컷은 우위에 있는 수컷을 쫓아가 얼굴을 후려갈기고 타마린드 열매를 잡아채기도 한다. 암컷이 발정기가 되면 교미권은 그동안 정해진 서열로 결정되지 않는다. 수컷들은 암컷이 지켜보는 가운데 서로 송곳니로 물어뜯으며 싸운다. 네 번의 사례를 관찰한 바에 의하면 그중 세 번을 그동안 열세에 있던 수컷이 승리했다. 그러나 교미 뒤에는 다시 원래의 하위 순위로 돌아갔다.

일광욕을 즐기는 시파카

시파카 그룹은 알락꼬리 여우원숭이보다 작은데, 대부분 성숙한 암컷은 서너 마리밖에 없고 여기에 수컷과 어린 새끼들이 합류해 하나의 그룹을 형성한다. 시파카는 몸집이 인드리와 유사한데 흰색 꼬리를 늘어뜨리고 있는 것이 다르다. 두 종은 모두 나무 위에서 생활하는 비교적 몸집이 큰 원원류들로 똑같은 인드리과에 속한다. 시파카는 강인한 뒷다리를 이용해 나무에서 나무로 거의 수직으로 날아다닌다. 나무가 없는 곳에서는 땅 위를 깡충깡충 뛰어다니지만 그럴 경우에는 매우 겁먹은 듯이 조심스럽게 움직인다. 알락꼬리 원숭이와 마찬가지로 시파카는 일광욕을 즐기는데 원주민의 말에 의하면 이들은 태양숭배자들이다. 시파카는 가슴과 앞발의 안쪽에 털이 없는 검은 피부가 있어 단순히 앞발을 하늘을 향해 넓게 벌리기만 해도 열을 재빨리 흡수할 수 있다.

인드리나 알락꼬리 원숭이와 같이 시파카의 경우에도 암컷이 수컷보다 우위를 차지한다. 시파카 암컷은 늘상 수컷을 때리고 먹이자리를 빼앗으며 원하는 물건을 독점한다. 그러나 시파카 암컷이 우위를 차지하는 데도 곡절은 있다. 매년 교미 경쟁이 일어나는 수주 동안은 대혼란이 벌어진다. 이때 수컷은 대부분 다른 수컷을 공격하게 되는데 이런 공격성이 암컷을 위축시킨다. 이러한 번식 기간에는 수컷의 혈관이 피부에 내비칠 정도로 도드라진다. 번식기에는 그

동안 유지되던 수컷 간의 우열관계가 갑자기 역전될 수도 있다. 약한 달가량의 짧은 기간만은 하위에 있던 수컷도 우위를 차지할 수 있다.

일부다처제 영장류에서 나타나는 이와 같은 극단적인 계절제 번식이야말로 암컷이 1년 가운데 대부분의 기간 동안 우위를 확보할 수 있는 형질을 진화시키는 데 결정적인 요인으로 작용했을 것이다. 모든 여우원숭이과 동물은 번식기가 특정한 시기로 엄격하게 고정되어 있다. 재미있는 것은 탈라포인원숭이와 다람쥐원숭이도 그렇다는 것이다. 이런 점에서 이들은 다른 많은 원숭이나 유인원과 다르다. 보통의 영장류는 번식에서 확실한 피크가 있기는 하지만 사실상 1년 가운데 어느 때나 임신할 수 있다. 사바나 비비나 하누만 랑구르는 번식 장소에 따라 계절성을 보이는 경우도 있고 그렇지 않은 경우도 있다. 붉은털원숭이도 1년 가운데 어느 특정한 시기에만 교미한다. 실제로 이때만 교미가 가능한지도 모른다. 이것은 지금까지 연구된 모든 붉은털원숭이에게 공통적으로 나타나는 현상이다. 여우원숭이과에 속하는 동물과 다람쥐원숭이, 탈라포인원숭이는 이런 점에서 붉은털원숭이를 닮았다. 그들처럼 몸집이 작은 동물은 물질대사에 대한 부담이 크기 때문에 수컷은 번식 기회를 가능한 한 제한하려는 아주 특이한 전략을 갖게 됐을 것이다. 우위를 차지하는 수컷이 그 자리를 유지하기 위해서는 엄청난 에너지를 소비해야 하고 육체적인 위험도 따르기 때문에 수컷은 대부분의 기간을 이러한 순위 경쟁을 회피하면서 산다. 순위 게임에 말려들지 않는 수컷은 모든 것을 적당히 암컷에게 양보하면서 '이등 시민'으로 만족한다. 식량이 부족할 때는 이런 시스템이 암컷이나 새끼가 살아가는 데 도움이 된다. 이처럼 수컷은 평소에는 힘을 아끼다가 점수가 가장 높을 때 단 한 번 모든 카드를 걸고 승부를 거는 것이다.

수컷이 우위를 차지하는 것은 번식기뿐이다

다람쥐원숭이도 수컷이 짧은 기간에만 암컷보다 우위를 지키는 전형적인 예를 보여 준다. 수컷은 단지 8주간의 번식 기간에만 당당하게 행동한다. 다람쥐원숭이는 얼굴이 유령같이 하얗고 꼬리감기 원숭이과에서도 가장 작아 몸무게가 평균 750그램 정도밖에 안 된다. 가장 큰 타마린보다 약간 큰 정도다. 이들은 중남미의 습지대에서부터 건조한 정글에 걸쳐 서식한다. 프랑크 듀몽은 1966년부터 몽키 정글에서 다람쥐원숭이를 계속 관찰했다. 듀몽은 "6월부터 10월까지의 출산과 육아기에는 수컷의 지위가 상당히 낮아진다. 이때는 암컷이 우위를 차지한다"고 보고했다. 이때 수컷은 무리의 주변부로 밀려난다. 그것은 암컷이 새끼를 양육하고 식량을 채집하는 것을 간섭하지 못하도록 하기 위한 것으로 보인다. 이들은 번식기를 제외하고는 거의 관계를 갖지 않는다. 만일 암컷과 수컷이 동시에 똑같은 먹이에 가깝게 접근하게 되면 수컷이 암컷을 피한다. 이 시기에 다른 수컷을 무리 속에 넣어 주면 침입자를 쫓아내는 것은 수컷이 아니라 암컷이다.

그러나 짝짓기 계절이 되면 다람쥐원숭이의 사회질서에 커다란 혼란이 일어난다. 11월이 되면 몽키 정글의 다람쥐원숭이는 '번식 전단계'에 들어가고 수컷의 행동에서 뚜렷한 변화가 나타날 뿐 아니라 체격도 놀랍게 변한다. 듀몽은 이런 변화를 '수컷의 비만화 현상'이라 불렀다.

번식기가 가까워지면 다람쥐원숭이 수컷은 피하에 지방을 축적

해 720그램 정도의 몸무게가 940
그램으로 몸집이 거대해진다.
그 모습은 마치 어깨에 패드를
댄 미식축구 운동선수처럼 튼
튼해 보인다. 다람쥐원숭이 수
컷의 또 다른 특징은 번식기
이외의 시기에는 고환이 퇴화
된다는 점이다. 그러다가 번식
기가 되면 퇴화된 고환이 다시
회복되어 활동적인 정자를 생
산하기 시작한다. 수컷이
순위 결정을 하기 위한 치열
한 경쟁을 벌이는 시기가 바

다람쥐원숭이

로 이때다. 순위 경쟁을 하는 수컷은 서로 맞부딪쳐 싸우거나 날카
로운 소리를 지른다. 그처럼 격렬한 경쟁을 통해 우위를 차지하게
된 수컷은 힘없이 웅크리고 앉아 있는 하위 패자의 머리나 어깨 부
근을 허벅다리로 짓누르는 독특한 과시 행동을 한다.

수컷은 왜 어렸을 때부터 공격적인 놀이에 열중하는가?

구세계 원숭이 가운데서도 적어도 한 종, 서아프리카 탈라포인원숭
이는 시파카나 다람쥐원숭이와 마찬가지로 '섹스의 계절성'을 보여
준다. 탈라포인원숭이는 긴꼬리원숭이아과에서 가장 작으며 사실상
모든 구세계 원숭이 가운데서도 가장 작다. 수컷은 다람쥐원숭이와
마찬가지로 암컷보다 약간 크지만 야외에서 관찰할 때 암수를 구별

하기가 매우 어렵다. 암컷의 체중은 1킬로그램 조금 넘는다. 새끼는 태어날 때 230그램 정도로 어미 몸무게의 4분의 1에 달한다. 이처럼 새끼가 엄청나게 큰 것이 마모셋과 원숭이의 특징이기도 하다. 이들은 '어미 무게의 4분의 1에 해당하는 새끼'를 갖는 점에서 다른 대부분의 고등영장류와 구별된다.

사육 중인 탈라포인원숭이를 관찰해 보면 보통 암컷이 수컷을 쫓아낸다. 이 때문에 학자들이 탈라포인원숭이에 상당한 관심을 갖게 됐다. 그러나 불행하게도 자연생태계에서 탈라포인원숭이가 어떻게 행동하는지는 거의 알려져 있지 않다. 올리브색의 작은 탈라포인은 자연 상태에서 맹그로브mangrove가 무성한 소택지나 깊은 숲 속에서 과일이나 곤충을 잡아먹고 산다. 다람쥐원숭이와 마찬가지로 그룹의 크기는 다양하다. 가장 큰 그룹은 프랑스의 영장류학자 앙리 고티에-이옹이 관찰한 것으로 115마리였다. 탈라포인원숭이는 인적이 닿지 않는 고온다습한 지대에 서식하기 때문에 수컷에 대한 암컷의 상대적 지위가 어떠한지 아직 잘 알려져 있지 않다. 고티에-이옹의 관찰 기록을 보면 다음과 같은 결론을 내릴 수 있다. "수컷은 암컷보다 우위성과 관련된 행동에 더 많이 관여하기는 하지만 어떤 경우 성숙한 암컷이 특정한 수컷을 확실하게 배척한다." 이것은 랑구르나 망토비비 등에서는 전혀 생각할 수 없는 일이다. 극히 조심스럽게 설명한다 해도 탈라포인원숭이는 다른 일부다처제 원숭이와는 다르고 암컷에 대한 수컷의 확실한 우위성도 존재하지 않는다고 말할 수 있다.

다람쥐원숭이나 시파카와 마찬가지로 탈라포인원숭이도 엄격한 계절제 번식을 한다. T. 로웰의 연구에 의하면 번식기 전 2~3주 동안에는 수컷의 사회적 활동이 활발해지는가 하면, 서로 쫓아다니며 위협하는 요란한 행동이 계속된다. 이런 사실은 다음과 같이 해석할 수 있다. 다람쥐원숭이나 시파카처럼 수컷은 1년 가운데 대부분을 상당히 억압되어 있다가 번식기에만 사회적 지위를 놓고 집중적으로 싸움을 벌인다. 번식기 바로 직전의 수컷은 자신에게 누가 도전하든, 특히 다른 수컷에게 극단적으로 공격적인 태도를 취한다. 탈라포인원숭이는 특별히 암컷의 지위가 높다는 점에서 대부분의 다른 원숭이와 다르게 보이지만 새끼들이 노는 것을 보면 다른 원숭이와 아주 똑같이 수컷 새끼가 더 공격적으로 행동한다. 지금까지 연구된 일부다처제 영장류에서 암컷과 수컷의 행동상의 차이가 아주 일찍부터 나타난다는 것은 별로 놀랄 만한 일이 아니다.

이런 현상은 특히 놀이에서 분명하게 나타난다. 붉은털원숭이, 파타스원숭이, 버빗 원숭이, 침팬지, 오랑우탄, 인간을 포함한 다양한 영장류의 새끼 수컷은 놀이를 할 때 암컷보다 훨씬 공격적이고 거칠며 모험적인 행동을 한다. 새끼 암컷은 이런 거칠고 무모한 짓을 하지 않고 수컷이 접근해 찝쩍거리면 멀리 피하고 가까이 가지 않는다. 암컷은 확실히 수컷보다 온화하며 동료와 사이좋게 놀기를 좋아한다. 이와 같이 어릴 적부터 성별의 차가 나타나는 것을 영장류에서 보이는 '보편적'인 현상이라고 보았던 잭린 월프하임은 탈라포인의 놀이에 특히 주목했다. 왜냐하면 성숙한 탈라포인원숭이의 성역할은 우위성이 관계되는 경우 보통 암컷이 더 우세하기 때문에 어렸을 때도 암컷이 더 우세하리라고 생각했던 것이다. 그러나 어린 탈라포인원숭이의 놀이행동에서 나타난 암컷과 수컷의 성차는 예측을 벗어났다. 놀이 행동에서는 수컷이 암컷보다 훨씬 더 공격적이었으며 이런 성향은 성숙해서도 변하지 않았다. 이 때문에 월프하임은 성숙한 개체에서 보이는 행동상의 성차가 반드시 새끼 시기의 성차

탈라포인원숭이

를 그대로 반영하는 것은 아니라고 결론을 내렸다. 이런 결론은 관찰 사실을 잘 설명한 것으로 보인다. 그러나 이런 관찰 결과를 또 다른 각도에서 볼 수는 없을까?

대부분의 동물행동학자들은 새끼들 사이의 놀이 행동이 어른이 되는 데 필요한 기술을 습득하고 연습하는 데 매우 중요하다고 생각한다. 많은 영장류의 어린 수컷들이 모의 전투나 추적 게임에 열중하는 것도 바로 이런 이유에서일 것이다. 반면에 암컷은 '어미 연습'이라고 부를 만한 놀이들, 즉 다른 암컷이 낳은 새끼를 안아 주고 데리고 다니는 놀이에 열중한다.

성숙한 탈라포인원숭이 수컷은 우위성이나 공격성에 별반 관심을 갖고 있지 않기 때문에 이런 훈련이 필요 없을 것으로 생각할 수 있다. 그러나 번식기에는 사정이 달라진다. 만일 이때 공격성이 강한 수컷이 우위를 차지하게 된다면, 탈라포인원숭이도 어린 시절에 배운 과시나 위협 혹은 모의 전투에서 배운 기술을 번식 활동에 유리하게 사용할 수 있을 것이다. 이 때문에 수컷은 성숙해서도 공격성만큼은 포기하지 않고 지니게 된다. 그러나 그밖에 다른 영역에 대해서는 암컷에게 우위성을 양보한다. 왜 그런지는 다음에 얘기하기로 하자.

무력한 거지로 변장한 오디세우스

탈라포인과 다람쥐원숭이의 공통적인 특징 가운데는 체격이 작다는 점도 있다. 체격이 작다는 것은 물질대사의 부담이 크다는 것이고 태어나는 새끼는 상대적으로 크고 계절제 번식과 연결되어 있음을 뜻한다. 이런 특징들은 많은 원원류에서 전형적으로 나타나는 것들이기 때문에 그동안 탈라포인원숭이를 원시적 형태의 잔재로 생각해 왔다. 독자들은 키가 작고 쌍둥이를 낳는다는 이유로 마모셋에 대해서도 똑같은 잘못을 저질렀다는 것을 기억할 것이다. 그러나 마모셋의 경우와 마찬가지로 최근의 연구, 특히 치아 연구에서 탈라포인원숭이는 원원류와 다른 완전히 현대적인 진원류라는 것이 밝혀졌다. 치아 형태는 다른 긴꼬리원숭이아과 동물과 비슷하기 때문에 더 큰 긴꼬리원숭이와 공통 선조로부터 분리되는 과정에서 소형화의 길로 진화됐다고 생각된다.

탈라포인원숭이와 다람쥐원숭이속 동물의 체격이 소형화된 것은 식량이 계절적으로 계속해서 결핍된다는 점과 식량이나 곤충을 얻기 위해서는 새, 박쥐, 다른 영장류와 경쟁해야 한다는 두 가지 이유 때문인 것으로 보인다. 그리고 이런 작은 체격과 물질대사의 부담 때문에 수컷은 비정상적으로 에너지를 절약할 수밖에 없었다. 작은 몸집과 높은 에너지 부담 때문에 수컷은 계절제 번식을 포함해 우위성과 관련된 모든 활동을 1년에 한 번, 그것도 꼭 필요한 시기에만 사용하는 것이 유리했다. 번식 면에서도 그 방법이 유리할 것이다. 번식하지 않는 1년의 나머지 기간에는 위험한 행동을 피하고 먹고사는 일에만 전념할 수 있다. 이때는 마치 오디세우스가 '무력한 거지'로 몸을 변장해 일시적으로 힘을 숨기는 것과 마찬가지로 무모한 투쟁을 삼가는 것이다. 그래서 오디세우스가 정숙한 아내 페넬로페를 다시 얻을 시기가 오면 변장을 벗고 본래의 힘을 발휘하는 것과 같다.

이런 면에서 일부 여우원숭이과의 동물이 탈라포인원숭이나 다람쥐원숭이를 닮았는데, 이들은 모두 계절제 번식을 한다. 그런데 여우원숭이에서 나타나는 암컷의 높은 지위가 계통발생의 흐름을 따른 것인지, 아니면 탈라포인원숭이나 다람쥐원숭이를 만든 환경 요인에 의해 형성된 것인지는 아직 확실한 결론을 내릴 수 없다.

암컷이 우위를 차지하는 경우

대다수의 영장류에서는 암컷과 수컷이 모두 관심을 갖는 것이 있을 경우, 대개 수컷이 암컷을 내쫓고 혼자 차지한다. 그러나 수컷이 너무 심하게 굴면 암컷도 얼굴을 붉히고 수컷에게 달려든다. 만일 자기 새끼나 다른 혈연관계의 어린 새끼가 심각한 위협을 받으면 암컷은 자기보다 몸집이 3분의 1이나 더 큰 수컷에게도 달려들어 쫓아버린다. 그러나 비비, 고릴라, 파타스원숭이, 랑구르 등의 예에서 보듯이 일상생활에서는 일반적으로 암컷이 수컷에게 양보한다.

그렇기 때문에 예외가 더욱 중요하다. 예외를 보면 영장류가 반드시 수컷 우위를 고수하고 있지는 않다는 것을 알 수 있기 때문이다. 이렇게 암컷이 우위를 차지하는 예외는 두세 개의 무리에서 찾아볼 수 있다. 첫번째 부류는 일부일처제 영장류로서 암컷과 수컷이 거의 비슷한 정도의 번식 성공도를 보인다. 두번째는 계절제 번식을 하는 소형 영장류로, 물질대사의 부담이 높은 부류다. 이 경우 수컷은 물질대사에 드는 부담을 엄격하게 관리 통제한다. 즉 1년 중 대부분 수컷끼리의 모든 우위 경쟁을 피한다. 세번째 부류는 원원류다. 이들도 암컷이 수컷보다 지위가 높다는 특징을 갖고 있다. 그러나 원원류의 암컷이 수컷보다 지위가 높은 이유가 이들이 현생 영장류 가운데 가장 '원시적'이라는 진화 역사 때문인지, 아니면 계절제 번식을 하는 소형 영장류에게 가해진 것과 똑같은 환경적 압력에 의한 것인지는 확실치 않다.

몇 가지 중요한 의문점

이와 같이 예외에 속하는 종들에 대한 사례가 점차 많이 밝혀지면서 몇 가지 까다로운 문제들이 생겼다. 그것은 왜 영장류 암컷이 수컷보다 우위를 차지하는 것이 일반화되지 못했는가다. 암컷은 새끼를 낳아야 한다는 커다란 부담을 갖고 있다는 점을 생각한다면, 암컷이 식량에 대한 접근권에서 수컷보다 우세한 것이 자연스러울 것 같은데 왜 그것이 보편화되지 못했을까? 도대체 왜 암컷은 수컷에게 그토록 관용을 베푸는 것인가? 그리스 신화의 아마존이나 오랑우탄이나 작은 다람쥐원숭이 등과 같이 나무 위에서 생활하는 영장류 암컷이 대부분의 시간을 수컷과 떨어져 지내다가 교미 시기에만 가까이 하는 것이 암컷으로서는 더 잘 먹을 수 있고 아마도 덜 괴로울지도 모른다. 또한 성숙한 수컷의 수가 암컷보다 적은 것이 보통인데 왜 암컷은 힘을 합쳐 자신의 이해를 주장하지 않는가? 이런 의문은 영장류 암컷이 수컷과의 관계에서 가장 어렵고 심각한 한 가지 문제,

즉 영아살해에 직면했을 때 더욱 이해하기 힘들다. 수컷의 영아살해는 많은 영장류 암컷이 직면하는 문제 가운데 포식당하거나 굶어죽는 것에 필적할 만큼 심각하면서도 가장 빈번하게 발생하는 위험의 하나다. 그런데도 왜 암컷은 자신의 문제를 해결하기 위해 수컷보다 몸집이 크고 강해지거나 하이에나 암컷과 같이 우위성을 확보할 수 있도록 진화하지 않았는가?

이 장에서는 비교학적 접근 방법에 따라 영장류의 다양한 종에서 나타나는 성별에 따른 평등과 불평등의 문제를 취급했다. 다음 장에서는 영장류의 생활에서 나타나는 특수한 문제들을 택해 위와 같은 의문을 풀어 보고자 한다. 서로 다른 진화 역사를 갖는 암컷이 서로 다른 환경적, 사회적 조건 아래 어떻게 이런 도전에 맞서 왔는지를 고찰해 보겠다. 물론 '영장류 암컷'의 특질을 한 가지로 단순화해 설명할 수는 없다. 그러나 모든 암컷이 생활하면서 반드시 부딪치는 공통 문제가 있게 마련이다. 자원이나 식량을 놓고 벌이는 암컷끼리의 경쟁, 새끼를 보호하거나 수컷의 양육 투자를 얻어내기 위한 암컷의 교묘한 조작이 바로 그러한 것들이다. 이것들을 보면서 우리는 암수 관계의 기본적인 의문에 대한 해답을 얻을 수 있을 것이다. 또한 훨씬 더 중요한 문제, 즉 영장류 암컷의 본성은 과연 무엇인가 하는 질문에 대한 해답도 발견할 수 있을 것으로 믿는다.

수컷은 적인가 친구인가?

5장

만일 당신의 생각이 모든 여성들로부터 지지를 받는 대신,

남성들에게 거부감을 불러일으킨다면 어떻게 될까?

분명히 다음과 같은 문제가 생길 것이다. "그러면 자손은 어떻게 만든단 말인가?"

—길버트Gilbert와 설리반Sullivan, 1884

수컷 없이도 집단이 살아남을 수 있을까?

집단생활을 하는 영장류를 보면 수컷도 어떤 형태로든 새끼의 양육과 보호에 기여한다는 것을 알 수 있다. 조류는 수컷이 새끼의 양육에 참여하는 예가 많이 알려져 있지만, 포유류는 상당히 드물다. 물론 아프리카산 사냥개처럼 형제가 동생을 기르는 예가 없는 것은 아니다. 수컷이 어린 새끼를 양육하는 경향이 있는 영장류는 확실히 포유류의 일반적인 경향과 다르다. 인류학자들도 호모사피엔스의 출현이라는 문제에서 이런 영장류의 특수성에 점차 주목하기 시작했다. 수컷이 새끼를 돌보고 계속 위험으로부터 보호하는 것이 유익한 것만은 확실하지만 수컷이 함께 있다는 것만으로도 여러 가지 대가를 치러야 한다. 수컷이 있을 공간이 필요한 것은 별 문제가 안 되지만 더 심각하고 지속적으로 대가를 치러야 한다.

수컷은 보통 한정된 자원이나 식량 때문에 암컷이나 새끼와 경쟁관계에 있다. 그리고 일반적으로 수컷이 우위를 차지하고 있기 때문에 식량이 부족한 시기가 되면 수컷의 존재는 암컷이나 새끼의 생존에 커다란 위협이 된다.

식량을 놓고 경쟁관계에 있는 수컷이 함께 있기 때문에 생기는 부담은 수컷이 먹이 영역을 방어해 주는 것으로 보상된다는 주장도 있다. 그러나 극히 일부를 제외하면 암컷도 수컷과 마찬가지로 먹이 영역을 방어하고 때로는 수컷보다 더 많이 공헌한다는 것을 알아야 한다. 사실 영역 방어에 수컷이 필요한 이유는 단지 상대편에도 수컷이 있기 때문인지도 모른다. 수컷 없이 암컷 혼자서도 훨씬 조용하게 집단을 방어할 수 있을지도 모른다.

인간의 경우를 제외하면 영장류에서 수컷이 식량 획득에 공헌하는 예는 극히 드물다. 침팬지처럼 성숙한 수컷이 식량을 구해 오는 경우에도 암컷이나 새끼는 별로 도움을 받지 못한다. 단지 수컷이 새끼에게 곤충을 잡아다 주는 일부일처제 영장류에서만 식량 분배가 중요한 의미를 갖는다. 무엇보다도 무리의 구성원들은 식량을 놓고 서로 경쟁하는 경우가 많기 때문에 대식가인 커다란 수컷이 무리 안에 있는 것만으로도 암컷이나 새끼의 몫이 줄어들게 된다. 물론 타협책이 없는 것도 아니다. 오랑우탄이나 갈라고는 암수가 함께 있지 않으며 다람쥐원숭이의 경우에는 수컷이 암컷에게 식량을 양보한다. 그러나 대부분 암컷과 새끼는 식량 문제에 관한 한 수컷에게 단순히 얼굴을 찡그리고 참을 수밖에 없다.

극히 드물지만 마카크나 랑구르 무리가 성숙한 수컷이 없는데도 잠시 이동하는 것을 관찰한 보고가 있다. 그러나 그러한 것은 극히 특수한 경우다. 아직 아무도 수컷이 없는 비비 무리를 본 적이 없다. 비비가 서식하는 넓고 탁 트인 지역에서는 포식자를 쫓아버리기 위해서도 수컷이 필요하고, 수컷이 없는 집단이 과연 살아남을 수 있을지도 의심스럽다. 이런 사실은 내가 케냐의 암보셀리 평원에서 황색 비비 무리를 관찰하던 어느 날 오후에 절실하게 깨달은 것이다.

비비는 킬리만자로가 멀리 바라다 보이는 광활한 초지에 흩어져서 나무뿌리를 캐 먹고 있었다. 어떤 위험도 생각하지 않고 열심히 뿌리를 캐는 이들에게 아무런 기척 없이 가까이 다가간다는 것은 사실상 거의 불가능하다. 이윽고 해가 지자 비비 무리는 밤을 보내기 위해 나무가 밀집한 곳으로 이동하기 시작했다. 그런데 갑자기 선두에 있던 수컷이 "바우, 바우" 하는 날카로운 소리를 질렀다. 그것은 잠자리 근처에 있는 쓰러진 나무 사이에 표범이 웅크리고 앉아 있다는 것을 무리 전체에게 알리는 신호였다. 그러자 발정기인 암컷을 보호하는 알파 수컷 한 마리만 남고, 성숙한 수컷들 전부가 표범을 볼 수 있는 고목 위로 달려 올라갔다. 수컷 세 마리가 나무 위에서 이마를 찡그리고 긴장한 상태로 40분 이상 표범의 움직임을 감시했다. 비비 수컷은 때때로 표범과 싸워서 표범에게 상처를 입히기도 하기 때문에 표범도 이들에게 쉽게 덤빌 수는 없다.

대부분의 영장류 수컷은 비비만큼 용감하게 무리를 방어하지는 않는다. 그렇다고 청서번티기 원숭이, 갈라고, 오랑우탄과 같이 자신의 새끼 앞에서 완전히 몸을 숨기는 것도 아니다. 마카크 수컷은 무리 전체를 수호하고 또 무리에서 태어난 특정한 새끼에게 관심을 기울인다. 바바리 마카크 수컷은 아틀라스 산맥의 거친 겨울 동안 특별히 선택한 새끼를 데리고 다니면서 따뜻하게 보호해 준다. 한편, 일본원숭이 수컷도 출산 시기가 되면 무리의 주변부에서 안으로 들어온다. 그는 젖먹이 새끼를 품고 있는 어미에게 한 살 난 어린 새끼를 받아서 돌봐 준다. 비비와 마카크 수컷 모두, 한때 교미 상대였던 암컷의 새끼에게 강한 관심을 보이고 그들을 돌본다.

아비에게 자식은 어떤 존재인가?

보통 성숙한 수컷 한 마리가 무리 전체를 독점하는 영장류의 경우에는 수컷이 적극적으로 새끼에게 가까이 가는 경우는 거의 없다. 하지만 수컷은 여러 가지 방법으로 어린 새끼를 돕는다. 자연 상태에서 관찰한 것 가운데는 위험에 빠진 어린 새끼를 수컷이 구해 준 예가 자주 보인다. 재칼에게 새끼를 빼앗긴 파타스원숭이 수컷이 평원에서 재칼을 추적해 재칼의 입에 물린 새끼를 구해 왔는가 하면, 랑구르 수컷은 맹금류가 새끼를 기습해 날카로운 발톱으로 채가려고 할 때 하루 종일 무관심하던 태도를 버리고 맹금류를 공격한다거나, 망토비비 수컷이 분만 중인 암컷을 돌보기도 한다.

이러한 사례는 영장류의 수컷도 강력한 보호 본능을 갖고 있음을 잘 보여 준다. 심지어 수컷이 매우 포악해서 암컷의 목을 물어뜯으면서까지 강제로 암컷 무리를 거느리는 것으로 악명이 높은 종에서도 그런 사례가 보고됐다. 에티오피아에 서식하는 임신한 망토비비가 어느 날 보금자리 근처에 있는 가파른 벼랑에서 산기를 느꼈다. 새끼의 머리가 나오기 시작했을 때 어미의 궁둥이가 절벽 위로 튀어나왔다. 잠시 뒤 새끼가 나와 탯줄에 매달린 상태로 벼랑 밑으로 대롱거렸다. 새끼가 거의 떨어지려고 하는 순간에 수컷이 앞으로 달려나와 막 떨어지는 새끼를 받아 어미에게 돌려주었다. 이때 만일 수컷이 없었다면 새끼는 떨어져버렸을 것이 틀림없다.

고릴라, 파타스원숭이, 하누만 랑구르 수컷은 새끼에게 관심이 없는 것으로 유명하다. 그러나 어떤 일이 생기면 새끼의 생사를 결정하는 매우 중요한 역할을 하기도 하고 때로는 강력한 보호자가 되기도 한다. 하커트 부부는 르완다의 비룽가 화산 지대에서 야생 고릴라를 관찰했다. 그들은 우위에 있는 수컷 '실버백silverback'이 어미 잃은 새끼를 자신의 새끼로 데려다 기른 예를 보고했다. 그들의 보고에 의하면 고릴라 수컷의 무관심은 단지 겉으로 보이는 것일 뿐 위험에 처하면 진짜 중요한 역할을 한다는 것이다. 어미 잃은 새끼는 다른 암컷에게 도움을 청하지 않고 그때까지 자신에게 무관심했던 수컷에게 도움을 청해 그를 따라 여행하고 밤에는 그의 곁에서 잠을 잤다. 아브 산Mount Avu에서 하누만 랑구르를 관찰한 짐 무어도 그때까지 무관심했던 수컷이 고립된 새끼에게 깊은 관심을 보인 예를 관찰한 바 있다. 이것은 수천 시간 동안 랑구르를 관찰해 발견한 유일한 예다. 수컷이 새끼에게 관심을 갖는 경우는 보통 약탈자가 출현했을 때나 기타 일시적으로 위험에 처했을 때뿐이다. 그러나 위의 경우는 어미가 의도적으로 버린 새끼나 혹은 어미를 잃은 새끼에 대해서 수컷이 보호자가 된 경우다. 그로부터 8개월이 지나 이 책을 쓰고 있는 지금도 그 새끼는 살아 있다.

새끼를 거두는 이 수컷은 아마도 한때는 무리의 리더였을 것이다. 그러다가 새로운 수컷에게 리더의 자리를 빼앗겼을 것이다. 새끼의 어미는 무리를 찬탈한 새로운 리더가 자신의 새끼를 공격하는 것을 피하기 위해 원래 리더와 그를 따르는 몇 마리의 젊은 수컷과 함께 무리를 떠난다. 수유가 끝날 때쯤 되면 어미는 늙은 리더에게 새끼를 남겨 놓고 새로운 리더가 등극한 집단으로 돌아간다. 이때 늙은 수컷은 계속 새끼를 돌봐 주며 추울 때는 품어 주기도 한다. 새끼도 늙은 수컷의 털을 골라 준다.

이렇듯 랑구르 수컷과 버려진 새끼 사이에 친밀한 관계가 생기는 것을 보면 수컷과 새끼의 상호관계는 상황에 따라 변한다는 것을 알 수 있다. 곰곰이 생각해 보면 암컷이 새끼를 임신했을 당시 집단의 리더였던 늙은 수컷이 새끼의 아비였을 확률이 매우 높다. 아니면 적어도 그 후보자였을 것이다. 이때부터 누가 과연 새끼의 진정한 아비인가 하는 주제가 등장하게 된다. 영장류의 수컷이 특정한 새끼를 선택해 계속 관찰하고 가끔 데리고 다니는 등 어떤 식으로든 새끼를 돌보는 경향이 있다는 것은 수컷과 암컷의 관계에도 커다란 영향을 미친다. 이것은 또한 인류사회에서 여성이 과연 누구와 관계를 맺어 누구의 자식을 낳았느냐 하는 여성의 섹스가 문제가 되는 사회적 상황과 비슷하다.

수컷은 자신의 자식일 가능성이 있는 새끼에게는 특별한 관심을 보이지만 다른 경쟁자의 새끼에게는 잔인할 정도로 엄격하다. 다른 수컷의 새끼를 살해하려는 경향은 다양한 종류의 영장류에서 나타난다. 그것이 암컷이 치러야 하는 가장 심각한 대가다. 이 같은 영아 살해는 결국 자신의 새끼를 얻은 수컷이 자기 새끼를 다른 수컷의 공격으로부터 보호하기 위한 중요한 방편인 것이다. 좀더 자세히 알아보기 위해서 내가 가장 잘 알고 있는 하누만 랑구르의 예를 들어보자.

자신의 지위를 포기할 수 없는 젊은 엄마

이야기는 다소 특이한 장면에서부터 시작된다. 회색 털의 하누만 랑구르가 아브 산의 맹인 학교까지 이어진 작은 도로의 그늘진 곳에서 평화롭게 먹이를 채집하고 있었다. 들리는 소리는 겨우 하누만 랑구르들이 건조한 자두나무 열매를 먹느라 부스럭대는 소리, 인도 까마

귀의 울음소리, 그리고 손에 손을 잡고 나무로 만든 학교 복도를 걷는 장님들의 지팡이 소리뿐이었다.

몬순 기후의 최절정기인 7월 말 커다란 벵골 자두나무는 새, 랑구르, 맨발의 소년 등 자기를 찾아오는 손님들에게 붉은 포도주색 열매의 대향연을 베푼다. 그러나 9월이 되면 거의 모든 자두 열매가 떨어진다. 여느 때와 마찬가지로 '솔Sol'이란 이름을 가진 늙은 랑구르 암컷이 여섯 마리의 다른 암컷과 수컷 한 마리로 이루어진 무리에서 떨어져 나와 혼자 먹이를 찾고 있었다. 솔은 검은 손으로 낙엽이 쌓인 덤불을 헤치면서 자두 열매를 찾았다. 열매를 발견하면 동료들한테 등을 돌리고 숨어 엉성한 이빨로 껍질을 벗겨 먹었다. 솔은 집단에서 가장 연장자지만 식량 문제에서는 조카나 딸 혹은 손녀보다도 지위가 아래에 있었다. 간혹 솔이 좋은 자리를 차지하면 다른 암컷이 찾아와 입을 크게 벌리고 하얀 이빨을 내보이면서 '꺼져!'라고 을러댄다. 입을 벌리고 이빨을 내보이는 것은 상대를 위협할 때 쓰는 동물 공통의 표현 방법이다. 그러면 솔은 대항할 생각을 하지 않고 순순히 물러난다.

어린 새끼들만이 낙엽 속에서 자두 열매를 찾는 축제에 무관심할 뿐이다. 솔이 속해 있는 무리에는 네 마리의 새끼가 있었다. 한 마리는 막 태어난 검은 놈이고 두 마리는 회색빛 나는 한 살배기고 또 한 마리는 내가 '스크래치Scratch'라 부르는 어린놈이다. 스크래치라는 이름은 그놈의 털 모양 때문에 붙인 것으로 검은색 몸통에 흰색 줄이 죽죽 그어져 있었다. 랑구르는 태어날 때 온몸이 검은색 털로 덮여 있으며, 청백색의 피부는 투명해서 털이 없는 얼굴이나 귀에는 혈관이 보인다. 또한 네 발의 끝부분은 플라밍고와 같이 분홍색이다. 생후 3개월이 되면 털이 없는 얼굴은 큰 놈과 같이 완전히 검은색이 되지만 한편으로 검은 털은 흰색으로 바뀌기 시작한다. 검은색에서 흰색으로 변화하기까지는 6개월이 걸리는데 그 뒤로는 마침내 완전한 크림색이 된다. 색은 성숙해지면서 다시 변하기 시작해 정상적인 하누만 랑구르는 은회색이 된다. 스크래치는 이제 막 크림색으로 바뀌고 있었다.

랑구르 새끼는 두 마리가 모이면 놀기 시작해 네 마리가 모이면 물구나무를 서고 꼬리를 흔들며 재롱을 부리기도 한다. 그러나 그날 오후에는 스크래치의 친구들이 모두 어미의 감시 속에 있었다. 스크래치가 유혹해 친구들이 나오려 할 때마다 어미에게 뒷다리를 물려 끌려가곤 했다. 그날 오후 에덴동산에서는 새끼들이 놀지 않았다. 왜냐하면 수개월 동안 어린 새끼들은 언제나 위험 속에 있었기 때문이다.

최근에 '먹$_{Mug}$'이라는 알파 수컷이 무리를 새로 차지했는데, 먹은 하렘의 새끼들을 수주 동안이나 계속해서 공격했고 스크래치는 그의 예리한 송곳니에 두 번이나 상처를 입었다. 이것은 동전의 또 다른 면을 보여 주는 예로, 영장류 수컷이 자신의 새끼라고 생각되는 어린 새끼에게 특별한 관심을 기울이는 현상과 정반대되는 어두운 면이다. 스크래치는 이전에 무리를 장악했던 알파 수컷의 새끼로 먹이 무리를 장악했을 때는 이미 어미의 뱃속에 있었던 것이다.

그때까지는 새로운 리더인 먹이 스크래치를 습격하면 늙은 솔과 다리가 셋인 또 다른 암컷이 막아 주었다. 이 두 마리 암컷은 수컷에게 몸을 던져 달려들어 먹이 물고 있는 새끼를 구해 왔다. 그러나 승리의 여신은 새로운 리더 쪽에 있었다. 그는 성공할 때까지 몇 번이고 계속 공격했다. 언젠가는 먹이 승리할 것이라고 예측하자 보호자들도 스크래치에 대한 보호를 포기할 수밖에 없었다. 나는 보호자들이 적어도 스크래치를 방치하기 시작했다고 해석했다.

며칠 전 랑구르들이 자카란다jacaranda 나무 위에 올라가 연약한 나뭇가지를 흔들면서 먹이를 채취하고 있었는데, '잇치Itch'라는 어미가 잠시 한눈을 파는 사이 스크래치가 나무 위에서 3.5미터 아래 풀밭으로 떨어졌다. 그러자 새로운 리더인 먹이 가장 먼저 스크래치에게 달려왔다. 이어서 늙은 암컷 솔과 그의 동료 암컷이 달려왔다. 가장 늦게 도착한 어미는 그곳에서 벌어진 처절한 투쟁에서 아무것도할 수 없었다. 어린 새끼를 구출하는 일은 두 마리 늙은 암컷이 맡았는데, 그중 한 마리는 이미 생식시기가 훨씬 지난 할머니였다.

그러나 스크래치의 어미는 아직 젊었다. 그녀는 이미 두 마리의새끼를 낳았지만 아직 완전히 성숙하지 못해 체중도 보통 암컷보다2~3킬로그램 정도 가벼웠다. 인간의 경우 10대의 젊은이가 제멋대로이고 이기적인 것과 마찬가지로 그녀 또한 아직도 자신의 이익만을 추구하는 이기적인 암컷이었다. 그녀는 자신에게 보장된 장래의유리한 지위를 포기할 수는 없었다. 상대는 18킬로그램이나 나가는강한 수컷이다.

이처럼 강력한 상대와 절망적인 전투를 한다는 것은 어쩌면 어리석은 일인지도 모른다. 기회를 잃어버리면 더 이상 번식에 참가할수 없게 된다. 리더 수컷이 자카란다 나무 아래서 새끼를 습격한 것은 거의 실패로 돌아갔다. 그러나 새로운 리더는 실패를 반복하면서점점 더 빈틈없이 강해졌다. 희생자 측에서 보면 그의 교활함이 선천적인지 후천적인지 별로 문제가 안 된다. 중요한 것은 그의 공격이 점점 더 교묘해진다는 것이다. 그는 주위를 둘러보면서 목표물인어린 스크래치에게 점점 더 가까이 다가갔다. 그의 움직임은 무엇이든, 심지어 그것이 식량을 채집하기 위한 행동일지라도 습격을 가장한 것일 수 있었다. 이 때문에 어미는 언제나 그를 주시하면서 새끼

하누만 랑그루

를 보호해야 하기 때문에 완전히 기진맥진했다. 어미는 리더 수컷을 감시해야할 뿐만 아니라 스크래치에게 먹이도 구해 주어야 하는 이중의 책임을 져야 한다. 어쨌든 이런 모든 상황을 지배하고 있는 것은 새로운 리더 쪽이었다.

열두 살 정도 먹은 새로운 리더는 곧 청년기에 들어갈 나이였다. 랑구르는 운이 좋으면 서른 살까지 산다. 단단한 근육질 몸집은 오늘날 랑구르 수컷의 대표적인 특징이다. 도도하고 거만스럽게 걸으며 매일같이 엄청나게 큰 소리를 지른다. 랑구르 수컷은 자신의 존재를 과시하기 위해 "후-프 와-프whoop-whaoop" 하는 소리를 자주 질러댄다. 인도의 산악지대에서 그 이상 자주 들리는 것은 공작새 소리뿐이다. 아침에도 저녁에도, 때로는 낮에도 리더 수컷은 나무 위에서 하늘을 보면서 가슴 가득히 공기를 들이마시고는 소리를 질러댄다. 그러면 주변에 있는 다른 집단의 수컷이 "와-프" 하는 소리를 반복한다. 그는 자신이 있는 곳을 분명히 알리며 "내가 여기에 있다. 나는 원기왕성하고 너와 싸울 준비가 되어 있다!"고 소리를 지르는 것이다. 그러면서 나뭇가지 사이를 뛰어다니기도 한다. 가끔 나뭇가지가 부러지면서 내는 "부지끈" 하는 소리가 그러한 과시 행동에 효과를 더해 준다. 단단한 몸집을 갖고 있는 공격적인 수컷은 그 세계에서는 가장 높은 지위에 있는 놈이다. 그러나 현실적으로는 그에게도 약간의 어려운 문제가 있게 마련이다. 그것은 수많은 세대에 걸쳐 하누만 랑구르가 언제나 가졌던 문제이기도 하다.

수컷은 무엇 때문에 초조해 하는가?

이제까지 설명한 것은 1972년 9월, 라자스탄Rajasthan의 아브 산에서 있었던 일이다. 아브 산은 지질학적으로 세계에서 가장 오래된 산의 하나일 것이다. 약 800여 년 전인 12세기에 자이나교의 한 종파가 가장 성스러운 이 산 위에 '딜와라Dilwara'라는 사원을 건립했다. 여기서 그다지 멀지 않은 아칼가르Achalgarh에 시바 신의 발가락이 묻혀 있다고 알려져 있다. 그 때문에 수세기 동안 순례자와 신혼부부들이 아브 산의 정상에 있는 사원을 방문해 시바 신이나 라마 신, 특히 라마 왕의 원숭이 하인이었던 하누만 신을 숭배했다. 사람들은 사원으로 가면서 하누만 신의 현현인 하누만 랑구르에게 먹이를 던졌고 지금도 그렇게 하고 있다. 이곳을 순례하는 사람들은 수천 년 동안 원숭이에게 먹이를 주는 것이 다음 생에 좋게 태어나는 길이라고 믿었다. 관광 시즌에는 매일같이 만원버스가 건조한 평원지대를 출발해 해발 1200미터의 삼림지대를 꾸불꾸불 올라와 서늘한 구릉지의 버스 터미널에 도착한다. 사원과 버스 터미널 근처에는 관광객들이 랑구르를 위해 뿌린 땅콩이나 병아리콩chickpea이 여기저기 널려 있는 것을 쉽게 볼 수 있다. 사람들은 그런 행동을 통해 업業, 카르마이 해소될 것이라 믿었다. 그 결과는 어떻게 됐을까? 랑구르 무리가 계속

커졌다.

　마을과 사원 근처에는 랑구르가 모계를 통해서 계승되는 적당한 크기의 하렘을 이루며 살아간다. 그 수는 대체로 1평방마일당 100 마리 정도였지만 무리의 인구는 계속 증가한다. 한편 자신이 태어난 무리에서 추방된 수컷들은 다양한 연령층의 수컷들과 떼를 지어 구릉지대 주위를 방랑하면서 생활한다. 이들 방랑 수컷 무리는 암컷이 있는 무리 근처에 출몰하면서 무리 속으로 들어갈 기회를 노린다.

　하렘을 차지하기 위한 수컷끼리의 경쟁은 치열하다. 하렘의 리더와 방랑하는 수컷 사이에는 크고 작은 충돌이 끊임없이 일어나는데, 때로는 심한 부상을 입기도 한다. 암컷을 차지하고 있는 하렘의 수컷은 늘 공격을 받기 때문에 수컷이 리더의 자리를 유지하는 기간은 평균 2년 정도밖에 안 된다. 2년 정도 지나면 리더는 힘이 떨어져 더 이상 방랑자들의 침입을 막아 내지 못하고 결국 하렘에서 추방당한다. 그렇게 되면 하렘에는 일시적으로 여러 마리의 수컷 침입자가 공존하게 된다. 그러나 혼란은 곧 수습되고 하렘의 소유자로 부상한 단 한 마리 수컷만 남는다. 나머지 수컷은 다시 방랑생활을 하는데 이때 하렘에서 쫓겨난 늙은 리더와 그의 어린 새끼들도 함께 방랑생활을 하게 된다. 그러다가 방랑자 무리의 어린 수컷들이 성숙해지면 자신들이 쫓겨난 하렘이나 다른 하렘을 습격해 집단을 빼앗는 일을 계속 반복한다. 하렘이 습격당해 새로운 리더가 나타나는 경우 다른 수컷들은 모두 추방당해도 젖을 떼지 못한 어린 새끼들은 어미와 함께 하렘에 남는다. 그러나 남아 있는 새끼들은 집단의 새로운 리더에게 살해되는 경우가 많다. 그 이면에는 리더 나름대로의 절실한 이유가 숨어 있다.

　힘들여 집단의 리더 자리에 오른 새로운 리더도 자신의 유전자를 다음 세대에 남길 수 있는 기간은 겨우 2년 정도밖에 안 된다. 만일 암컷의 번식 주기가 리더의 짧은 하렘 소유 기간 안에 맞추어진다면 그로서는 더 바랄 것이 없을 것이다. 그렇게 되면 그는 가장 많은 자손을 남길 수 있을 것이다. 그러나 암컷의 입장에서 보면 어떤 수컷의 자식이든 자신의 유전자를 후대에 남기는 번식 면에서는 마찬가지다. 그러므로 굳이 새로운 리더를 위해 자신의 번식 계획을 단축시킬 필요는 없다. 암컷은 어미가 되기 위해 임신과 출산, 수유라는 엄청난 정력을 쏟아 부어야 한다. 만일 암컷이 번식 주기를 단축시키면 엄청난 추가 부담을 져야 하기 때문에 수명에도 영향을 미친다. 랑구르의 경우 임신에 6개월 반, 수유에 또 다시 6개월이 필요하고 수유가 끝난 뒤에도 몇 개월은 지나야 다시 임신할 수 있다.

그러나 수컷은 오랫동안 기다릴 수 없다. 어떻게 해서든 암컷의 번식 주기를 단축시키고 빨리 자신의 자식을 낳도록 해야 한다. 어떻게 하면 암컷의 번식 주기를 단축시킬 수 있는가? 임신 기간은 어쩔 수 없지만 수유 기간은 단축시킬 수 있다. 만일 젖을 먹고 있는 쫓겨난 리더의 새끼를 죽여 버린다면 그 새끼의 어미는 즉시 다시 임신할 수 있는 상태가 된다. 그래서 유전적 경쟁자였던 다른 수컷의 새끼를 제거함과 동시에 자신의 유전자를 가진 새끼를 낳을 수 있는 가능성을 증가시키는 것이다. 그러므로 새로운 리더의 입장에서 보면 경쟁자의 새끼가 어릴수록 살해할 가치가 높은 것이다.

사정이 이러하니 새로운 리더의 경우에도 시간이 촉박하다. 결국은 그도 곧 다른 경쟁자에 의해 추방될 운명이기 때문이다. 따라서 스크래치의 어미를 임신시키기 위해서는 아직 젖먹이인 스크래치를 죽여야 한다. 그도 물론 그렇게 하고 싶지는 않았을 것이다. 그러나 그것은 오랜 세월 반복되어 온 랑구르 수컷의 운명이다. 그러므로 그런 상황에 좀더 적극적으로 대처하는 수컷은 망설이는 다른 수컷보다 훨씬 더 많은 번식 기회를 갖게 된다.

9월 9일 오후 6시 30분. 드디어 이 새로운 리더는 맹인 학교의 지붕 위에서 스크래치를 어미로부터 빼앗아 입에 물고 달아나 버렸다. 이때도 역시 두 마리의 늙은 암컷이 쫓아가 스크래치를 빼앗아 돌아왔다. 그러나 그때는 이미 스크래치의 머리에 이빨 구멍이 났으며 엉덩이와 하복부에도 내장이 노출될 정도로 깊은 상처가 나 있었다. 영장류학자로서 오랫동안 현장 조사를 했던 내가 관찰 도중에 비명을 지른 것은 이때뿐이었다. 스크래치는 기적적으로 생명을 건졌지만 어느 정도 회복된 뒤에는 무리에서 사라져 다시는 그의 모습을 볼 수 없었다.

환경적 스트레스는 이상 행동을 부른다

새로운 리더의 행동은 자손을 남겨야 한다는 중요한 문제를 자기 손으로 직접 해결한 전형적인 예에 불과하다. 다른 수컷의 어린 새끼를 살해함으로써 수컷은 경쟁자의 새끼 수를 줄이고 그 어미를 임신시킴으로써 자신의 새끼 수를 늘린다. 이런 면에서 보면 수컷이 주도적으로 일을 처리하는 것처럼 보인다. 그러나 실제로는 암컷과 마찬가지로 수컷도 여기서는 포로에 불과하다. 새로운 리더가 경쟁자의 새끼를 제거하지 못한다면 번식하는 데 크게 불리해진다. 결국 수컷도 암컷도 모두 자연선택의 압력을 피할 수 없었기 때문에 영아살해는 랑구르라는 종이 생긴 이래 계속된 일종의 숙명이다.

만일 새로운 리더의 행동이 수컷 자신만을 위한 아주 이기적인 것이라면 어미의 반응을 이해하기 어려울 것이다. 왜 어미는 방관자의 입장에 있는가? 왜 자신의 새끼를 보호하지 않는가? 나는 여기서 '방관자'이며 '태만한' 어미에 대한 수수께끼를 풀 수 있는 한 가지 해답을 제시하고 싶다. 가설에 지나지 않지만 만일 이 가설이 옳다면 이전에 제기했던 다음과 같은 의문과 직접 관련지을 수 있을 것이다. 왜 암컷이 수컷보다 커지지 않았는가? 왜 암컷은 호전적인 수컷에 대항해 자신들을 수호하지 않는가? 왜 암컷은 수컷보다 그토록 너그러운가? 왜 암컷은 자신을 복종시키는 일에 협조하는가?

이 문제를 이해하기 위해서는 영장류 전체에 나타나는 암컷끼리의 협력을 방해하는 장벽이 무엇인지 검토해 봐야만 한다. 먼저 다음 사항을 분명히 해둘 필요가 있다. 즉 수컷의 번식 전략은 암컷에게 엄청난 희생을 강요하고 있다는 것이다. 단순히 사회생물학자가 만들어 낸 상상의 산물이 아니고 사실이다. 또한 그러한 희생은 랑구르에게만 한정된 것이 아니라 다른 영장류에서도 나타나는 보편적인 현상이라는 것이다. 이것을 미리 언급하는 이유는 이 문제에 대해 영장류학자 사이에서조차 일치된 의견이 없기 때문이다.

영아살해가 진화적 힘에 의해 선호된 번식 전략이고 이에 적응해 개체가 진화되어 왔다는 가설에 대해서는 아직도 논란이 많다. 사회과학의 전통적 사고방식에 의하면 영장류 사회는 모든 개체가 집단의 이익을 위해 협력하는 통합된 구조를 갖고 있다. 이런 사회에서는 자신의 번식을 위해 경쟁자의 새끼들을 살해하는 극도로 이기적인 행동이 받아들여질 여지가 없다. 집단 지향적 관점에서 보면 이처럼 해로운 특성은 잘못 적응된 것으로 볼 수밖에 없으므로 영아살해는 환경적 스트레스에 의해 생기는 이상병리 현상으로 생각해야만 한다. 그래서 랑구르가 영아살해를 하게 된 원인은 랑구르 수가 많아졌거나 인간의 간섭으로 '적응의 탄력성' 한계를 넘어 버린 게

틀림없다고 주장한다.

어떤 종에서도 영아살해가 보편적으로 일어나거나 쉽게 관찰된 적이 없기 때문에 이 논쟁은 계속된다. 랑구르의 경우에도 13개 조사지역에서 단지 6개에서만 영아살해가 보고됐다. 지금까지 거의 2만 시간에 걸쳐 랑구르를 관찰했는데 이 기간 동안 침입한 수컷이 집단을 탈취한 예는 서른두 번 있었다. 그중 수컷이 하렘을 탈취함과 동시에 어린 새끼가 행방불명된 예는 스무 번 있었다. 행방불명된 시기가 새로운 수컷이 습격을 반복하던 시기였다는 상황 증거로 봐서 이들은 아마도 살해됐을 것으로 추정된다. 랑구르가 인가 근처에 서식하는 지방에서는 때때로 지역 주민의 목격담을 듣는데, 일부는 믿을 만하고 그렇지 않은 경우도 있다. 영장류학자가 실제로 살해 현장을 목격한 예는 손꼽을 정도로 드물고 몇 가지만 보고되어 있다. 인도의 영장류학자인 모노는 출신지인 조드푸르Jodhpur 근처의 건조 지대에 살고 있는 랑구르를 10년 이상 연구했다. 지금부터 소개된 모노의 보고를 보면 왜 관찰자들이 어린 새끼를 공격하는 수컷을 목격하지 못했는지를 알게 될 것이다. 수컷은 눈 깜짝할 사이에 일어나는 단 한 번의 공격으로 상처 난 새끼를 남기고 떠나고, 어린 새끼는 행방불명이 된다. 모든 것이 거의 알아차릴 수 없을 정도로 순식간에 일어난다. 그의 보고를 보자.

오후 9시 50분경 새로운 리더가 된 수컷이 갑자기 암컷 사이로 뛰어들었다. 수컷은 암컷의 무릎에 있던 새끼를 낚아채더니 새끼의 왼쪽 옆구리를 입으로 물고 북쪽으로 달려갔다. 어미와 다른 두 마리의 암컷이 달아난 수컷을 쫓아갔다. 어미는 두 번이나 수컷의 길을 막았지만 새끼를 빼앗지는 못했다. 다른 두 마리 암컷도 역시 실패했다.

그러는 동안 새끼는 내내 찢어지는 소리를 질렀다. "찐-, 찐-, 찐-." 리더 수컷은 70~80미터를 달려가 새끼의 왼쪽 옆구리를 예리한 송곳니로 깊게 문 다음 땅에 내동댕이치고, 피가 흐르는 새끼를 옆에서 바라보고만 있었다. 암컷이 가까이 다가가자 수컷은 큰 소리로 짖으며 얼굴을 치켜들고 이빨을 드러내고 뚫어지게 노려보았다. 암컷은 무서워서 되돌아갔다. 수컷이 새끼를 낚아채서 그것을 땅에 내려놓기까지는 겨우 3분 사이에 일어난 일이다.

죽어가는 새끼는 덤불 속에 버려졌다. 그 뒤에도 모노는 똑같은 수컷이 또 다른 새끼 두 마리를 습격하는 것을 목격했다. 한 마리는 가슴을 물렸고, 다른 한 마리는 엉덩이를 깊이 물려 출혈로 죽었다. 그러나 모노와 같이 직접 목격한 보고는 예외적인 것이다. 대부분의 경우 영아살해에 이르는 일련의 사건들 가운데 일부만 목격될 뿐이다.

리더 수컷의 영아살해는 분별없이 이루어지는가?

랑구르의 영아살해를 최초로 보고한 일본의 학자인 수기야마 유키마루는 각각 다른 날 관찰된 부분적인 것들을 모아 전체적인 사건으로 재구성했다. 다음에 설명하는 것은 수기야마가 인도의 다르와르Dharwar 근처의 티크teak 숲에 사는 랑구르를 조사한 기록을 발췌한 것이다.

1961년 7월 4일 새로운 리더가 된 수컷이 어미와 어린 새끼를 습격하는 것을 보았다. 여러 번 공격을 반복한 다음 수컷은 마침내 암컷을 뒤에서 붙잡고 어미의 허벅다리 사이로 튀어나온 '새끼'의 엉덩이를 이빨로 물었다. 바로 다음 날 수기야마는 상처를 조사하기 위해 암컷에게 가까이 갔는데 새끼가 보이지 않는 것을 확인한 것은 공격이 일어난 지 이틀 뒤였다. 시체는 어디서도 찾을 수 없었다. 아마도 죽은 동물을 먹는 새들이 가져갔을 것이다.

동기도 분명하고 용의자도 확실하다. 그런데 시체는 없고 목격자도 없다. 인간의 경우라면 대단한 미스터리 살인사건이 될 것이다. 이런 보고는 랑구르 학자들 사이에 뜨거운 학문적 논쟁을 불러일으켰다. 왜 랑구르 암컷은 영아를 살해하는 수컷에 대항해 방어하지 않는가? 왜 수컷의 영아살해에 직면했을 때 암컷끼리 힘을 합해 공동전선을 펴지 않는가? 이것이 최대의 의문이다. 그러나 이 문제를 검토하기 전에 정말로 암컷이 그렇게 해야 할 필요가 있다는 것을 먼저 증명해야만 할 것이다.

이런 목적 때문에 지금까지 밝혀진 증거들을 재검토할 필요가 있다. 영아살해는 랑구르의 경우에 아주 다양한 장소에서 빈번하게 관찰되는 행동 패턴이며, 다른 원숭이나 유인원의 많은 종에서도 관찰된다. 여러 가지 상황 증거와 목격담을 들어보면 모두 집단을 접수한 새로운 리더 수컷, 즉 침입자이며 정복자인 리더 수컷에게 관심이 집중된다. 랑구르 무리에 새로운 수컷이 들어온 직후에 46마리나 되는 어린 새끼들이 행방불명됐다. 그 이외에도 어린 새끼에 대한 습격이 실패한 예까지 들자면 수백 회나 된다. 한편 무리 안에 있던 정상적인 수컷은 매우 관대해 수천 시간을 관찰해도 어린 새끼를 공격하는 모습을 발견할 수 없었다. 새로운 수컷이 집단에 들어오면 암컷은 일단 적의를 나타내고 필사적으로 어린 새끼를 보호한다. 그러나 새로운 수컷이 리더의 지위를 확보한 뒤에는 암컷도 자신의 새끼가 수컷의 곁에서 노는 것을 걱정하지 않고 그대로 방치한다. 어린 새끼는 수컷 등에 올라타기도 하고 꼬리에 매달리기도 한다. 리더 수컷은 새끼가 그렇게 해도 별로 신경 쓰지 않지만 너무 귀찮게 굴면 때때로 얼굴을 찡그리기도 한다. 심지어 교미 중에 새끼가 방해해도 단지 위협만 한다. 중요한 것은 리더 수컷은 확실하게 자신의 새끼가 아닌 새끼, 잘 알지 못하는 암컷이 데리고 있는 새끼만 공격한다. 만일 영아살해를 하는 수컷이 단순히 정신병에 걸린 원숭이라면 그들의 광기에는 어떤 규칙도 없어야 한다. 따라서 위와 같은 수컷의 세심한 분별력을 기대할 수 없을 것이다.

영아살해는 영장류의 일반적인 특성인가?

하누만 랑구르에 비해 콜러버스아과colobine의 다른 종에 대한 연구는 거의 없다. 그렇지만 아프리카나 아시아에 널리 분포하는 엽식성 원숭이에서도 역시 영아살해가 일어난다는 것이 점차 분명해지고 있다. 이들에게서도 영아살해가 일어날 가능성이 있다고 최초로 보고한 사람은 스리랑카의 젊은 박물학자 라사나야감 루드란이다. 스리랑카 캔디Kandy에 살던 루드란은 가까운 삼림지역을 돌아다니면서 그곳에 많이 서식하는 엽식성에 자주색 얼굴을 한 랑구르를 연구했다. 2년간 관찰하면서 집단 탈취를 다섯 번 확인했는데, 그때마다 모두 어린 새끼가 심한 상처를 입고 행방불명되었다고 보고했다. 몇 년 뒤 말레이시아 콸라셀랑고Kuala Selangor에 살고 있는 실버 루통 원숭이에서도 똑같은 집단 탈취와 동시에 어린 새끼들의 행방불명이 보고됐다. 캐시 울프는 최근 보고에서 상처 입은 경쟁자를 이기고 수컷의 순위가 역전된 직후에 영아살해가 있었다고 보고했다.

보조Bozo라 불리는 새로운 리더 수컷은 조용히 암컷에게 접근해 새끼를 탈취했다. 새끼의 어미와 이전의 리더였던 수컷이 그를 공격하지 않았다면 마치 일상적인 새끼 건네주기 정도로 보였을 것이다. 어미 품에서 새끼를 빼앗은 보조는 돌아서서 새끼를 땅에 집어던졌다. 암컷이 달려갔을 때는 이미 새끼의 배는 갈라지고 장이 밖으로 흘러나온 뒤였다.

수컷의 집단 탈취와 동시에 일어나는 영아에 대한 습격과 행방불명은 인도, 스리랑카, 말레이시아 등 지리적으로 떨어진 여러 지역의 콜러버스아과 원숭이에게서 공통적으로 나타나는 현상이며 아프리카의 킹 콜러버스 원숭이에서도 볼 수 있다. 이런 사실로 볼 때 영아살해 행동은 수백만 년의 시간을 거슬러 올라가 콜러버스아과가 다양한 종으로 분기되는 시점에도 이미 일어났던 것임을 알 수 있다. 엽식성 원숭이의 경우 수컷이 집단의 리더 자리를 유지할 수 있는 기간이 짧기 때문에 영아살해가 특히 유리한 전략으로 채택됐을 것이다.

영아살해는 구세계 원숭이에서 엽식성 원숭이 계통에서만 나타나는 것이 아니다. 대형 유인원이나 신세계 원숭이, 긴꼬리원숭이아과에서도 영아살해가 일어나는 것으로 알려져 있다. 수년 전까지만 해도 영장류학자들은 긴꼬리원숭이아과에서도 영아살해가 일어날 수 있다는 가능성을 심각하게 생각하지 않았다. 그러나 우간다의 키베일Kibale 삼림지대에서 실시된 토머스 스트루자커 연구팀의 연구결과와 보츠와나Botswana에서 실시한 커트 부제와 해밀턴의 연구결과에 의해 지금은 그 생각을 버릴 수밖에 없게 됐다.

1970년부터 현재까지 스트루자커 조사단은 서부 우간다의 '달Moon 산' 근처 광활한 삼림지대에서 8종의 영장류를 계속 관찰했다.

붉은꼬리원숭이

이 지역의 영장류 집단은 인간의 손길이 닿지 않는 완전한 자연생태계를 유지한다. 이곳에 사는 콜러버스 원숭이의 개체군 밀도는 아브산과 같이 인위적인 조작을 받은 지역에 살고 있는 사촌격인 랑구르에 비해 거의 두 배나 된다. 스트루자커의 주된 연구목적은 별로 알려진 바 없는 붉은꼬리원숭이의 생태를 조사하는 것이었다. 이 코믹한 동물은 붉은색의 긴 꼬리를 갖고 있고 코의 정중앙에는 하트 모양의 백색 반점이 있는데, 짧은 거리는 날아다닌다. 스트루자커는 붉은꼬리원숭이 연구를 위해 키베일 삼림지대 내에 두 개의 조사지역을 선택했다. 조사가 시작되자마자 두번째 지점에서 붉은꼬리원숭이 그룹 하나가 '뉴 메일New Male'이라 부르는 강력한 외부 수컷의 침입을 받고 탈취 당했다. 그 뒤 일어난 사건에 대해 스트루자커는 다음과 같이 기록했다.

한 마리의 새끼가 12월 21일 밤부터 22일 새벽 사이에 태어났다. 처음에 새로운 리더 뉴 메일은 태어난 새끼에게 아무런 적의도 품고 있지 않은 것처럼 보였다. 그러나 22일 오후 4시 40분 뉴 메일은 갑자기 새끼를 습격해 죽이고 말았다. 처음에 내가 본 것은 원숭이 가운데 일부가 날카로운 소리를 지르며 덤불 속에서 뒹굴고 땅 위로 뛰어오르는 광경이었다. 뉴 메일은 신생아를 입에 물고 뛰어갔고 그 뒤를 암컷과 다른 원숭이들이 추격했다. 암컷은 날카로운 비명을 지르며 다른 원숭이보다 더 멀리까지 추적했다. 그러나 추적은 수초 만에 끝났고, 뉴 메일은 나무 위로 올라가 이미 죽은 새끼를 먹기 시작했다. 암컷은 10미터 정도 떨어진 곳에서 수컷을 바라보며 날카로운 소리를 질러댔다. 뉴 메일은 죽은 새끼의 머리 껍질을 벗기고 두개골을 부순 뒤 골을 먹어 버렸다.

이것이 새로 들어온 수컷이 새끼를 살해한 두번째 경우였다. 희생된 새끼 모두는 찬탈자와 관계 없는 신생아였다. 별로 공격적이지도 못한 삼림형의 원숭이에서도 이와 같은 살해와 동종포식 행위가 일어났던 것이다. 스트루자커는 자신이 방금 살해가 일어난 그 순간 그 자리에 함께 있었다는 사실에 더욱 놀랐다. 너무도 기가 막힌 우연이었는데, 관찰하기 시작한 지 불과 몇 시간도 안 돼 일어난 사건이었다. 미국 디트로이트의 어떤 경찰관이 살인 현장을 목격하기 위해 70명 정도의 사람을 1년간 계속 관찰한다고 생각해 보라. 실제로 살인율이 아무리 높다 해도 그 경찰관의 희망이 이루어질 가능성이 얼마나 되겠는가?

스트루자커는 이렇게 설명한다. "수컷이 교체된 뒤 영아살해가 일어난 예가 그때까지 거의 없었다. 그러나 영아살해가 극소수의 동물에서만 발견되었다고 해서 실제로 그러한 일이 없었다는 것을 의미하는 것은 아니다. 단지 그 사실을 무시해 버렸을 뿐이다. 무리 가운데 수컷이 하나뿐인 구세계 원숭이를 오랫동안 계속 관찰한다면 이런 현상은 예외적인 것이 아니라 오히려 일반적인 것임이 확실해

푸른 원숭이

질 것이다." 1977년 이 견해가 발표됐을 때 프랑스의 한 학자도 서
아프리카 서해안의 붉은꼬리원숭이의 일종인 캠벨리 원숭이무리에
새로 들어온 리더가 영아살해를 하는 현장을 목격했다. 그 다음 해
에 스트루자커와 같은 지역에서 관찰하던 톰 브틴스키도 역시 그때
까지 거의 연구되지 않았던 키베일 삼림의 '주인'인 아름다운 푸른
원숭이의 영아살해를 보고했다. 아름다운 털을 가진 이 푸른 원숭이
가 우아하게 도약하는 모습은 옛날 수세기 전에 미노아 문명이 번성
했던 크레타 섬의 테라 신전 채색 벽화에 영원히 남아 있다.

인간과 영장류 사이에 나타나는 행동의 연속성

영아살해가 다양한 영장류에서 늘 일어났던 문제라는 것이 새롭게
발견되면서 학자들은 지금까지 잘 알려진 영장류의 행동에 대해서
도 새로운 각도에서 다시 해석하게 됐다. 예를 들면 사바나 비비는
다른 수컷, 특히 새로운 리더 수컷과 마주칠 때마다 어린 새끼를 끌
어안고는 몸에서 떨어지지 않도록 한다. 이전에는 이런 행동을 집단

에 남아 있는 수컷이 새로운 리더의 공격을 막기 위한 방패나 '투쟁의 완충제'로 새끼를 이용하는 것이라고 설명했다. 그러나 보츠와나의 오카방고Okavango 소택지 근처에서 차크마 비비를 조사하던 부제와 해밀턴이 우연히 발견한 것 때문에 새롭게 해석할 수밖에 없었다. 당시 부제와 해밀턴은 혈액과 기타 샘플을 채취하기 위해 비비를 마취시키곤 했다. 그러나 유감스럽게도 두 사람은 암컷이 마취돼 새끼를 보호하지 못하면 외부로부터 들어온 새로운 리더 수컷이 그 기회를 이용해 새끼를 죽여 버린다는 것을 뒤늦게야 알게 됐다. 이 때문에 이들은 생각을 바꿀 수밖에 없었다. 무리 속에 오랫동안 있었던 수컷이나 어미가 새끼를 데리고 다니는 것은 적과 마주쳤을 때 새끼를 앞세워 투쟁 심리를 완화하기 위한, 이른바 '투쟁 완충설' 때문이 아니라 어린 새끼를 영아살해로부터 보호하기 위한 것이라고 가정하게 됐다.

영장류의 영아살해에 관한 해석의 변화 과정을 볼 때 이밖에 다른 경우에도 선입견 때문에 과학적 사실을 잘못 해석할 수 있다는 것을 알 수 있다. 이것이 어쩌면 자연과학의 숙명인지도 모른다. 우리는 대개 의외의 결과는 과소평가하고 우리가 예측하지 못했던 것들을 무시한다. 영장류의 현장 관찰에 대한 자료가 계속 축적되면서 학자들도 영장류가 신사다운 동물이라는 신화를 재검토하기 시작했다. 동시에 인간과 영장류 사이에 나타나는 행동의 연속성에 대한 논란도 크게 증가했다. 초기의 동물행동학에서는 인간이 살인하는 유일한 동물이라고 생각했다. 다른 영장류들, 그중에서도 진원류와 유인원은 집단 지향성이 강해 비교적 문명화된 동물이라고 생각했다. 그러나 새로운 발견들 때문에 영장류를 새로운 각도에서 해석해야 할 필요성이 생겼다.

평화롭게 보이는 영장류가 그처럼 광폭해질 수 있다는 것을 인정하는 것은 좀처럼 쉽지 않았다. 영아살해가 일어났다고 볼 것인지 아니면 무시해야 할 것인지를 결정하는 중요한 판단 기준은 단순히 그것을 예측하고 있었는가 아니면 예측하지 못했는가 하는 점에 달려 있었던 것이다. 자주색 얼굴의 랑구르에 대한 영아살해를 최초로 보고한 루드란은 특히 이 점을 강조한다. 이미 수년 전에 스리랑카에서 이 원숭이가 영아살해를 하는 것을 관찰한 바 있는 루드란은 키베일 삼림에 있는 푸른 원숭이에서도 외부의 수컷이 집단을 탈취한 시기에 어린 새끼가 사라질 때마다 영아살해가 일어났을 가능성이 있다고 주장했다. 이처럼 푸른 원숭이에서 영아살해를 처음으로 의심한 것은 루드란이다. 비록 이런 의심을 최종적으로 확실히 입증한 것은 루드란이 아닌 부틴스키였지만.

루드란은 남미 베네수엘라에 사는 붉은 고함원숭이도 연구했다. 당시 루드란은 외부에서 새로운 수컷이 집단 안에 들어온 사례들을 집중적으로 조사했다. 그러나 1950년대부터 이미 고함원숭이가 영아를 살해하는 것을 보았다는 원주민들의 이야기가 전해져 왔다. 그것은 인도에서 원주민들이 랑구르의 영아살해에 대해 연구자들에게 이야기하던 때였는데, 그런 이야기들은 민간전승의 하나로 무시됐다. 비록 성공할 가능성은 거의 없었지만 루드란은 고함원숭이 그룹에서 영아살해가 일어난다는 것을 확인하기 위해 새로운 수컷이 점령한 집단에 대해 눈을 떼지 않고 계속 관찰할 계획을 세웠다. 이런 예측과 준비 덕분에 루드란은 고함원숭이의 영아살해를 최초 목격할 수 있었고 지금까지 한 번도 기록되지 않았던 영아살해를 필름에 담는 데도 성공했다. 고함원숭이의 영아살해는 지금까지 랑카 세쿨릭과 같은 학자들에 의해서도 여러 번 확인됐다. 더구나 고함원숭

고함원숭이

이, 닐기리 랑구르, 침팬지에 대한 지금까지의 기록을 조사해 보면, 그때는 지나쳐 버렸지만 실제로는 영아살해가 일어났을 가능성이 있는 경우가 많이 발견된다.

이런 자료들 가운데 가장 잘 기록된 것은 곰베 스트림 보호구에 대한 것이다. 데이빗 비고트는 다섯 마리의 침팬지 수컷 무리를 계속 추적했다. 그러던 어느 날 그들은 다른 집단에서 온 낯선 암컷과 새끼를 만났다. 수백 시간 관찰하는 동안 한 번도 본 적이 없는 암컷이었다. 암컷과 새끼는 즉각적으로 수컷 무리의 맹렬한 공격을 받았는가 싶었는데 날카로운 소리를 지르던 일단의 침팬지 무리가 순식간에 비고트의 시야에서 사라졌다. 다시 무리를 발견했을 때는 이미 낯선 암컷은 보이지 않았고 수컷 한 마리가 버둥대는 새끼를 잡고 있었다. "새끼의 코에서는 코피가 마구 흘러나왔다. 그 '수컷'은 새끼의 양다리를 붙잡고 계속 새끼의 머리를 나무에 내리쳤다. 3분쯤 지나자 수컷은 더 이상 버둥대거나 소리도 못 지르는 새끼의 허벅지 살을 뜯어먹기 시작했다."

당시 이 무시무시한 사건은 침팬지의 이상한 행동으로 무시됐다. 그러나 그 뒤 일본 조사단은 우간다의 부동고Budongo 삼림지대와 탄자니아의 마할리 산에서 그 같은 예를 관찰할 수 있었다. 그들은 수컷이 다른 집단의 영아를 살해하고 동족의 새끼들을 잡아먹는 동종포식을 생생히 보았다. 또한 제인 구달도 곰베 스트림 보호구에서 똑같은 예를 보았다. 따라서 오늘날에는 이런 행동이 침팬지 사회에서도 상당히 널리 나타나는 현상이라는 결론을 내린다. 구달은 최근 침팬지의 영아살해와 동종포식에 관한 사례를 종합해 책을 출판했다. 그 책에는 특히 새로운 리더 수컷이 저지른 네 가지의 영아살해 사례와, 1971년부터 곰베에서 관찰하던 기간 동안 일어난 성숙한 암컷이 관련된 영아살해에 관한 세 가지 사례를 설명하고 있다. 수컷이 관련된 경우에는 모두 희생자가 낯선 암컷의 새끼들이었고, 어떤 살해자도 자신의 새끼를 죽이지는 않았다. 구달은 영아살해가 최근에 나타나기 시작한 경향인지 아니면 알아차리지 못했을 뿐 실제로는 훨씬 오래전부터 일어난 것인지를 확인하기 위해 과거 30년간 쌓아 둔 자신의 관찰기록을 세심하게 다시 조사했다. 그 결과 곰베에서 최근에 관찰된 사례가 결코 처음이 아니라는 생각을 하게 되었다.

살해는 과연 인간만이 가지는 특성인가?

이러한 새로운 발견들은 우리를 다소 혼란스럽게 만들었다. 우리와 가까운 친척이며 온화하고 고상한 정신을 소유하고 있는 것으로 생각했던 동물들이 사실인즉 터무니없게도 살의에 가득 차 있다는 것을 받아들일 수밖에 없었다. 특히 대형 유인원의 경우 이 사실을 인정한다는 것은 너무도 슬픈 일이었다. 대형 유인원들의 여러 가지 행동들, 즉 키스나 악수, 비록 둔하지만 여러 가지 익살스런 몸놀림들은 지금까지 〈내셔널지오그래픽〉 지에서나 TV 화면에서 한두 번

씩은 보았던 것으로 우리에게 깊은 감동을 주었던 것들이다. 그러나 실상은 고등영장류에서 콜러버스아과를 제외한 유인원이 가장 높은 빈도로 살해를 한다. 살해 대상은 태반이 엉아인데, 특히 유인원의 경우 출생률이 비교적 낮다는 것을 생각하면 매우 놀라운 일이다.

다이안 포시는 르완다의 비룽가 화산지대의 구름을 뚫고 올라선 산봉우리 정상에 살고 있는 300마리 이상의 고릴라를 1만 1000시간에 걸쳐 관찰했다. 그중에서 수컷이 영아를 살해하는 경우를 세 번이나 직접 목격했고 영아살해가 일어났을 것으로 추정되는 사례도 세 번 있었다. 그러나 겉으로는 다정다감하게 보이는 이 거인에게 희생당하는 것이 영아뿐만이 아니었다. 다이안 포시는 성숙한 고릴라 수컷의 두개골에 고릴라의 이빨 자국이 나 있는 것을 두 번이나 발견했다. 그는 고릴라의 사망원인 가운데 4분의 1이 다른 고릴라로부터 받은 상처 때문이라고 추정한다. 뉴욕 시의 1년간 살인사건 발생률은 인구 10만 명당 20.5명 정도인데, 이것은 고릴라에 비하면 거의 문제도 되지 않는 비율이다. 본래 '비인간적으로 죽이는 것'을 의미하는 '살인'의 정의는 거의 사라지고 지금은 '다른 사람을 비합법적으로 죽이는 것'으로 정의한다. 그리고 이런 현상은 인류인 호모사피엔스에게만 나타나는 특수한 현상으로 이해된다. 그러나 영장류가 영아살해를 한다는 것이 확실해진 오늘날에는 '살인'에 대한 이해에 역설적인 전환이 일어난 것이다.

암컷은 왜 수컷에게 대항하지 않는가?

어떤 종에서도 영아살해가 일상적으로 일어나는 경우는 없다. 그러나 여기서 분명히 밝히고 싶은 것은 많은 영장류의 경우 영아살해는 늘 일어났던 사건으로 진화과정의 중요한 한 부분을 형성한다는 점이다. 영아살해가 육식을 위한 강탈만큼 자주 일어나는 것은 아니지만 그러나 영아살해가 정말로 일어날 때는 그 동물의 진화적 적응성에 중대한 결과를 초래한다.

영아살해를 운동 경기의 한 가지 작전으로 볼 수도 있을 것이다. 그러나 경기를 이해하기 위해서는 먼저 누가 선수인지를 분명히 해야 한다. 물론 이 경기는 두 마리 수컷 가운데 어느 쪽이 좀더 많은 자손을 남기는지를 결정하는 경쟁이다. 그러나 다른 견해도 있다. 그것은 그 종에 속한 모든 수컷과 모든 암컷 사이의 경기로 보는 것이다. 이 경우에 새끼의 어미는 아비가 누구이건 간에 경기에 진다 해도 손해 볼 것이 없다. '왜 암컷은 상대인 수컷만큼 몸집이 크고 커다란 송곳니를 갖도록 진화하지 않았는가?' 사실 암컷과 수컷 간의 전투에 걸려 있는 상금이 엄청나게 높다는 것을 생각해 보면 위와 같은 의문을 이해하기는 더욱 어렵다. 영장류의 새끼들은 상당히 연약할 뿐 아니라 암컷에게 엄청난 부담을 준다. 생물학적으로 볼 때, 암컷이 수컷과 같이 크고 강하며 공격적인 것이 유리하다면 그것은 바로 영아살해에 대항하는 것이 될 것이다.

그러나 암컷이 수컷을 대항할 정도로 강하다 해도 실제로 그 힘을 수컷에게 사용할 수 있는 기회는 거의 없다. 아무튼 강력한 암컷은 식량을 놓고 벌이는 경쟁에서 수컷을 이기거나 수컷의 영아살해를 방지할 수 있을 것이다. 그리고 1년에 한두 번 번식기에만 수컷과 잠시 휴전하면 될 것이다.

그러나 원칙적으로 암컷에게는 힘 말고도 또 다른 방어수단이 있다. 진화적 관점에서 볼 때 영아살해가 수컷에게 의미 있는 행위가 되기 위해서는 영아를 살해한 리더 수컷이 새끼의 어미를 곧바로 수정시킬 수 있어야 한다. 그러므로 암컷이 영아를 살해하는 수컷에게 힘 이외의 다른 방법으로 대항하려면 배란을 하지 않으면 된다. 그 것은 양쪽 모두에게 득이 될 것이 없지만 암컷 쪽에서 보면 특별히 손해 볼 것도 없다. 그러나 암컷은 영아살해를 하는 수컷을 성적으로 거부하지 않으며 암컷끼리 힘을 합쳐 수컷에 대항하지도 않는다. 만일 11킬로그램 정도 되는 랑구르 암컷 두 마리 이상이 협력한다면 18킬로그램 정도 되는 수컷을 제압할 수 있을 것이다. 그러나 암 컷들은 그렇게 하지 않는다.

이 사실들은 모두 상호선택이 작용하고 있다는 것을 말해 준다. 이러한 번식 게임에는 아직 또 하나의 적이 남아 있는데, 그것은 암 컷과 암컷의 싸움이다. 수컷이 각자 최대한의 자손을 남기기 위해 서로 경쟁하는 것과 마찬가지로 암컷도 좋든 싫든 간에 유전법칙에 따라 서로 적대적일 수밖에 없다. 몸집이 큰 암컷은 수컷의 공격에 는 유리하게 대항할 수 있겠지만 자매지간인 암컷끼리의 경쟁에서 는 훨씬 불리해진다. 왜냐하면 몸집이 큰 암컷은 본래 번식에 사용 해야 할 에너지를 커다란 몸집을 만들고 유지하는 데 써야 하기 때 문이다. 그런 암컷은 한정된 식량 에너지를 자손을 만드는 데 사용 하지 않고 자신의 큰 몸집을 유지하는 데 낭비하게 된다. 이런 이유 들이 암컷의 몸집이 커지는 것을 저지했다고 볼 수 있다. 과연 작은 몸집은 암컷에게 어떤 영향을 끼칠까? 암컷의 몸집이 수컷보다 작 아진 진짜 이유는 무엇일까?

작은 몸집이 자손 번식에 유리하다

몸집의 크기와 번식능력 사이의 균형은 매우 미묘한 문제다. 한 집단을 볼 때 평균체중은 수많은 세대를 거치면서 아주 조금씩 증가한다. 이런 사실 때문에 진화적인 문제가 더욱 복잡하게 된다. 체중이 증가하는 초기 과정에서는 어떤 암컷이 다른 암컷보다 몸집이 약간 크다는 것은 아무런 도움도 되지 못한다. 왜냐하면 아직도 수컷이 암컷보다 훨씬 크기 때문이다. 더구나 랑구르의 생활환경에서는 가뭄과 식량부족이라는 위기가 계속 반복되므로 이런 상황에서는 암컷의 몸집이 작을수록 새끼에게 더 많은 식량을 분배할 수 있기 때문에 적응성이 높다고 할 수 있다. 큰 몸집이 자기 방어에 유리하다는 장점은 단기간에 나타나지 않는 반면에 번식에 대한 불이익은 곧바로 나타나기 때문이다. 번식 전성기에 있는 대부분의 암컷은 자신의 번식에 불리할 수도 있는 커다란 몸집이라는 핸디캡을 갖는 모험을 하려 하지 않는다. 물론 암컷도 자신을 희생하기는 한다. 그러나 그것은 이미 번식능력이 끝난 늙은 암컷의 경우다.

앞에서 예를 들었던 솔과 같은 늙은 암컷이 자신의 혈육을 방어하기 위해 이타적인 행동을 한다. 암컷이 그렇게 하는 이유는 번식 면에서 손해를 보는 것이 없을뿐더러 방어행위를 통해 자신과 유전자를 공유하고 있는 자손을 보존할 수 있다는 현실적인 이익이 있기 때문이다. 그러나 많은 것을 잃을 수 있는 젊은 암컷은 신중해야만 한다.

사회구조를 결정하는 것은 암컷이다

암컷끼리의 유전자 경쟁이라는 면에서 보면 수컷에게 저항하는 암컷은 또 다른 핸디캡을 갖게 된다. 만일 영아살해가 수컷에게 정말로 유리하고 또 유전되는 경향이 있다면 영아살해를 하는 수컷을 성적으로 거부하는 암컷은 자신의 수컷 새끼에게 불리한 행동을 하는 것이다. 왜냐하면 자신의 아들도 다른 암컷이 낳은 아들과 무자비한 경쟁을 해야 하기 때문이다.

길버트와 설리반이 제기한 의문으로 되돌아가 보자. "만일 영아살해를 하는 수컷을 거부하는 계획이 모든 여성으로부터 지지받고, 독재자인 남성을 고립시킨다면 … 어떻게 자식을 만들 수 있겠는가?" 대답은 물론 누군가가 부정을 저지를 것이고 그리고 결국 다음 세대에 나타나는 것은 부정을 저지른 그녀의 유전자라는 것이다. 영아살해를 하는 수컷과 관계를 갖는 것은 암컷 전체에게 커다란 부담을 준다. 그러나 그렇다 해도 장래에 자신의 아들에게 유리한 유산을 물려줄 아비를 굳이 성적으로 거부할 암컷은 하나도 없다. 영아살해를 하는 수컷과 교미를 거부하는 이타적인 암컷은 사회생물학적 용어로 말하면 '진화적으로 불안정한 전략'을 추구하고 있는 것이다. 이런 전략은 경쟁에서 열세에 몰리는 것으로 오랜 시간이 지나면 집단의 유전자 풀에서 그러한 암컷의 유전자는 점차 도태되고 말 것이다.

자연계 전체를 통해 보면 동물은 비슷한 진화적 덫에 걸려 있다. 즉 개체의 이익을 선호하는 어떤 선택도 다른 개체의 적응성을 손상시킨다. 또한 종 전체의 전반적인 생명력 혹은 생존능력, 인간의 경우로 말하면 '생활수준'을 떨어뜨리게 될 것이다. 영아살해는 이런 전체적인 현상 가운데 두드러지게 나타나는 한 가지 예에 불과하다.

자연이 만든 것은 모두 필연적인 것이며, 바람직한 형태라고 생각할 수 있는가? 그렇지 않다. 지금까지 진화한 생물종의 90퍼센트는 자연 상태 속에서 이미 멸종됐다. 자연선택이 자녀에 대한 애정이나 자녀에게 해롭게 하는 것에 대한 반감 같은 감정을 형성하는 데 어떤 역할을 했을지 모르지만 진화과정 자체는 그러한 감정과는 관계가 없다. 진화적 관점에서 보면 수컷과 암컷이 진화 시스템을 거부하면서 자기들의 운명을 스스로 조절할 가능성은 거의 없다는 것이 냉혹한 진화의 법칙이다. 그러나 바로 이런 진화의 법칙 때문에 불리함을 생각하지 않고 문자 그대로 존재의 법칙을 변화시키려는 행위에는 일종의 영웅주의적인 요소와 숭고한 이상이 보이는 것이다.

수컷이 경쟁 상대의 새끼를 죽이는 영아살해는 한쪽 성이 다른 쪽을 번식에 이용하는 전형적인 예다. 이 경우 수컷은 다른 수컷과 경쟁하면서 암컷과 그 새끼를 희생시킴으로써 유전적으로 이기적인 전략을 추구한다. 그러나 이런 시스템이 진화하기 위해서는 그것을 지탱해 줄 요소가 필요하다. 그것은 다름 아닌 바로 암컷끼리의 경쟁이다.

다음 장에서 자세히 설명하겠지만 영장류 사회에서는 두 가지 아주 뚜렷한 힘이 작용하고 있다. 암컷끼리의 경쟁과 혈연관계가 있는 암컷끼리의 협동이다. 후자는 다른 암컷 집단과 경쟁할 때 나타난다. 그런데 영장류의 사회체계는 매우 다양하다. 마모셋은 암컷과 수컷이 짝을 이루고, 랑구르는 하렘을 형성한다. 침팬지나 거미원숭이는 어미를 중심으로 결합력이 느슨한 집단을 이루고 형제가 집단을 방어한다. 그러나 어떤 사회체계를 갖고 있든 간에 암컷들이 어떻게 공간적으로 분포하고 있는가에 따라 또 암컷 사이에 확립된 위계질서에 따라 결정되는 것이다. 번식 체계를 결정하는 기본적인 동인은 수컷의 선호에 있다기보다는 오히려 암컷이 어느 정도 다른 암컷을 허용하는가에 달려 있다. 암컷이 다른 암컷을 받아들이느냐 마느냐 하는 문제는 식량 문제와 결부되어 있다. 이것은 이상한 견해 같지만, 만일 수컷의 번식 전략이 암컷의 공간적 분포 상태로 결정되고 암컷의 분포 상태가 사용할 수 있는 자원이 있느냐 없느냐로 결정된다면, 식량이 바로 궁극적인 문제가 된다. 그럼 다음 장에서 더욱 자세히 알아보도록 하자. 아마도 이 책에서 가장 중요한 장이 될 것이다.

암컷의 경쟁과 결속

6장

과거와 현재를 통틀어 여권운동은 세 가지 이유 때문에 실패한다.

첫째, 여성들이 서로 결속하지 않는다.

둘째, 여성이 자신을 자율적 존재로 생각하지 않는다.

셋째, 남성 중심 사회에 들어감으로써 얻어지는 보호에 집착한다.

—캐롤린 하일브론, 1979

모든 암컷은 기본적으로 경쟁관계에 있다

영장류 암컷이 만들어 낸 사회구조는 매우 복잡 미묘하기 때문에 중요한 사실을 모호하게 만드는 경우가 많다. 그동안 감춰졌던 중요한 사실이란 바로, 암컷 사이에서 벌어지는 경쟁이야말로 영장류 사회조직의 핵심적인 요소라는 것이다.

원숭이 집단에서 가장 쉽게 눈에 띄는 장면은 혈연관계에 있는 암컷이 모여 털 속 깊숙이 피부 밑에 붙어 있는 기생충을 서로 잡아주는, 이른바 '털 고르기'라 부르는 광경이다. 이 때문인지는 몰라도 암컷끼리 싸우는 것을 보기는 쉽지 않다. 싸우는 모습보다는 매일같이 한데 모여 서로 털 고르기를 하거나 그밖에 친밀한 행동을 하는 모습을 훨씬 더 많이 볼 수 있다. 집단이 위기를 만나면 암컷이 서로 단결하는 모습을 쉽게 볼 수 있다. 나를 포함해 수기야마와 모노도 랑구르 암컷이 다른 암컷의 새끼를 구하기 위해 수컷에게 도움을 청하는 것을 관찰한 바 있다. 다람쥐원숭이나 사바나 비비 암컷은 새끼를 위협하는 동물에게 달려들기도 하는데, 어떤 때는 대여섯 마리의 암컷이 일제히 적을 공격하기도 한다. 이처럼 집단의 동료가 함께 자기 영역을 방어하는 것은 보편적인 현상이다. 또한 많은 종에서 암컷들이 새끼를 서로 돌려가며 돌보는 '유아 공유'가 육아의 일부분으로 되어 있기도 하다.

그러나 이러한 협력자들도 똑같은 자원을 놓고 다투는 경우에는 서로 경쟁하는 적이 된다. 암컷 사이의 관계는 우호적 관계에서 경쟁적 관계까지 종에 따라 많이 다르지만 이러한 다양성의 근저에는 하나의 공통된 주제가 있다. 그것은 모든 암컷이 기본적으로는 서로 경쟁적인 관계에 있으며 그들 모두는 고도의 전략가라는 것이다.

암컷의 경쟁은 어떤 형태로 나타나는가?

수컷에 초점을 둔 행동과학의 고루한 전통 때문에 암컷 사이의 경쟁이 오랫동안 무시돼 왔지만 그것은 극히 작은 이유에 불과하다. 또 하나의 문제가 있다. 그것은 매우 간단한 사실인데, 암컷의 관계는 겉으로 보이는 모습과 실제가 아주 미묘하게 차이가 난다는 것이다. 암컷을 차지하려는 수컷의 경쟁이나 암컷과 수컷 간의 갈등은 공공연한 것으로 쉽게 눈에 띄는 데 비해 암컷끼리의 뿌리 깊은 갈등은 훨씬 더 교묘하다. 가끔 다른 집단에 속하는 암컷끼리 만났을 때는 그들 사이의 경쟁이 겉으로 나타나기도 하지만 대부분의 경쟁은 간접적인 경우가 많다. 두 마리 암컷이 서로 보이지 않는 곳에 있는 경우에도 만일 한쪽이 더 유리한 장소를 차지하거나 그곳에서 식량을 채집하는 경우에는 이들이 경쟁관계에 있다고 보는 것이 좋다.

암컷들의 '유아 공유'는 매우 복잡한 행위지만 자세히 관찰해 보면 미묘한 차이가 있다는 것을 알 수 있다. 어떤 암컷은 동료의 어려움을 덜어 준다는 의미에서 '유아 공유'를 하고 어떤 암컷은 '유아 공유'를 핑계 삼아 라이벌 암컷의 새끼를 학대하거나 엄마 연습의 도구로 이용한다.

사실상 모든 원숭이 집단에서 새로 태어나는 새끼는 무리 속의 다른 암컷들에게 강한 매력을 불러일으키는 것 같다. 새끼가 태어나면 암컷들은 새끼를 보러 모여든다. 어떤 암컷은 어미에게서 새끼를 받아 안아 보고 만져 보기도 한다. 거의 모든 암컷이 새끼를 만져 보려고 안달한다. 그러나 경험이 풍부한 늙은 암컷만은 예외다. 이때 종에 따라 커다란 차이가 나는데, 어미가 새끼를 기꺼이 넘겨주기도 하고 망설이면서 주기도 한다는 점이다. 다람쥐원숭이, 고함원숭이, 버빗 원숭이, 거의 모든 콜러버스아과의 어미는 새끼를 선뜻 넘겨준다. 랑구르의 새끼는 태어난 날 거의 하루 종일 어미가 아닌 다른 암컷의 품에서 지낸다. 반면 비비나 붉은털원숭이 어미는 생후 수주 동안 새끼를 아무에게도 넘겨주지 않는다. 보닛 마카크는 하위 계층에 있는 어미만이 남의 손에 새끼를 넘겨준다. 하위 암컷은 새끼를 보려는 상위 암컷의 요구를 거절할 수 없기 때문에 그런 것 같다.

아무튼 유아 공유 행동은 여러 가지 유리한 점을 갖고 있다. 하나는 어미가 새끼의 방해를 받지 않고 자유롭게 먹이를 구할 수 있다는 것이다. 그리고 만일 어미가 죽게 되거나 일시적으로 양육할 수 없는 경우에는 다른 암컷이 새끼를 보호하거나 양자로 삼을 수 있다. 그밖에 가장 중요한 것은 새끼를 데리고 다니고 돌봐 줌으로써 출산 경험이 없는 젊은 암컷이 엄마 연습을 할 수 있는 기회를 갖는 것이다. 출산 경험이 없는 '양모'가 육아 기술을 배운다는 가설은 다음과 같은 사실 때문에 신빙성을 갖게 된다. 붉은털원숭이, 랑구르, 버빗 원숭이의 일부 집단에서 보면 한 번도 새끼를 낳지 못한 암컷이 가장 열심히 새끼를 돌본다.

하지만 유아 공유 행동에는 부정적인 면도 있다. 그것은 유아 공유 행동이 신생아에게는 고통스러운 경험이고 때로는 위험스럽기도 하다는 점이다. 새끼를 아주 부드럽게 다루거나 때로는 친어미보다 더 많은 배려를 하는 양모도 있지만 자신에게 맡겨진 새끼를 학대하거나 내다 버리는 양모도 있다. 짧은꼬리원숭이와 비비처럼 위계질서가 확실한 긴꼬리원숭이아과에 속하는 원숭이들 집단에서는 순위가 높은 암컷이 어미에게 새끼를 돌려 주지 않아 새끼가 굶어죽는 경우도 있다. 이들 원숭이 집단은 여러 개의 서로 다른 모계혈통으로 이루어져 있다. 또한 이들은 집단 안에 수컷이 여럿인 복잡한 번식 체계를 갖고 있기 때문에 이들 사이의 혈연관계는 수컷이 한 마리만 존재하는 집단에 비해 혈연관계가 매우 약한 편이다. 한편 수컷 하나가 이끄는 랑구르 집단에서는 암컷끼리의 혈연관계가 훨씬 더 밀접하기 때문에 다른 암컷이 새끼를 살해할 위험성은 훨씬 적다. 이 경우 어미는 언제나 새끼를 돌려받을 수 있다. '다른' 집단의 새끼를 유괴한 경우에는 새끼가 굶어죽기도 하지만 이런 경우는 극히 드물다.

출산 경험이 없는 암컷은 가장 열렬하게 '양모'가 되려고 하는 데 반해, 아직 어미로서의 역할을 잘하지 못하는 경우가 많다. 임신한 암컷이나 수유 중인 암컷이 새끼를 대신 기르기도 하지만 그런 암컷들은 일찍 흥미를 잃어버리는 경향이 있다. 양모는 매달려 있는 새끼를 내려놓는 과정에서 새끼를 한 발로 떠밀거나 발로 밟거나 올라타기도 하며 때때로 질질 끌고 가기도 한다. 양모로부터 버림받아 소리 지르는 새끼는 곧 어미나 다른 암컷의 보호를 받기 때문에 몇 분 이상 방치되는 경우는 거의 없으나 영장류 새끼는 워낙 약하기 때문에 잠깐 동안이라도 이처럼 방치되는 것은 상당히 위험하다.

공동 육아 조직에서 양모는 단순한 협력자에 불과하다고 오랫동안 생각해 왔다. 실제로 양모는 어느 정도 어미에게 도움을 준다. 그러나 양모가 새끼를 학대하는 것이 여러 번 발견되는 것으로 보아 새끼를 데려오는 암컷 모두가 단순히 돌봐 주기 위한 것만은 아닌 것 같다. 양모의 대부분은 자기가 맡은 새끼를 흥정의 대상으로 이용하거나 엄마 연습을 하는 도구로 사용하는 등 어떤 형태로든 새끼를 이용한다.

암컷끼리의 경쟁이 얼마나 미묘하고 복잡한지 알 수 있는 가장 좋은 예는 한 암컷이 다른 암컷의 월경주기에 영향을 미치는 것에서 극명하게 나타난다. 때때로 상위 암컷이 단지 옆에 있다는 것만으로, 혹은 아무 관련이 없어 보이는 상위 암컷의 행동 때문에 하위 암컷의 번식이 억압당하는 경우도 있다. 또한 진짜로 상위 암컷이 하위 암컷을 공연히 괴롭히는 경우도 있다. 영장류의 다양한 종에서 상위 암컷이 주변에 있다는 이유만으로 하위 암컷은 성숙이 지연되고 배란이 정지되는가 하면 극단적인 경우에는 자연유산까지 일어나기도 한다. 그러나 사육자나 연구자가 이러한 현상을 확인하기까지는 수년의 세월이 필요했다. 집단 내에서의 낮은 서열과 사회적 스트레스, 번식 생리에 중요한 요소인 에스트로겐 호르몬과의 관계를 밝히기 위한 실험 연구가 시작됐지만 실제로 하위 암컷의 번식을 억제하는 메커니즘은 아직 확실하게 밝혀지지 않았다.

그보다 더 미묘하고 분간하기 어려운 것이 있다. 일부 종에서 나타나는 현상이긴 하지만 암컷이 딸보다 아들을 더 많이 낳도록 만드는 메커니즘이 무엇인가 하는 점이다. 야생에서 사육 중인 갈라고, 특히 큰 꼬리 갈라고의 출생 기록을 자세히 조사해 보면 암컷보다 수컷이 훨씬 높은 비율로 태어난다는 것을 알 수 있다. 갈라고는 아프리카에 사는 야행성의 원원류로, 곤충과 아카시아 나무의 끈끈한 수액을 먹고산다. 수컷은 성숙해지면 어미의 먹이영역을 떠나 자신의 영역을 찾아가지만 암컷은 계속 어미와 떨어지지 않고 남는다. 수컷은 영역 밖으로 나가 다른 수컷과 경쟁하지만 암컷은 태어난 곳에 남아 얻을 수 있는 자원을 놓고 어미와 경쟁관계에 들어가게 된다. 최근에 영장류학자인 앤 클락은 갈라고의 암컷 출산비율이 낮은 이유를 설명하는 명쾌한 가설을 제시했다. 즉 갈라고 어미는 수컷보다 암컷을 적게 출산함으로써 같은 지역에 살고 있는 다른 암컷과의 경쟁을 피한다는 것이다.

이렇듯 암컷끼리의 경쟁은 교묘하고 모호해 협동과 경쟁의 차이를 거의 분간할 수 없을 정도다. 영장류 암컷은 서로 협동하기도 하고 서로 결속하기도 하지만 불완전한 형태다. 암컷은 서로 이기적으로 협동하는가 하면 그 협동의 밑바닥에는 보이지 않는 경쟁의 기류가 늘 흐른다. 이러한 경쟁 형태를 음미해 보고 그것이 암컷의 생활방식에 어떤 영향을 주는지, 특히 수컷과의 관계에서 암컷의 상대적 지위에 어떤 영향을 미치는지를 분명히 하는 것이 이 장의 목적이다.

암컷의 결속이 가져오는 결과

일부다처제 영장류에서 친척관계에 있는 암컷들은 서로 매우 긴밀

겔라다개코원숭이

한 도움을 주고받는다. 이처럼 혈연적인 연대가 없다면 암컷들은 고릴라나 망토비비와 같이 리더 수컷에게 비굴하게 종속될 수밖에 없다. 그러나 암컷끼리의 상호 원조 조직이 있다 하더라도 일대일 관계에서는 거의 언제나 수컷이 우위에 있다. 암컷끼리의 결속이 수컷에 대항할 수 있는 결정적인 수단이 될 수 있다는 사실은 결코 새로운 발견이 아니다. 영장류에 대한 현장조사가 없던 시기에도 함께 투쟁하는 동지를 '자매'라 불렀던 여성 해방운동가들은 이미 이것을 알고 있었다. 암컷 결속의 중요성을 인간 이외의 영장류에 한정해 본다면, 매우 유사한 사회조직을 갖고 있는 망토비비와 겔라다개코원숭이를 비교해 보면 확실히 알 수 있다.

인간 이외의 영장류에서는 매우 독특한 것이지만 망토비비와 겔라다개코원숭이는 복잡한 위계사회를 이루고 있는데, 가장 기본적인 사회적 단위는 대개 수컷 한 마리가 암컷 여럿을 거느리는 무리다. 경우에 따라서는 수컷 여러 마리가 암컷 여럿을 거느리기도 하지만 대부분은 리더 수컷 한 마리가 집단의 거의 모든 번식을 담당한다. 수컷을 중심으로 둘 또는 열 마리로 구성된 무리가 하나의 독립 단위를 이루는데, 이런 작은 무리가 모여 거대한 집단을 이룬다. 이러한 집단은 밤이 되면 좁은 잠자리에 모여들거나 넓은 지역에 산재한 식량을 채집하기 위해 계절에 따라 집합한다. 집단은 수백 마리가 되기도 하지만 결코 우연히 모여든 것은 아니다. 각각의 독립된 무리 구성원들은 서로를 알고 있어 집단의 구성원인지 아닌지를 식별할 수 있다. 무리가 모여 이룬 집단과 집단의 관계는 적대적이다. 다른 집단의 암컷을 가로채는 것은 상관없지만 같은 집단에서 다른 수컷의 무리에 속하는 암컷을 가로채는 것은 강력하게 억제된다.

망토비비

　사회조직은 비슷하지만 암컷 입장에서 보면 겔라다개코원숭이와 망토비비의 집단생활에는 근본적인 차이가 있다. 인간 이외의 영장류 가운데 아마 망토비비의 암컷이 가장 비참하고 예속적인 생활을 한다고 할 수 있다. 언제나 위축되어 있는 망토비비의 암컷을 보면 '푸른 수염'의 잔인한 수컷 밑에 속해 있는 암컷들이 오히려 더 행복해 보인다. 한편 겔라다개코원숭이 암컷은 어느 정도는 수컷에 예속되어 있지만 흥분하면 동료 암컷들과 결속해 수컷을 공격하기도 한다. 이러한 상반된 차이의 근본적인 원인은 암컷끼리의 동료애가 서로 다르다는 데 있다. 표면적인 유사성의 밑바닥에는 생태학적 적응과 사회구조의 심각한 차이점이 숨어 있는 것이다.

수컷에게 복종하는 암컷은 만들어지는 것일까?

에티오피아 중부 고원의 험난한 협곡에 숨어 사는 겔라다개코원숭이 집단은 한때 아프리카 동남부에 걸친 광활한 평원에서 씨앗이나 풀을 먹고살던 원숭이의 자손이다. 한편 망토비비는 성공한 집단의 하나인 사바나 비비의 아주 먼 친척에 불과하다. 붉은 얼굴의 망토비비가 살고 있는 곳만큼 건조한 곳은 아마도 지구상에 없을 것이다. 그 대표적인 곳이 에티오피아의 다나킬 고원으로, 그곳에는 척박한 땅에서 잘 자라는 아카시아 나무조차도 거의 없고 있어도 크게 자라지 않기 때문에 비교적 작은 망토비비도 이곳에서는 상대적으로 크게 보인다. 현재 망토비비는 수단 동부의 황무지, 에티오피아와 소말리아 동부 지대, 사우디아라비아, 예멘의 일부 지역에만 살고 있다. 커다란 망토비비 집단은 식량을 구하러 갈 때는 소규모 단위로 쪼개진다. 밤이 되면 표범으로부터 몸을 보호하기에 적합한 벼랑에 있는 잠자리로 다시 모여든다. 사회조직이 이처럼 유연한 것은 가혹한 환경에 적응하기 위해서다. 또한 그들이 먹이로 하는 작은 열매나 어린잎이 군데군데 산재해 있기 때문이다.

망토비비는 남쪽의 풍족한 환경에 사는 사바나 비비의 일부에서 분리돼 나왔을 것이다. 이들의 형태는 현재의 사바나 비비와 유사하지만 크기는 훨씬 작고 수컷은 얼굴 주위에 두꺼운 털로 된 망토를 갖고 있기 때문에 크기 차이가 어느 정도 은폐된다.

어쨌든 망토비비가 생존할 수 있었던 한 가지 이유는 수컷이 무리를 탈취하는 독특한 방법에 있다. 스위스의 동물행동학자 한스 쿠머는 이것을 사회구조와의 관계 속에서 자세히 설명한다. 망토비비가 살고 있는 환경과 같이 척박한 생활조건에서 수컷끼리 싸운다는 것은 엄청난 대가를 지불해야 하는 무모한 일이다. 젊은 수컷은 무리에 소속된 성숙한 암컷을 차지하려고 기존 리더와 싸우는 대신, 어린 암컷을 '유괴'하거나 유혹해 새로운 자신의 무리를 만든다. 그렇게 하면 어린 암컷의 부모로부터 별 저항 없이 암컷을 얻을 수 있다. 한편 붙잡혀 온 어린 암컷은 첫날부터 유괴자에게 절대 복종해야 한다는 것을 배우며 수컷이 어디를 가든 따라가야 한다. 만일 암컷이 망설이고 있으면 수컷은 위협적으로 노려보다가 무리 안에 가두거나 도망가려고 하면 목을 물어 버린다. 암컷이 물을 마시기 위해 잠시 무리에서 벗어나 몇 미터만 떨어져도 수컷이 쫓아가 물어 버리거나 땅바닥에 내동댕이친다. 그리고 극히 드문 일이기는 하지만 질투심 많은 수컷이 암컷을 계속 이빨로 물어서 죽이는 경우도 관찰된 바 있다.

이러한 망토비비 수컷의 행동은 언뜻 보기에 잔인하게 생각되지만 극단적인 부권주의로 이해하는 것이 좋을 것이다. 수컷 입장에서 보면 어린 암컷을 번식 연령 때까지 먹여 살리기 위해 몇 년 동안 아카시아 꽃, 어린 싹, 작은 열매를 구하려고 애써야 한다. 수컷은 먹이 채집을 위해 암컷을 데리고 돌아다녀야 하며 어떤 때는 아주 험준한 벼랑 위로 암컷을 데리고 올라가는 일도 해야 한다. 또한 암컷을 탐내는 다른 수컷의 공격으로부터 암컷을 보호하기 위해 싸우기도 해야 한다. 암컷은 성숙해도 크기가 수컷의 반 정도밖에 안 되기 때문에 수컷은 암컷을 자신의 손으로 감싸 안으며 보호한다. 이렇듯 암컷에게 투자를 많이 하는 수컷은 폭군이면서 동시에 보호자인 것이다.

비록 단편적이지만 망토비비의 생활을 암컷의 입장에서 보는 견해도 있다. 쿠머의 현장연구 결과를 보면 리더 수컷과 암컷 무리가 상호 적응해 왔다는 것을 확실히 알 수 있다. 길들이는 기간이 끝나면 엄하게 꾸지람을 당한 암컷은 복종하는 것을 배운다. 망토비비 암컷이 수컷에 복종하는 것은 원숭이 가운데서도 거의 유일한 예에 속하는 것이지만 사실상 그것이 망토비비의 사회조직을 움직이는 데 필수적인 요소가 되고 있다. 망토비비와 사바나 비비 구역의 경계에서는 때때로 한쪽 수컷이 다른 쪽의 암컷을 납치한다. 망토비비 수컷이 근처에 있는 사바나 비비 집단에서 사바나 비비 암컷을 납치해 데려오는 경우가 있는데 사바나 비비 암컷은 자립심이 강하기 때문에 얼른 도망가 버린다. 그러면 망토비비 수컷은 당황해서 어쩔 줄 몰라 하며 분노를 참지 못해 씩씩거리기도 한다. 망토비비 무리 중심에 사는 아누비스와 망토비비의 잡종 수컷은 아주 곤란한 상황에 처해 있는데, 워낙 순진해 암컷을 납치해도 엄격하게 감독할 줄 모르므로 한 마리 암컷도 잡아다 가두지 못한다.

망토비비 사회에서 가장 주목되는 점은 무리를 장악하던 수컷이 능력을 상실하거나 어떤 이유로 무리를 떠나는 경우엔 갑자기 무리 전체가 흩어져 버린다는 사실이다. 모든 사회성 원숭이와는 달리 망토비비 암컷은 서로의 존재를 단순히 용인할 뿐, 암컷끼리 결속하는 일은 결코 없기 때문에 수컷을 잃어버린 망토비비 암컷은 둥지를 떠난 비둘기처럼 사방으로 흩어진다. 이처럼 망토비비 사회는 겔라다개코원숭이 사회와 매우 다른 특성을 가지고 있다.

암컷의 결속으로 어느 쪽이 이득을 볼까?

겔라다개코원숭이 사회에서는 혈연관계의 암컷들이 아주 긴밀하게 연결되어 있다. 그래서 암컷끼리의 관계가 수컷 때문에 변하는 일은 거의 없다. 겔라다개코원숭이에 대해서는 영국의 영장류학자인 던버 부부와 카와이 마사오 일본 연구 조사단이 연구한 결과가 보고돼 있다. 주로 에티오피아 중부의 세미엔Semien 고지에서 연구가 진행됐다.

 겔라다개코원숭이 암컷은 털이 없는 가슴에 구슬 같은 핑크색 돌기를 갖고 있는 경우도 있어서 '피흘리는 비비'라 부르기도 한다. 성숙한 수컷의 가슴은 털이 없이 민둥민둥한 반면에 머리와 어깨에는 원주민 주술사의 머리장식과 같은 두꺼운 털 망토를 달고 있다. 그곳 원주민이 종교 의식에 사용하는 사자의 갈기털 대용으로 겔라다개코원숭이의 망토를 사용했기 때문에, 이 불쌍한 동물은 거의 멸종의 문턱까지 와 있다. 리더 수컷은 무리에서 도망친 암컷을 되찾기 위해 돌아다닌다. 그런데 여기서부터 망토비비와 겔라다개코원숭이 사회의 근본적인 차이가 있다. 쿠머가 망토비비에 대해 "성숙한 암컷끼리의 결속이 있다는 증거는 하나도 없다"고 보고한 반면, 겔라다개코원숭이를 연구한 영국과 일본 학자들은 모두 겔라다개코원숭이에서 동일한 무리의 암컷은 서로 강한 친화력을 보인다는 것을 강조한다. 이러한 암컷끼리의 결속 때문에 겔라다개코원숭이 수컷의 위치는 처음에 생각했던 것보다 상당히 약하다. 망토비비 수컷은 서로 다른 곳으로부터 암컷을 모아 무리를 만들고 그 자신의 힘으로 무리를 유지하는 데 비해 겔라다개코원숭이 수컷은 혈연관계가 있는 암컷으로 이루어진 무리를 탈취하거나 상속한다. 랑구르와 마찬가지로 겔라다개코원숭이 암컷의 무리 주위에는 수컷만으로 이루어진 방랑자들이 배회하면서 무리를 탈취할 기회를 노린다. 던버 부부는 젊은 암컷이 무리 사이를 이동하는 경우도 있다고 보고한 바 있지만, 일본 학자들은 암컷의 소속은 변하지 않는다고 강조한다.

 파타스원숭이나 랑구르와 마찬가지로 겔라다개코원숭이 암컷은 자신이 태어난 무리에 남아 다른 무리로부터 들어오는 수컷에 대해 암컷끼리 상당히 강력한 결속을 보인다. 겔라다개코원숭이 암컷들은 이러한 공통의 적에게 일치단결해서 대항한다. 겔라다개코원숭이의 결속은 일차적으로 혈연관계를 기초로 하는데, 여기서 혈연관계라는 것은 일반적인 영장류 사회에서와 마찬가지로 태어나서면서부터 친밀한 관계를 갖고 있는 것을 의미한다. 그러나 우리가 이미 랑구르에서 그 예를 보았듯이 혈연에 기초한 동맹관계에는 한계가 있다. 그리고 암컷들이 서로 결속함으로써 얻게 되는 이익 뒤에는 불리한 면도 있다.

마카크속이나 비비속, 겔라다개코원숭이속과 같이 족벌주의적인 종의 암컷에게서 볼 수 있는 적극성과 연대성은 상위 암컷에게는 이익이지만 하위 암컷에게는 불리한 것이고 다른 그룹의 암컷에게는 말할 것도 없다. 긴밀하게 조직된 겔라다개코원숭이 사회의 암컷 사이에서는 저차원적인 경쟁이 끊임없이 일어난다는 것이 특징이다. 이러한 경쟁의 대부분은 집단의 리더인 성숙한 수컷에게 더 가까이 가기 위한 싸움이다. 던버 부부와 일본 조사단 모두 무리 내의 암컷 사이의 위계질서에 관심을 갖고 있었다. 제1순위 혹은 알파 암컷 한 마리 혹은 두 마리는 상위 수컷과 특별히 친밀한 관계를 유지하면서 언제나 다른 암컷들을 괴롭히는데 특히 수컷에게 접근하려는 발정한 암컷을 심하게 괴롭힌다. 알파 암컷은 발정한 암컷이 리더에게 접근하려고 하면 위협해서 쫓아버리거나 리더와 유혹하는 암컷 사이에 끼어들어 그들이 서로 접촉하거나 털 고르기를 하지 못하도록 방해한다. 때로는 이러한 책략이 공공연한 공격으로 나타나기도 하는데, 성격 때문이든 무기가 없기 때문이든 암컷들이 싸워 심각한 상처를 입는 경우는 극히 드물다. 영장류 암컷의 송곳니는 몇몇 일부일처제를 하는 종을 제외하면 대부분 수컷보다 작기 때문이다. 암컷끼리의 싸움이 수컷끼리의 싸움보다도 훨씬 빈번하게 일어나지만 상처를 입는 경우는 성숙한 수컷끼리의 충돌에 의한 것이 훨씬 더 많다.

단기적으로 볼 때 상위 암컷이 갖는 이익은 물질적 자원에 그 누구보다도 먼저 접근할 수 있다는 것이다. 만일 여러 겔라다개코원숭이 단위 그룹이 물가에 동시에 도착하면 수컷과 상위 암컷이 제일 먼저 물을 마시고 물속에 들어가서 목욕도 하는데, 순위가 낮은 하위 암컷은 차례가 올 때까지 계속 기다려야 한다. 자신의 리더가 물을 충분히 마시고 가면 이번에는 다른 단위 그룹이 와서 아직 물을 마시지 못한 하위 암컷을 물가에서 쫓아낸다. 하위 암컷은 좋아하는 식량이 경쟁이 되는 경우에도 불리하다. 로벨리아 나무의 속은 겔라다개코원숭이가 가장 좋아하는 것이다. 그런데 이것을 먹으려면 먼저 외측의 날카로운 잎을 떼어 내야 하는데 수컷은 힘이 강하기 때문에 손으로 껍질을 까서 손쉽게 내부의 연한 부분을 먹을 수 있다. 수컷과 가장 친밀한 상위 암컷도 이러한 먹이에 먼저 접근할 수 있는 특권을 누린다. 이 때문에 하위 암컷은 자기 혼자서 먹이가 있는 장소를 찾아냈다 해도 상위 암컷에게 자리를 양보하고 자신의 권리를 포기해야만 하는 경우도 있다.

스트레스는 임신에 어떤 영향을 주는가?

이러한 연구결과를 보면 눈에 띄지 않는 작은 지위 경쟁들이 장기적인 영향을 줄 수도 있다는 것을 알 수 있다. 던버 부부는 11개의 겔라다개코원숭이 단위 그룹을 조사해, 각 그룹의 모든 암컷들의 서열을 알아냈다. 암컷 사이의 서열은 한 마리가 다가가면 상대편이 달아나는 등의 상호행동을 일일이 기록해 정했다. 그 다음 모든 암컷들의 새끼 수를 조사한 결과, 암컷의 지위와 번식 성공도 사이에 상관관계가 있다는 것을 발견했다. 던버 부부는 암컷 사이에서 나타나는 번식 성공도의 차이가 상위 암컷이 하위 암컷을 괴롭혔기 때문에 생긴 것이고 그러한 괴롭힘은 하위 암컷의 번식력을 감소시키기에 충분할 정도의 스트레스라는 가설을 제시했다.

던버 부부가 이러한 결론에 도달하게 된 것은 직접적인 증거에 의한 것이 아니라 소거법에 의한 것이었다. 현장 관찰을 통해 던버 부부는 상위 암컷과 하위 암컷 모두가 충분한 교미 기회를 갖는다는 것을 알고 있었기 때문에 하위 암컷이 임신을 하지 않는다면 그것은 뭔가 내적인 작용에 의한 것으로 생각할 수밖에 없었다. 또한 던버 부부는 포획된 사바나 비비에 대한 실험적 연구뿐만 아니라 설치류와 같은 많은 소형 포유동물의 연구에서 다음과 같은 사실을 알아냈다. 격심한 공격이나 스트레스가 내분비 호르몬의 정상적인 분비를 변화시키고 월경주기를 희미하게 만들며 성적 수용 기간을 단축시키거나 실제로 번식 실패를 초래하기도 한다. 쥐의 경우도 물리적인 스트레스를 받으면 번식에 상당한 영향을 받는다. 어미가 임신 중에 스트레스를 받아 낳은 새끼는 성숙해서도 그 영향을 받는데, 그것은 스트레스를 받은 어미에게서 태어난 암컷의 번식력이 크게 떨어지는 현상으로 나타났다. 고등영장류는 한 세대의 기간이 길고 기르는 데 비용이 들어가는 등의 이유로 스트레스와 번식력 사이의 관계에 대한 연구가 미진한 상태다. 자연 상태에서 영장류의 전 생애를 통한 번식 경력을 조사한 데이터는 아직 없고, 스트레스를 받은 암컷과 스트레스를 받지 않은 암컷의 번식 경력을 구별할 수 있는 실험자료도 거의 없다. 그러나 지금까지의 자료만으로도 토끼나 쥐와 같은 설치류와 마찬가지로 영장류에서도 스트레스가 번식 활동을 변화시키는 한 가지 요인이 된다는 것만은 분명하다.

임신에도 순서가 있다

어떤 이유인지는 모르지만 사육 중인 무리나 자연 집단에서 모두 상위 암컷이 가장 먼저 임신한다는 사실은 던버 부부 외에도 여러 명의 학자들이 알고 있었다. 여섯 종의 서로 다른 구세계 원숭이를 사육하면서 연구하는 델마 로웰은 다음과 같은 충격적인 보고를 했다. "어떤 경우든 제일 먼저 새끼를 낳는 것은 순위가 가장 높은 상위 암컷이며 암컷은 거의 예외 없이 순위에 따라 임신한다." 게다가 상위 암컷은 새끼에게 일찍 이유식을 행하는 경향이 있다고 한다. 비비 집단을 보면 사육하건 야생 상태건 모두 하위 암컷의 월경주기가 길어지고 발정의 빈도도 감소했다. 더구나 호르몬에 관한 자료를 보면 하위 개체의 내분비 변화량은 '스트레스를 받은' 개체에게서 나타나는 특징과 같다. 예를 들면 탈라포인원숭이의 하위 암컷에서는 코르티솔cortisol과 프로락틴prolactin의 수준이 높게 나타나고 배란에 필수적인 황체호르몬이 급등하여 에스트로겐을 주입해도 반응이 일어나지 않는다.

암컷은 왜 이처럼 비적응적인 방법으로 스트레스에 반응하는 것일까? 마모셋의 하위 암컷이 전혀 배란하지 않는 것에 비하면 겔라다개코원숭이는 그렇게 극단적인 예는 아니지만 집단의 다른 암컷보다 번식률이 낮은 암컷은 유전학적으로 불리한 입장에 놓이게 된다는 것만은 분명하다. 그렇다면 왜 암컷은 사회적 지위가 낮은 데 대응하기 위해 번식률을 낮추는 능력을 진화시킨 것일까? 여기에는 여러 가지 설명이 나오고 있다. 아마도 낮은 사회적 지위 때문에 받는 스트레스가 식량부족과 같은 가혹한 환경 조건과 비슷한 상황이 아닐까 하는 생각이 든다. 영양실조에 걸린 어미나 스트레스를 받는 암컷이 번식을 유예시키는 것은 새끼를 낳기에 적당한 시기가 올 때까지 자원을 보존할 수 있는 것이기도 하다. 그렇다면 거기에는 충분한 적응적 의미가 내재되어 있다고 볼 수 있다. 암컷이 번식을 중단함으로써 어려운 시기에 위험한 육체적인 소모를 회피할 수 있는 것이다. 이러한 설명은 하위 암컷도 언젠가는 순위를 완전히 역전시켜 상위 암컷의 지위를 차지하거나 자신이 속한 현재의 그룹을 벗어날 기회를 엿보고 있다는 얘기가 된다.

또 다른 설명으로는, 하위 암컷에게는 새끼를 낳는 데 꼭 필요한 영양소가 실제로 부족하다든지, 또는 엄청난 에너지가 소모되는 임신과 수유에 필요한 영양분을 충분히 갖추려면 상당한 시간이 필요하다는 것 등이 있다. 극단적인 경우 하위 암컷을 괴롭히면 그 새끼가 죽는 경우도 있지만 그런 일은 거의 일어나지 않는다. 암컷은 대체로 몸집이 비슷하다. 그리고 암컷이 영아살해를 한다 해도 수컷에 비해 얻을 수 있는 이익이 그다지 크지 않다. 지금까지 어미의 암컷 동료에 의해 영아살해가 일어났다는 보고는 야생 침팬지와 고릴라에 관한 것뿐이고, 또한 실제로 사건이 우연히 목격된 것은 침팬지뿐이다. 제인 구달 연구팀은 순위가 높은 계보에 속한 암컷이 다른 암컷의 새끼를 살해하는 것을 세 번 목격했다. 침팬지와 고릴라는 망토비비, 붉은 콜러버스, 남미의 고함원숭이와 마찬가지로 암컷이 집단 사이를 이동하는 것으로 알려진 유일한 영장류다. 어미-딸로 이루어진 특별한 집단을 제외하면 일반적으로 암컷 사이의 혈연관계는 그다지 가깝지 않다. 침팬지의 경우 암컷의 경쟁을 방지하는 장치의 하나인 유전적 상관관계가 매우 약하다.

일반적으로 순위가 높아 얻을 수 있는 이익은 먹이를 구하는 데 약간 유리한 정도로 미미하다. 하위 암컷은 상위 암컷과 접촉을 피하는 단순한 기피 행동 정도로 순위가 겉으로 드러난다. 일상생활을 기준으로 보면 순위와 번식과는 거의 관련성이 없어 보이지만, 수많은 세대에 걸쳐 장기적인 면에서 보면 암컷 대 암컷의 경쟁에서 파생된 작은 영향이 크게 확대되어 나타나게 된다. 수많은 의문이 떠오른다. 무엇이 이러한 순위 체계를 영속화시키는 것인가? 순위가 낮은 암컷은 왜 복종해야 하는가? 아니 왜 복종하는가?

이러한 의문들에 대한 가장 적절한 대답은 작은 갈색 원숭이와 마카크에 대한 오랜 기간의 관찰 결과와 사바나 비비에 관한 여러 가지 연구에서 얻을 수 있다.

서열은 누구에 의해 유지되는가?

세습적인 서열이 생활에 얼마나 깊은 영향을 미치는지는 마카크속을 보면 쉽게 알 수 있다. 학자들은 일본과 카리브 해의 작은 섬에서 방목해 기르는 일본원숭이와 붉은털원숭이 집단을 장기간 관찰했다. 일본원숭이는 일본이 원산지로 여러 가지 이유로 산언덕의 삼림지대에서 해안이나 사육지로 옮겨져 사육된다. 한편 일본원숭이와 근연종인 붉은털원숭이는 제2차 세계대전 전에 인도에서 푸에르토리코 해안의 카요 산티아고 섬과 라 파르구에라 섬에서 방목됐다. 방목된 마카크의 출생과 사망에 관한 관찰자료들이 기록됐는데, 그 결과 많은 원숭이의 나이와 계보관계를 잘 알 수 있게 됐다.

마카크속의 원숭이는 뚜렷한 규칙을 갖고 있는데 서열화된 모계 그룹이 모여 리더 수컷이 여럿 있는 커다란 무리를 형성한다는 점이다. 각각의 무리 사이에 서열이 정해져 있고 무리 내부에서는 모계 그룹에 따라, 모계 그룹에서는 개체에 따라 순위가 정해지는데 최고의 자리는 그룹을 처음으로 창설한 암컷이 차지하고 그룹을 지배한다. 무리 속에 있는 상위 수컷은 각 모계 그룹의 최고 서열 암컷보다 순위가 높기는 하지만 수컷의 서열은 암컷의 지원에 의해 유지된다. 가장 높은 모계 그룹에 속한 상위 암컷이 누리는 안정된 지위에 비하면 수컷의 권력은 일시적인 것이다.

암컷은 일생 같은 무리에 남지만 수컷은 몇 년마다 무리를 옮겨 다닌다. 일본원숭이 수컷은 생후 1~2년 만에 일찍이 무리를 떠난다. 출생이 기록된 152마리의 일본원숭이 수컷을 조사한 결과 열두 살까지는 모두 태어난 무리를 떠났다. 이 '출가 원숭이'들은 수컷로만 된 집단에 들어가 새로운 무리의 리더가 되기 전까지 방랑생활을 한다. 수컷이 어떤 무리 속에 5년 이상 머무르는 경우는 드문데, 이것은 아마도 근친교배를 방지하기 위한 것으로 보인다. 수컷이 자신의 딸과 교배하는 것을 막기 위해 발달된 진화적 메커니즘이 아닌가 한다. 수컷이 늘 들락날락하는데도 모계 그룹 상호 간의 순위는 상당히 안정한 상태로 남아 있는 것으로 보아 특정한 수컷의 개성이 사회 전체의 주류에는 거의 아무런 영향을 미치지 않는 것으로 보인다. 오히려 사회구조는 특정한 암컷의 활력과 적극성에 의해 결정된다고 할 수 있다.

각 모계 그룹 내에서 암컷의 관계는 아주 안정되어 있다. 암컷 사이에서 어떤 일이 일어날지는 고위급 회담의 좌석 배치 순서와 마찬가지로 언제나 정확히 예측할 수 있다. 거기에는 상당히 엄격하면서도 규칙적인 일종의 협정이 있는데 일시적으로 긴장을 유발시키는 사건이 생기면 그 서열이 분명해진다.

동생의 서열이 언니보다 높다

암컷의 서열은 두 가지 규칙에 따라 결정되는데, 첫번째 규칙은 모친으로부터 어떤 서열을 상속받는가이고, 두번째 규칙은 이른바 '동생 우선권'이다. 첫번째 규칙에 따라 딸은 모친의 바로 아래 서열로 계급이 정해지고 두번째 규칙에 따라 동생은 최초의 임신기간이 되면 서열이 언니 위로 상승한다. 자매간의 서열 역전은 어느 정도 모친이 유도한 것인데, 학자들은 모친이 어린 딸에게 유리하도록 서열을 조정하는 경향이 있다고 보고한다.

'동생 우선권'이라는 흥미 있는 현상은 왜 생겨났을까? 이에 대한 최근의 설명은 이렇다. 모계 그룹 전체의 번식 측면에서 볼 때 번식의 최전성기에 있는 젊은 동생이 더 가치가 있기 때문이라는 것이다. 또 다른 가설은, 마카크의 번식에서는 최초의 임신이 결정적으로 중요한 의미를 갖는다는 점을 강조한다. 처음 임신한 젊은 암컷은 아주 약하기 때문에 처음 태어난 새끼도 역시 약하다. 방목 사육 중인 붉은털원숭이 집단의 출생과 사망에 관한 기록을 보면, 첫번째 태어난 새끼 가운데 50퍼센트가 생후 6개월 안에 죽었는데, 두번째 새끼부터는 사망률이 훨씬 낮아졌다. 실험실에서 사육하면서 관찰한 다람쥐원숭이와 자연상태의 고함원숭이에서도 마찬가지로 첫번째 새끼의 유아 사망률이 70퍼센트 이상이었다.

그러므로 두번째 가설에 의하면 모친이 동생의 서열을 언니보다 높아지도록 도와줌으로써 어린 딸이 더 일찍 새끼를 낳을 수 있게 하고, 허약한 초산아의 생존율도 높이려 한다는 것이다.

하위 암컷은 왜 아들을 많이 낳을까?

어떻게 설명하든 간에 모친이 순위를 결정하는 사회는 출생에 따라 일생 혜택이 결정되는 사회로서 처음부터 불평등이 존재하는 고도로 족벌주위적인 사회다. 영장류학자들은 구세계 원숭이의 긴꼬리원숭이아과에 속하는 다른 종들에 대한 자료를 토대로 다음과 같은 결론을 내린다. 모계 그룹이 여럿이고 리더 수컷이 여럿인 큰 무리를 이루고 살아가는 긴꼬리원숭이에서는 족벌주의가 일반적인 법칙이라는 것이다.

이들은 자신이 속한 모계 지위가 매우 중요한 문제이기 때문에 힘을 다해 모계의 지위를 방어한다. 세대가 거듭될수록 지위 차가 점차 커진다는 것을 생각하면 당연한 일이다. 파구에라 섬의 붉은털원숭이 무리에 대한 10년에 걸친 인구학적 연구결과를 통해 다음과 같은 사실들이 밝혀졌다. ①연간 출산율은 하위 암컷보다 상위 암컷이 높다. ②상위 암컷의 새끼가 하위 암컷의 새끼보다 생존율이 높다. ③상위 암컷의 딸은 하위 암컷의 딸보다 첫 출산이 상당히 빠르다. 통계적으로 상위 암컷의 딸이 3.85세, 하위 암컷의 딸은 4.4세에 첫 출산을 한다.

이러한 족벌주의적 사회는 예측이 가능한 사회다. 신중한 학자인 글렌 하우스파터는 최근에 과학자들의 모임에서 말하기를 "만일 우리가 어떤 원숭이의 나이와 성별과 서열을 안다면 그 원숭이에 대해 이미 4분의 3은 알고 있는 것과 다름없다"고 했다. 그것은 암보셀리에 있는 황색 비비를 두고 한 말이었다. 하우스파터는 알트만 부부와 함께 1971년부터 암보셀리 황색 비비 무리의 생활사를 계속 관찰해 왔다. 그들은 암보셀리 비비의 어미가 누구인지 아는 것만으로도 그들의 생활 상태를 아주 정확히 예측할 수 있다는 것을 알게 되었다. 행동 패턴뿐만 아니라 일상생활의 다른 특징들, 즉 먹이의 종류, 먹이채집이나 휴식시간의 배분, 한 번에 배출되는 기생충의 평균 수에 이르기까지 거의 모든 것들이 비비의 서열과 번식 지위에 따라 변하는 것을 알 수 있었다.

왜 그런 시스템이 생기게 되었을까? 왜 이들은 같은 질병에 취약성의 정도가 서로 다르고 서열에 따라 번식 스케줄이 서로 다른가? 그것은 상위 원숭이와 하위 원숭이의 호르몬 분비 패턴이 다르고 먹이의 종류도 다르다는 사실로 설명이 가능하다. 그러나 왜 새끼가 처음부터 서로 다른 지위를 갖고 서열 사회에 들어가게 되는지는 설명하지 못한다. 하우스파터는 새끼가 태어난 시점부터 세상은 이미 둘로 나뉜다고 주장한다. 즉 이들에게는 힘겹게 다가간 새끼를 밀어내는 암컷과 결코 그렇게 하지 않는 암컷이 있다. 그 결과 생긴 체계는 아주 엄격히 고정된 것이기 때문에 비록 새끼가 성숙하기 전에 어미가 죽는다 해도 딸은 어미와 똑같은 위치로, 만일 언니가 있다면 언니 바로 위의 위치로 서열이 결정된다.

어미의 서열이 아들의 생활에 어떤 영향을 미치는지는 아직 정확히 밝혀지지 않았다. 그러나 지금까지 알려진 자료들을 보면 마카크와 비비의 경우 상위 암컷의 아들은 처음부터 서열상 유리한 위치에 들어가는 것으로 추정된다. 이것은 서열이 높은 암컷의 아들이 자신이 태어난 무리에 머물거나 적어도 더 오랫동안 남아 있으려 한다는 것을 의미한다. 사춘기가 되면 수컷은 모두 자신의 서열을 높이려고 노력한다. 하위 암컷의 아들이 서열을 높이기 위해 다른 무리를 찾아 떠나려 하는 반면 상위 암컷의 아들은 자신이 태어난 무리 안에서도 높은 서열을 차지할 가능성이 있으므로 되도록 오래 머물려고 한다. 그러나 모친의 순위가 높은 것이 아들에게 어떤 이익을 준다 해도 그것은 딸이 누리는 혜택에 비하면 보잘것없다. 이러한 체계는 필연적으로 다음과 같은 흥미로운 결과를 가져온다. 사바나 비비나 보닛 마카크와 같이 족벌주의적인 사회를 이루는 원숭이의 경우, 서열이 높은 암컷은 아들보다는 딸을 많이 낳고, 반대로 서열이 낮은 암컷은 딸보다 아들을 많이 낳는 경향이 있다. 수컷은 어쨌든 태어난 무리를 떠나야 하기 때문에 하위 암컷의 지위는 아들에게 큰 영향을 주지 않는다. 이런 이유 때문에 하위 암컷은 서열이 세습되는 딸을 낳기보다는 다른 무리에 들어가 높은 서열을 차지할 수 있는 아들을 낳게 되는 것이다.

식량이 모자랄 경우에 일어나는 변화

파구에라 섬의 붉은털원숭이에서 상위 암컷이 조숙하고 새끼의 생존율이 높으며 번식 성공률도 높은 원인은 정확히 밝혀지지 않았으나 마카크와 일본원숭이에 대한 연구를 보면 먹이에 대한 경쟁이 중요한 변수로 나타나는 것을 알 수 있다. 볼프강 디투스는 스리랑카의 작은 섬에 서식하는 500마리의 토크 마카크 집단에서 사회적 경쟁의 결과로 생기는 인구학적인 영향을 10년 이상 연구했다. 토크 마카크는 마카크속의 다른 많은 원숭이와 마찬가지로 한 마리 혹은 여러 마리의 수컷이 집단을 형성하며 다른 마카크속과 마찬가지로 과일, 종자, 식물의 수액 등을 주로 먹는다. 식량이 풍부할 때는 나중에 꺼내 먹을 수 있도록 신축성이 있는 볼주머니 속에 먹이를 저장해 놓는다. 그들의 볼주머니는 먹이 경쟁에 적합하도록 만들어져 있어서 먹이를 채워 넣으면서도 일차적인 소화를 한다. 토크 마카크는 나무 위에서 생활을 하고, 모호크 인디언과 같이 흐트러진 머리와 아주 작은 몸집을 갖고 있어 마카크속의 다른 원숭이와 쉽게 구별된다.

먹이를 놓고 격렬한 경쟁을 벌이는 토크 마카크가 하는 위협적인 행동의 80퍼센트는 식량채집 과정에서 생긴다. 그들은 채집 중에 위협적인 행동을 함으로써 다른 원숭이의 접근을 막는다. 상위 원숭이가 먹이를 먹는 동안 위협을 받은 하위 원숭이는 그 자리에 가만히 앉아서 기다린다. 반면 하위 원숭이가 식량을 채집하고 있으면 상위 원숭이가 와서 하위 원숭이를 쫓아내고 그 자리를 차지하는 것이 보통이다.

상위 원숭이의 먹이 탈취가 더욱 극단적으로 일어나는 경우도 있다. 비교적 최근에 순위가 밀려나 무리 주변으로 쫓겨난 성숙한 수컷이 자신보다 연상인 암컷의 볼주머니에서 먹이를 자연스럽게 꺼내 먹는 것이 관찰된 적이 있다. 디투스에 따르면 이런 사건은 보통 먹이가 부족한 시기에 일어난다고 한다. 보나 마나 하위 암컷의 그 이후의 운명은 더욱 비참해졌을 것이다.

식량이 부족해지면 순위가 낮은 동물은 먹이가 비교적 풍부한 장소에서 추방당하기 때문에 식량채집 능률이 떨어지고 몸무게가 감소하는 형태로 서열의 차이가 나타난다. 디투스가 연구를 시작한 뒤 6년 반 동안 토크 마카크의 집단 구성은 매년 변했지만 전체적인 규모는 일정했다. 중요한 것은 식량이 부족한 시기와 하위 원숭이, 특히 어린 새끼의 사망률이 급격히 증가하는 시기가 서로 일치한다는 것이다.

이러한 사실을 토대로 디투스는 토크 마카크 집단의 크기가 일정하게 유지되는 것은 바로 먹이를 놓고 벌이는 경쟁 때문이라고 결론을 내렸다. 집단의 규모가 식량 경쟁에 의해 조절된다고 하는 디투스의 가설을 지지하는 유사한 자료를 일본의 모리 아키오가 제기했다.

모리의 연구는 일본원숭이 스물네 마리로 구성된 단일 집단을 코시마 섬에서 방목 사육하는 과정에서 일어난 이상한 상황을 발견하면서부터 시작됐다. 코시마 섬 원숭이는 모두 일본 정부가 '천연기념물'로 지정했다. 1952년과 1963년에는 이러한 반야생 상태의 일본원숭이 무리를 원주민들이 산발적으로 포획했다. 그러나 1964년부터 먹이가 무제한으로 공급되자 개체 수가 급증해 코시마 섬의 원숭이 밀도는 1제곱킬로미터 343마리에 달했다. 이것은 똑같은 서식환경에 있는 야생 집단에 비해 10배나 밀도가 높은 것이다. 그러다가 1972년 갑작스럽게 먹이 공급이 중단된 뒤 일어난 사건을 모리 아키오는 다음과 같이 전한다.

먼저 출산율이 급격히 줄어들었고 늙은 암컷과 젊은 암컷, 특히 어린 새끼들의 사망률이 높아졌으며 성숙한 암컷의 초산 연령도 높아졌다. 암컷은 보통 5세가 되면 성적으로 성숙해지지만 식량부족 이후에는 6세 이상이 돼야 성적인 행동을 시작했다. 식량공급이 중지된 뒤 모든 암컷의 체중이 감소했지만 상위 서열의 모친을 갖고 있는 성숙한 딸은 하위 암컷만큼 체중이 줄어들지는 않았다. 체중이 줄어든 하위 암컷의 새끼들이 높은 사망률을 보였다. 그 뒤 5년간 수집한 자료를 근거로 모리는 "어미와 새끼의 생존은 분만 뒤에도 어미가 체중을 유지할 수 있는가에 달려 있다"는 결론을 내렸다. 이때 암컷이 선택할 수 있는 길이란 모계의 친족에게 보호를 호소하든

토크 마카크

가, 자기가 원하는 곳에서 먹이를 섭취할 수 있는 상위 원숭이에게 가까이 가는 것이다.

이렇게 보면 생존과 건강한 새끼의 출산이 전적으로 경쟁의 문제만은 아닌 것 같다. 지금까지 설명한 혈연관계, 동맹관계, 공동책임의 육아가 중요한 역할을 하는 경우는 영장류 이외 포유류에서는 거의 찾아볼 수 없다. 이밖에도 추운 밤에 서로 몸을 기대거나 털 고르기를 하거나 긴장을 풀어 주는 포옹, 집단의 새끼들에 대한 집단 전체의 관용과 원조 등이 원숭이 무리의 사회생활을 부드럽게 해주는 중요한 요소들이다. 그러나 이러한 협동도 경쟁과 분리해 생각할 수는 없다. 친족들과 함께 지위가 상승하고 하강하는 것이 마카크속의 생활 현실이며 그렇기 때문에 암컷은 친족과 상호 의존해야 한다는 것이 마카크 사회에서 볼 수 있는 불가사의하면서 흥미로운 휴머니즘적인 특징이다. 이것으로 붉은털원숭이와 일본원숭이의 늙은 암컷에게 부여되는 높은 사회적 지위를 설명할 수 있다. 그러한 '여가장'은 그녀보다 더욱 젊고 활력이 넘치며 때로는 체중도 무겁고 힘도 센 자손들로부터 존경을 계속 받게 될 것이다.

계층 상승이냐 추락이냐

모계를 통한 서열의 계승과 고도로 안정된 암컷의 서열관계가 긴꼬리원숭이와 침팬지와 같은 유인원의 특징이지만, 이러한 시스템이 모든 영장류에서 보편적인 것은 결코 아니다. 중남미의 망토 고함원숭이와 구세계 원숭이의 콜러버스 계열에 속하는 하누만 랑구르에서는 암컷의 서열이 1년 내내 계속 변한다. 적극적인 젊은 암컷은 위계질서를 따라 서열이 계속 상승해, 첫째나 둘째 새끼를 낳을 때쯤에 최정상에 도달하고 그 뒤는 매년 서서히 서열이 낮아지는 것이 일반적인 경향이다. 고함원숭이나 랑구르 무리를 어떤 시점에서 표본조사를 해보면 젊은 암컷에서 중년까지의 암컷이 서열의 상위 절반을 차지하고, 늙은 암컷과 미성숙한 암컷이 하부를 이루는 사회조직을 갖고 있다.

고함원숭이는 수컷과 암컷 모두가 태어난 집단을 떠나 새로운 집단에 합류하는 몇 안 되는 영장류다. 클라라 존스는 고함원숭이의 사회조직을 일차로 분석한 뒤 암컷의 서열에 관한 도발적인 가설을 제시했다. 존스에 의하면 고함원숭이가 좋아하는 독이 없고 맛있는 나뭇잎은 그 양이 극히 제한되어 있어서 좋은 먹이 장소를 차지한 그룹에 들어가려고 암컷끼리 서로 경쟁한다고 한다. 암컷의 장기적인 생존과 번식의 성공은 이러한 그룹 속에서 확실한 지위를 확보할 수 있는가에 달려 있으므로 젊은 원숭이들은 높은 서열에 오르든지 아니면 떠나든지 둘 중 하나를 택해야 한다. 만일 암컷이 젊었을 때 집단에서 높은 서열을 차지하지 못한다면 그 집단에서는 성공적으로 살아갈 수 없다. 존스가 말한 바와 같이 "망토 고함원숭이의 우열관계 법칙은 '상승하느냐 떠나느냐' 둘 중 하나다." 여기서 암컷은 서열 자체를 놓고 경쟁하는 것이 아니라 어떤 그룹에 새로 들어가거나 남아 있을 기회를 놓고 경쟁하는 것이다. 이러한 시스템에서는 다음과 같은 결과가 생길 수밖에 없다. 즉 외부에서 무리 안으로 들어오려는 젊은 암컷은 손해 볼 것이 적은 반면에 얻을 것은 많다. 그들은 기존의 무리 안에서 일정한 지위를 차지하는 다른 구성원들에 비해 훨씬 강력하고 공격적으로 될 수 있는 것이다.

랑구르의 경우는 아주 다르다. 암컷에 관한 한 랑구르 무리는 폐쇄적인 사회 단위로 되어 있다. 또한 같은 무리에서 태어난 새끼는 같은 수컷의 자식인 경우가 많아서 동년배의 새끼는 보통 모계나 부계를 통해 서로 친척관계에 있다. 이것은 무리가 크고 여러 마리의 리더 수컷이 동시에 번식 활동을 하는 마카크속의 상황과는 커다란 차이가 있다. 랑구르의 경우 동일 집단 내의 암컷끼리는 혈연관계가 강하기 때문에 늙은 암컷이 젊은 암컷에게 지위를 양보하기에 유리하다. 번식이 끝난 늙은 암컷은 번식력이 있는 젊은 암컷에게 모든 자원에 대한 우선권을 줌과 동시에 친척의 행복을 위해 남은 힘을 쏟는 것이 당연하다. 이러한 모델로 서열이 아주 낮은 늙은 암컷 '솔'(5장 참조)의 행동도 설명할 수 있다. 그녀는 서열이 낮음에도 불구하고 무리에서 태어난 새끼를 살해하려는 수컷의 끈질긴 공역을 방어하는 데 가장 적극적이고 공격적인 역할을 했다. 랑구르에 대한 이런 모델은 상위와 하위 암컷 모두에게 이익이 되고 그들의 협동과 우열관계를 구별하기가 어렵다.

계층은 어떻게 뒤바뀌는가?

긴꼬리원숭이과 원숭이에서 나타나는 족벌주의적 체계만이 영장류가 선택할 수 있는 유일한 길은 아니다. 족벌주의 원숭이 사회에서 서열이 낮은 개체가 받고 있는 불이익이 얼마나 많은지를 생각해 보면 왜 이런 사회체계가 존속하고 있는지 놀라지 않을 수 없다. 이처럼 엄청난 차별에도 불구하고 왜 하위 암컷이 이런 체제 속에 계속 남아 있을까? 왜 이들은 굴종할 수밖에 없는 제도를 받아들이는가? 우위성은 가족간의 강력한 동맹에 의해 유지된다. 그러나 우월한 계보가 커져서 하위 계보에게 가해지는 압박이 커지는 경우 하위 계보가 무리에서 이탈하기도 한다. 이렇게 분리되어 나온 집단은 모집단의 생활 반경 한 모퉁이에 모여 살거나 새로운 곳으로 밀려나기도 하는데, 이들을 이끌고 이탈하는 것은 하위 계보 가운데서도 가장 높은 서열에 있는 암컷이다. 대부분의 경우 이렇게 분리된 집단은 새로운 생활권에 정착하지 못하지만 극히 일부는 성공해 번성하기도 하는데, 극히 드문 일이지만 이런 경우 새로운 종의 출현으로 이어질 수도 있다.

하위 암컷이 족벌 체제에 반기를 드는 또 하나의 방법은 기회가 무르익기를 기다렸다가 반란을 일으키는 것이다. 마카크와 비비의 사회관계는 상당히 안정되어 있지만 전통적인 사회가 붕괴되는 일도 생긴다. 때로는 딸이 어미보다 상위 서열로 올라가기도 하고 성숙한 뒤에도 오랫동안 언니가 동생을 못살게 구는 경우도 있다. 어떤 상황에서 사회 체계가 붕괴되면 사회조직이 정상적으로 움직일 때보다 훨씬 많은 새로운 사실들을 알 수 있는데 어떤 경우에는 은폐됐던 긴장관계가 드러나기

게잡이 마카크

도 한다. 또한 서열이 낮은 원숭이들이 자발적으로 낮은 서열을 받아들이는 것이 아니라 사실은 억압에 의해 강요당하고 있다는 것을 확실히 알 수 있다. 이러한 사태가 일어나면 친족 간의 동맹이 더욱 중요해진다. 반란을 일으킨 암컷이 자신이 속한 계보의 전체적인 지위를 상승시키는 데 성공하기 위해서는 언제나 계보 내의 친족 간의 협동 혹은 다른 계보의 수컷과의 일시적인 동맹이 필요하다. 순위 역전 현상은 마카크속의 많은 종에서 관찰되는데 붉은털원숭이, 일본원숭이, 사육하는 돼지 꼬리 마카크와 게잡이 마카크에서도 볼 수 있을 뿐만 아니라 사바나 비비에서도 관찰된다. 이러한 반란은 영향력을 갖고 있는 원숭이가 힘을 잃거나 죽는 경우와 같은 내부적인 사건에 의해서 일어날 뿐만 아니라 새로운 수컷의 침입과 같은 외적인 요인에 의해서도 일어난다. 새로 들어온 수컷과 신분상승을 노리는 수컷에게 암컷의 지원이 절대적인 것과 마찬가지로 계보가 높은 서열을 계속 유지하거나 하위 계보가 더 높은 서열로 올라가고자 할 때는 수컷의 지원이 결정적인 요인이 된다. 일단 집단의 정상적인

안정이 깨지면 보통 사투에 가까운 투쟁이 벌어진다.

태아의 가장 무서운 적은 누구일까?

지금부터 설명하는 게잡이 마카크의 반란은 실험적인 상황에서 일어난 것이지만 야생 원숭이에서도 매우 유사한 경우가 발견된다. 다른 점은 야생 원숭이의 경우와 달리 실험적 상황에서는 암컷의 계보 관계와 번식력을 자세하고 정확히 알 수 있다는 것과 인위적으로 하위 암컷의 성적 활동을 연장시킴으로써 반란이 일어날 수 있는 결정적인 환경을 만들어 주었다는 것이다. 영국의 버밍햄에서 사육되던 게잡이 마카크 집단은 5년 이상이나 안정된 사회를 유지하고 있었다. 이들 집단에서는 모계 계보 A가 B계보에 대해 확실한 우위를 차지했다. 그동안 리더 수컷인 '퍼시Percy'는 A 계보의 창시자 암컷과 계속 친밀한 관계를 맺고 있었으나 B계보를 창시한 암컷 '베티Betty'가 반란에 성공함으로써 그동안 유지됐던 사회질서가 완전히 붕괴됐다.

이 사건을 보고한 학자는 베티의 자궁 속에 어떤 장치를 삽입해 매월 성적으로 수용상태를 유지시킨 것이 반란을 성공시킨 원인이었다고 말한다. 그러한 장치를 한 베티는 퍼시와 A계보의 다른 암컷들과의 특수한 관계를 교란시키면서 자신은 퍼시와 오랫동안 배우자 관계를 유지할 수 있었다. A계보의 창시자가 임신한 동안 베티와 최근에 성숙한 베티의 딸은 퍼시를 유혹해 계보간의 분쟁에서 자신을 지원해 주도록 매달렸다. 이어서 벌어진 전투과정에서 A계보의 창시자 암컷은 심각한 부상을 입고 죽어 버려서 B계보가 A계보보다 상위를 차지하게 되었다. 죽은 암컷을 부검한 결과 태아가 어미보다 먼저 죽어 있었는데 태아가 죽은 원인은 어미가 임신 중에 받은 스트레스와 관계가 있는 것으로 판단됐다.

흥미롭게도 탄자니아의 곰베 스트림 보호구에 사는 야생 비비에 대해서도 똑같은 순위 역전 사례가 보고됐다. 이 경우에도 임신 중인 상위 암컷이 모녀 관계에 있는 세 마리의 하위 암컷에 떠밀려 지위를 박탈당하고 쫓겨났는데, 쫓겨난 상위 암컷 자신은 살아남았지만 결국 유산했다. 유산은 찬탈자들에게 난타당해서 일어난 것으로 보인다. 이러한 사건은 수컷의 원조를 받아내는 데 암컷의 섹스가 중요한 역할을 한다는 것을 분명하게 보여 주지만 이 주제는 7장에서 좀더 자세히 설명하기로 한다. 번식능력은 단지 수컷이 암컷을 돌보도록 만드는 많은 요인의 하나에 불과하다는 것을 명심할 필요가 있다.

수컷을 움직이는 것은 암컷의 성적 매력인가?

남아프리카의 차크마 비비의 복수 수컷 무리를 자세히 연구한 로버트 시파스는 수컷이 특정한 암컷을 특별히 좋아하고 도와주긴 하지만 성적인 선호 때문에 그런 것은 분명히 아니라고 말한다. 암컷의 분쟁에 수컷이 개입해 어떤 암컷의 편을 들어준 경우를 보면 대부분 암컷이 발정하고 있지 않을 때였다. 수컷이 성적으로 배우자 관계를 맺는 암컷을 도와주는 경우는 전체의 17퍼센트뿐이었다. 시파스가 발견한 가장 중요한 것은 수컷과 암컷의 사회적 관계가 임신과 수유를 포함한 암컷의 전 번식과정 기간 동안 지속되는데, 그것도 암컷이 성적으로 수용기에 있을 때와 거의 똑같은 빈도로 유지된다는 것이다. 다시 말하면 비비 수컷이 '유혹'을 받아 암컷을 원조하는 경우도 있기는 하지만, 성적인 대가만이 수컷과 암컷의 결속을 유지시키는 유일한 요인은 아니라는 것이다.

이제까지는 과학 논문의 보수성 때문에 고등영장류의 유연성과 지성이 심각하게 과소평가되어 왔다. 심지어 원숭이가 의식을 갖고 있다는 것을 암시하는 것조차 피했는데, 시파스의 저서를 시작으로 비비의 사회관계를 분석한 최근의 연구결과들을 보면 비비의 동맹관계에는 기회주의적인 면이 있다는 것이 강조된다. 이런 표현 속에는 '전략'이라는 개념이 암시되어 있다. 원숭이도 특정한 사회적 상황에서 다양한 반응을 나타낼 수 있는데, 이러한 것을 분석하는 데 고정된 행동 패턴을 나타내는 '본능'이라는 개념은 별로 도움이 되지 않는다. 결국 비비 수컷이 어떤 싸움에서 특정 암컷이나 그 암컷의 새끼를 도와주는 것은 수컷이 그 뒤에 일어날지도 모르는 일련의 사건들, 예를 들어 원조를 받은 암컷과 앞으로 오랫동안 관계를 가질지도 모르는 사건을 고려한 것으로 보아야 한다. 이런 면에서 보면 수컷과 암컷이 거의 비슷한 전략을 갖고 있는 셈이다.

암컷 동맹의 두 가지 유형

이제까지 암컷의 동맹관계를 유지하는 기반으로 친족관계를 강조했는데 암컷과 수컷 사이의 동맹뿐 아니라 기회주의와 상호 이해관계에 기반을 둔 암컷의 동맹관계를 보고한 기록들이 있다. 시파스의 공동연구자인 도로시 체니는 사바나 비비 암컷의 동맹 형성에는 두 가지 유형이 있다고 보고했다. 비슷한 서열의 친족동맹과, 하위 암컷이 상위 암컷과 맺는 동맹이다. 체니의 연구에서 나타나는 '사회적 상승'은 일상적인 사회적 접촉이나, 가벼운 털 고르기, 상위 암컷과 다른 원숭이가 싸울 때 자발적인 원조와 같은 것에 기반을 둔 것이었다.

사회적인 대변동이 일어날 때는 서로 다른 계보에 속하는 원숭이끼리 극적인 동맹관계를 맺기도 한다. 케냐 서부에 사는 사바나 비비에 대한 최근의 보고가 그것을 증명해 준다. 영장류학자인 바버라 스무츠와 낸시 니콜슨은 이곳 비비 사이의 우열관계를 자세히 기록한 뒤 예측 가능한 위계질서가 존재한다는 것을 다음과 같이 밝혔다. "암컷들은 안정된 서열관계를 계속 유지하면서 모든 관습적인 규칙들을 잘 따르는 것으로 보였다. 그런데 몇몇 상위 암컷이 결성한 핵심적인 동맹관계가 어떤 사고로 깨지자 갑작스럽게 서열 체제가 붕괴됐다. 몇몇 상위 계보의 구성원들이 중간과 하위 계보 원숭이들의 도움을 받아 가장 높은 지위에 있던 암컷 네 마리를 내쫓았다. 이들 네 마리 암컷은 맨 밑바닥 서열로 떨어져 위에 있는 원숭이로부터 끊임없이 괴롭힘을 당했다." 스무츠와 니콜슨은 그때까지 알려진 일반적인 규칙에 위반되는 사례를 목격한 것인데, 그것은 매우 중요한 의미를 갖는 예외적인 사건이었다.

생활방식의 차이를 가져오는 결정적인 요인

그럼 여기서 관점을 바꿔 보자. 우리는 더 이상 원숭이 무리의 외곽을 따라다니면서 특정한 원숭이를 관찰하는 방관자가 아니다. 지금까지는 커다란 그림의 한 모퉁이에 있는 작은 조각을 본 것에 불과하다. 이번에는 종 전체를 생각해 종과 종을 비교해 보자. 어떤 암컷은 위계질서가 있는 다양한 계보가 모여 커다란 무리를 이루고 살아가는 데 비해 어떤 종의 암컷은 혈연관계가 있는 암컷으로 이루어진 작은 하렘에 모여 산다. 왜 이러한 차이가 생기게 된 것일까? 왜 어떤 원숭이 암컷(인드리)은 수컷과 일부일처의 짝을 이루며 사는 것일까? 또한 왜 어떤 영장류(오랑우탄)는 새끼를 데리고 혼자 돌아다니다가 번식할 때만 일시적으로 수컷과 함께 있는가? 이러한 의문들이 현대 영장류 연구에서 가장 중요한 문제가 되는 것으로 아직도 충분한 해답을 얻지 못했다.

이러한 문제들에 대해 의욕적인 연구를 하고 있는 사람이 영국의 영장류학자 리처드 랭함이다. 지금까지 일부 생물학자들은 영장류의 암컷과 암컷 경쟁이라는 복잡한 문제를 생물학적 시각으로 보려고 했다.

예를 들면 던버는 겔라다개코원숭이의 경우 서열이 높은 암컷이 다른 암컷보다 번식 성공도가 높은 원인으로 스트레스를 강조했는데, 그것은 기본적으로 사회생태학적인 해석 방법이다. 랭함은 영장류의 사회조직을 설명하는 일반적인 모델을 제시했다. 그의 모델은 자원을 놓고 벌이는 경쟁이 집단생활을 뒷받침하는 추진력이라는 가정에서 출발한다. 랭함의 모델에 의하면 특정한 식량자원에 대한 욕구와 기호성, 식량을 이용하는 능력에 따라 암컷의 분포가 결정된다고 한다. 소화능력은 종마다 다르다. 침팬지 등은 거의 전적으로 과일만 먹기 때문에 공간적으로 볼 때 한곳에 밀집돼 있지만, 고릴라 등은 나뭇잎과 같이 질은 나쁘지만 균일하게 분포하고 비교적 지속적으로 이용이 가능한 식량을 주식으로 하므로 비교적 고르게 분포한다. 이 두 종은 극단적인 예지만 대부분의 종은 이러한 양극단의 중간 어딘가에 위치한다. 결국 대부분의 영장류는 가능하면 소화하기 쉽고 영양도 풍부한 과일을 선호하지만 때로는 거친 나뭇잎도 함께 먹는다. 이러한 혼합식 전략은 암컷 사이의 결속에 매우 특별한 영향을 주었다.

암컷은 일단 먹이 장소에 정착하면 다른 암컷이 들어오는 것을 허용하든가, 아니면 싸워 내쫓든가 둘 중 하나를 선택해야 한다. 이 문제는 전적으로 암컷이 살아가는 생활방식에 달려 있다. 침팬지, 긴팔원숭이, 오랑우탄과 같이 과일을 주식으로 하는 원숭이는 식량이 시기적으로 한정되어 있고 한곳에 집중되어 있기 때문에 다른 암컷과 먹이 장소를 공유하기 싫어한다. 같은 장소에 있는 과일은 거의 동시에 익기 때문에 과일을 먹는 원숭이들이 같은 지역에 모여들면 각자의 욕구가 충족되기도 전에 자원이 고갈돼 버릴 것이다. 따라서 이들은 먹이 장소에 엷게 그리고 넓게 퍼져 있어야 한다. 이와는 대조적으로 고릴라와 같은 엽식성 원숭이는 거의 지속적으로 이용할 수 있고 균일하게 분포되어 있는 나뭇잎을 먹이로 이용하는데, 눈앞에는 언제나 푸른 세계가 널려 있다. 이러한 먹이는 질이 낮고 소화하기는 힘들지만 먹이가 풍부하게 존재하므로 이들은 서로 밀집해 사회집단을 형성할 수 있다는 이점을 가진다.

그러나 나뭇잎을 먹는다는 것은 생각만큼 쉬운 일이 아니다. 식물도 동물과 마찬가지로 생존을 위해, 동물에게 먹히지 않도록 다양한 형태의 독소와 쓴맛을 만들어 낸다. 따라서 간에 부담을 주지 않으면서 동시에 독에 중독되지 않고 소화시킬 수 있는 식물의 양은 각 동물마다 엄격하게 정해져 있어서, 이용할 수 있는 식물은 다양하지만 각각의 식물을 조금씩밖에는 먹지 못한다. 이것이 또한 엽식성 원숭이가 경쟁관계에 있는 다른 개체와 독성이 약한 식량을 공유할 수밖에 없는 또 다른 이유다. 랑구르의 위는 특이하게 매우 크고 여러 구획으로 나뉘어 있고, 각 구역에는 여러 가지 혐기성 세균이 살고 있는데, 이들이 식물의 독소나 단단한 섬유질을 분해해 포도당으로 만든다.

반추동물과 유사한 소화 시스템을 갖고 있는 랑구르는 다른 동물이 먹으면 죽는 스트리키닌네 *Strychnos noxvomica* 나뭇잎도 먹을 수 있다. 아무도 이런 식량을 놓고 랑구르와 경쟁하려고 하지는 않는다. 다른 원숭이 입장에서는 입에 맞지 않는 음식이 테이블에 가득 찬 것과 같다. 그러므로 어떤 종이 큰 그룹을 형성하면서 살아가는 것은 먹이 경쟁이 심하지 않다는 것으로 설명할 수 있지만, 왜 혈연관계가 있는 친족끼리만 결속하는지를 설명할 수는 없다.

엽식성 원숭이는 영양가가 낮고 소화가 잘되지 않는 것을 먹고도 살 수는 있지만, 만일 어린잎이나 새로 나온 순과 같이 훨씬 더 좋은 먹이가 있다면 서로 경쟁한다. 만일 암컷이 자원을 놓고 경쟁해야 하는 상황이라면 혈연관계에 있는 친척과는 경쟁하지 않을까? 친척이라 해도 서로 떨어져 있는 것이 좋지 않을까? 왜 친척끼리는 떨어져 있지 않을까? 친척이 가까이 있어서 생기는 명백한 불이익을 상쇄하고도 남을 만큼의 이득이 있어야만 서로 함께 생활하는 의미가 있을 것이다.

가장 커다란 이익은 다른 모계 계열로부터 가족의 먹이 장소를 지킬 수 있다는 것인데 친척들이 서로 협력해야만 공동의 먹이 장소를 지킬 수 있고 그래야 질이 좋은 식량을 계속 확보할 수 있다. 여기저기 흩어져 있는 식량자원을 지키려면 그룹의 협력이 필요하다. 강력한 그룹은 다른 그룹이 옆에 오지 못하게 함으로써 자원을 확실하게 독점할 수 있다. 그룹 내에서 일어나는 개체간의 경쟁은 이러한 더 크고 본질적인 이익에 수반되는 단순한 부작용에 지나지 않는다. 그래서 랭함은 혈연관계가 있는 암컷이 모여 사는 것이 적응하는 데 유리하기 위해서는 다음과 같은 두 가지가 전제되어야 한다고 말한다. 첫째, 원숭이들이 서식지 내에서 풍족한 식량자원에 의존해 살아갈 수 있어야만 한다. 그래야 각 개체들이 자원을 놓고 경쟁하는 데 드는 비용을 줄일 수 있다. 둘째, 과일과 같은 질이 좋은 식량을 이용하기 위해서는 혈연관계가 있는 친척이 서로 협력하며 생활하는 것이 경쟁 그룹에 대항해 자원을 지키는 데 유리하다.

암컷의 본성은 무엇인가?

랭함의 모델은 하누만 랑구르의 경우에 아주 잘 들어맞는다. 랑구르는 성숙한 잎을 먹으면서 생활할 수 있고 실제로 식량이 부족할 때는 그렇게 하기도 하지만 그들이 좋아하는 것은 과일이나 종자, 어린잎이다. 랑구르는 그들이 주식으로 하는 나무가 있는 일정한 범위를 생활권으로 살아가지만 그들이 좋아하는 식량이 인접한 그룹의 생활권 내에 있을 때는 경계를 넘어 침입하기도 한다. 인접한 두 무리의 경계 근처에 과일이 열린 나무가 있으면 무리 간에 격렬한 영역 싸움이 일어나는데, 수컷과 암컷이 한 몸이 되어 적을 쫓아내고 붙잡고 싸우거나 손으로 때리기도 한다.

수컷은 큰 소리로 짖어대며 날뛰기 때문에 수컷이 이러한 싸움에 참여하고 있다는 사실이 쉽게 눈에 띈다. 이런 이유 때문에 모계로부터 먹이 영역을 물려받은 암컷이 무리의 영역을 지속적으로 지켜왔다는 사실이 은폐되는 경우가 많았다. 그룹 생활을 하는 영장류에서 집단의 결속 강도는 강한 것에서 약한 것까지 스펙트럼처럼 연속적으로 나타난다. 한쪽 극단에는 영토적 속성이 강하고 서로 긴밀하게 얽히고설킨 모계 그룹이 있고, 또 다른 반대쪽 극단에는 식량자원을 지키기가 불가능하고 영토적 속성도 없으며 친척간의 결속도 별로 긴밀하지 않은 암컷 그룹이 있다. 후자와 같은 특징을 갖고 있는 종은 군거성 영장류 가운데서도 극히 일부밖에 없다. 고릴라와 망토비비의 암컷, 아마도 붉은 콜러버스 암컷도 영토를 지키지 않고 암컷 사이의 결속도 긴밀하지 않은 예에 속하는데, 이러한 종의 암컷과 수컷은 모두 그룹 간을 이동하는 특징을 갖고 있다.

랭함의 모델에 적용한다면 망토비비는 건조지대에 살고 있기 때문에 널리 산재해 있는 식량자원을 확보하기 위해서는 광대한 지역에 분산해서 살지 않으면 안 된다. 망토비비를 보면 지역적으로 집중된 질 좋은 먹이가 한곳에 모여 있는 비율이 극히 낮다. 고릴라에서도 과일은 전체 식물성 먹이의 2퍼센트 이하밖에 안 된다. 이 때

서로 다른 그룹의 하누만 랑그루 암컷이 만나다.

문에 고릴라 암컷은 자신이 선택한 수컷 근처에 다른 암컷이 모여 들어도 별로 잃을 것이 없고 타 집단으로부터 식량자원을 지킨다 해도 별로 얻을 것이 없다. 모든 환원주의적인 시도가 그러하듯이 랭함의 모델도 실제 생활의 복잡성을 무시하고 단순화시켜 일반화 한 것으로 영장류 사회생활의 복잡한 측면을 모두 고려한 것은 아 니다.

한 가지 예를 들어 보면, 랭함은 동일 집단의 암컷 동료가 육아에 서 차지하는 역할에 별다른 주의를 기울이지 않는다. 이런 이유로 랭함의 모델에 대한 논란이 거듭됐고 논란을 거치는 동안 모델은 점차 세련돼졌는데, 급기야는 전혀 다른 이론으로 바뀔지도 모른다. 그러나 오늘날 영장류의 사회구조에 대한 개략적인 윤곽은 다른 어 떤 모델보다도 랭함의 모델에 가장 잘 묘사돼 있다. 암컷은 다른 암 컷이나 다른 그룹과의 경쟁을 최소한으로 억제하면서 식량채집을 최대한으로 할 수 있는 방식으로 시간적·공간적 배치를 적절하게 선택한다. 또한 수컷은 분산된 암컷에게 접근하기 위해 흩어져서 혼자 살거나 수컷만의 무리를 만들어 살아간다. 수컷은 연령이나 육체적 조건, 기회에 따라 전략을 변화시키기도 하지만 암컷이 흩 어져 있다는 것이 수컷의 집단 형성을 방해하는 근본적인 구속 요 인이 된다는 것만은 변하지 않는다. 암컷이 집합해 있는 경우 암컷 무리를 차지하기 위한 수컷끼리의 경쟁이 치열하다. 암컷이 한 마 리인 경우에는 긴팔원숭이, 인드리, 마모셋, 티티원숭이와 같이 수 컷이 암컷과 함께 살아가면서 공동으로 영역을 방어하거나, 갈라 고, 오랑우탄과 같이 어미와 새끼로 구성된 단위 그룹 사이를 수컷 혼자 옮겨 다닌다. 문제는 결코 간단한 것이 아니다. 아직까지 여러 가지 의문덩어리가 남아 있다. 아무튼 암컷에 관한 새로운 연구는 착실히 진행되고 있어서 영장류 암컷의 '본성'을 다시 정의할 수 있게 되었다.

적극적인 암컷은 사회적 권력을 추구한다

암컷이 적극적이며 서열 지향적이라는 견해는 지금까지 영장류 암컷에 대해 갖고 있던 판에 박은 이미지와는 너무 다른 것이다. 지금까지 우리는 영장류의 암컷이 유아 양육에 얽매어 있어 사회적 지위와 같은 정치 문제에는 관심이 없고, 오직 어미로서의 역할에만 관심을 갖고 있는 것으로 생각해 왔다. 즉 "성숙한 수컷의 수와 수컷 간의 결속이 그룹의 전체적인 행동이나 그룹의 사회구조도 결정한다"고 보는 것이다. 이러한 견해를 피력하는 대표적인 책으로 1978년에 출판된 《암컷의 위계질서Female Hierarchies》를 들 수 있다. 이 책의 편자와 기고가들은 암컷 영장류가 경쟁적이라는 것에 대해, 혹은 암컷이 일상적으로 위계질서를 이루고 있다는 것을 소홀하게 취급한다. 이 책에서 버지니아 아버네티는 진화론적인 관점에서 암컷의 위계질서를 설명하면서 영장류 암컷의 위계질서를 "파악하기 어렵고 불안정한 것"으로 기술했다. 그녀는 자신이 수집한 증거를 바탕으로 다음과 같은 결론을 내릴 수밖에 없었다. "암컷이 순위경쟁에서 얻을 수 있는 이익은 거의 없다. 왜냐하면 암컷의 우위성은 지속적이지 않고 유아 양육에 비하면 별로 중요하지 않기 때문이다." 그러면서 그녀는 다음과 같이 덧붙인다.

오랜 진화 시간을 놓고 볼 때 암컷이 위계질서를 형성한다는 것은 아무런 이익이 없다. 일반적으로 암컷이 육아의 책임을 지고 있다는

것과, 위계질서를 갖는 조직이 육아에 실질적인 도움을 거의 주지 못
한다는 점을 알아야 한다. 그러므로 위계질서적인 행동이 결코 진화
적 선택압의 핵심이 될 수 없다는 것과, 위계질서를 만들려는 유전적
경향이 암컷의 행동을 결정하는 중요한 요인이 아니라는 결론을 내
리는 것은 논리적인 귀결이다.

같은 책의 마지막 장에서 조셉 셰퍼와 라이오닐 타이거는 암컷의
위계질서를 그들이 중요하다고 본 문헌을 종합하면서 한 가지 특별
한 사례를 언급했다. 그것은 이스라엘 키부츠의 부엌에서 일하는 여
성간의 위계질서 형성에 관한 것이다. 그들은 인류 여성에 대해서도
똑같은 결론을 내렸다. 그들이 발견한 인류 여성의 위계질서는 "규
율상 문제가 있고 권위를 받아들이려 하지 않으며 작업자 사이의 긴
장된 관계"가 특징인 "문제 있는 구조"였다. 게다가 키부츠에는 여
성의 위계질서를 나타낼 만한 것이 아무것도 없었다. 결론적으로 저
자들은 여성 사이에 공식적인 경쟁이 존재한다는 증거를 거의 발견
하지 못했다. 나 자신도 문헌을 조사했지만 결국 동일한 결론에 도
달했다. 사회과학에서도 여성간의 경쟁을 거의 아무런 언급도 하지
않고 있고 전혀 확실한 자료도 수집돼 있지 않다. 그렇다면 이것은
우리가 위에서 살펴본 사실과 정면으로 배치되는 것이다. 내가 이
장에서 요약한 증거를 생각해 본 사람이라면 영장류 암컷이 육아에
너무 골몰하기 때문에 그룹의 사회조직에 참여할 수 없다는 고루한
관념을 계속 믿을 사람은 아마도 없을 것이다.

만일 우리가 영장류를 가까이서 관찰해 본다면 한 가지 사고방식
만으로는 암컷을 설명할 수 없다는 것을 알 수 있을 것이다. 물론 종
래의 생각 가운데서도 어느 정도 진실이 있는 것만은 확실하지만 그

것은 단지 영장류 암컷이 일반적으로 번식에 대해 구속받고 있다는 것뿐이다. 그러나 암컷이 경쟁한다는 것, 특히 위계질서에서 높은 지위를 추구한다는 점도 번식에 대한 구속만큼이나 강력하면서도 보편적인 암컷의 특질임에는 틀림없다. 물질자원에 접근할 수 있는 권리야말로 성공적인 임신과 수유의 핵심임을 생각할 때, 그 능력은 곧 암컷이 어떤 지위를 차지하고 있는가와 너무도 밀접하게 관련되어 있음을 알 수 있다. 이 때문에 암컷의 지위, 그 자체가 하나의 목적이 되는 것이다.

자기 딸을 제외하고는 어떤 암컷도 자기 생활권으로 들어오는 것을 허용하지 않는 고독한 갈라고에서부터 수백 마리가 위계질서를 이루고 생활하는 붉은털원숭이 집단까지, 동료 암컷의 번식을 억압하는 아주 작은 마모셋에서부터 긴밀한 자매관계를 유지하며 먹이 장소를 방어하고 새끼를 약탈하려는 수컷으로부터 가족을 보호하는 랑구르에 이르기까지, 영장류 사회생활의 중심적인 조직 원리는 암컷끼리, 특히 암컷 계보간의 경쟁이다. 수컷이 일시적인 정치적 지위와 암컷에 대한 접근 권리를 놓고 경쟁하는 데 비해 암컷은 훨씬 더 지속적인 이해관계를 놓고 경쟁한다.

여성은 자신의 권리를 빼앗는 남성과 한패가 될 때가 많다

많은 종에서 보면 암컷의 서열은 오랫동안 지속되고 자녀들에게 계승되어 장기적인 이익을 준다. 그러나 암컷의 경쟁 방법이 수컷에 비해 덜 직접적이고 난폭하지 않기 때문에 알아내기가 어렵지만 사실 암컷은 수컷보다 더 경쟁적이다.

그런데 여기에 어려운 문제가 하나 있다. 잘 연구된 모든 영장류 종에서 암컷끼리의 경쟁이 밝혀지고 있는데 인간의 경우는 어떻게 생각하는 것이 좋을까? 물론 과학적인 분야를 떠나 역사나 문학, 우리의 개인적인 경험을 생각해 보면, 아주 경쟁적이고 교활하며 때로는 살인조차 할 수 있는 여성의 모습이 떠오른다. 여성이 경쟁하는 대상은 상속 재산일 수도 있고 자원을 지배하는 '최고의' 배우자일 수도 있다. 혹은 여왕이나 왕비와 같은 현실적인 권력일 수도 있으며 단순히 '이기기' 위한 경우도 있다. 당장 떠오르는 유명한 예만 들어봐도 리비아 여왕, 맥베스 부인, 존 대시우드 부인, 스톡홀름의 커피점에서 진지하게 이야기를 나누며 서로 교묘하게 속이는 스트린드버그 가의 두 명의 부인이 있다. 그러나 학문의 세계로 다시 돌아가 이처럼 경쟁하는 여성에 대한 결정적인 증거는 어디에 있는가? 증거가 없으면 여성 경쟁은 어디까지나 허구와 상상에 불과하다. 또한 사람들은 증거가 없으면 즉각적으로 반발하고 나설 것이다.

'잃어버린 고리'에 대한 해답을 찾는다는 것은 일종의 모험이지만 한 가지 의견으로 내 생각을 말해 보고 싶다. 인류 여성도 다른 영장류와 마찬가지로 경쟁적이다. 그리고 그것을 평가할 수 있는 아주 정교한 방법을 고안해 내기만 하면 증거를 찾을 수도 있다. 남성이 만든 단체조직과 비교할 만한 여성의 '계승되는 권위'나 위계질서를 찾으려는 여성들의 다양한 노력은 오늘날까지 계속되고 있다. 그러나 과학자들은 아직까지 여성이 정말로 중요한 영역에서 서로 경쟁한다는 것을 알아낼 만큼 체계적인 관찰력을 갖추지 못했다.

문제가 어려운 이유는 단순히 페미니스트들의 시야가 좁기 때문이라든가, 여성끼리의 경쟁이 남성 경쟁과 똑같은 형태를 취하고 있을 것이라는 잘못된 가정 때문만이 아니다. 그것은 여성간의 상호작용이 매우 미묘하기 때문이다. 다음과 같은 인간사회의 문제를 양적으로 평가하려 할 때 동물행동학자가 직면하는 문제를 생각해 보면 좋을 것이다. 예를 들면 친자매가 아닌 법적인 자매가 각자의 자식에게 상속될 가족의 재산을 놓고 경쟁하는 경우 혹은 자신의 '사회적 지위'가 가족 전체에 영향을 미치고 자신의 자녀가 성숙했을 때 그들의 지위를 결정할지도 모른다는 것을 알고 있는 어머니들이 지위를 놓고 벌이는 경쟁과 같은 것을 평가한다는 것은 매우 어려운 일이다. 자연 상태에서 이러한 행동을 수량적으로 연구한 것은 거의 없다. 인간이 꾸며내는 교묘하고 음흉한 모략, 비꼼, 속임수와 같은 일상적으로 일어나는 다양한 일들을 정량적으로 측정할 만한 방법이 아직 없다. 동물행동학자들도 이와 비교하면 단순한 문제를 취급하고 있는 데 불과하다. 인간이 일상적으로 꾸며내는 타인에 대한 중상모략을 어떻게 계량화할 수 있겠는가? 듣기 좋은 말로 포장된 빈정거림을 어떻게 측정할 수 있는가? 이러한 문제가 해결되지 않는 한 "여성의 본성 속에 경쟁적인 성격이 있다"는 가설은 하나의 일화로 끝날 것이고 직감적으로는 알 수 있다 해도 과학적으로 확인할 길은 없을 것이다.

그러나 이것들은 과학적인 문제 이상의 것이다. 우리는 여성의 본질적인 경쟁성을 증명할 수 있든 없든 간에 서로 상관이 없는 여성들이 오랫동안 함께 일해 온 잘 알려진 문제를 먼저 해결해야 한다. 캐롤라인 하일브론과 같은 페미니스트들은 "여성이 단결하지 않는다"고 거듭 탄식한다. 여권운동과 정치에서 여성의 역할을 역사적으로 연구해 온 역사가들도 똑같은 말을 여러 번 반복한다. 역사학자인 윌리엄 오닐은 "여성은 어디서도 자신을 여성으로 보지 않고 자신의 가족과 동일시하며 여성을 비정치적으로 만드는 역할 규정에 남성과 한패가 된다. 여성을 종종 소수집단과 비교하지만 결속력의 결핍이라는 점에서 여성은 소수집단과 구별된다. 인종이나 민족 집단은 서로 결속해 같은 사람에게 투표하고 자기 후보자를 지지해 그들에게 하나의 정치적인 세력을 만들어 주는 데 비해 여성 정치가들은 불행하게도 그런 세력을 갖고 있지 않다"고 말한다. 남성의 편견은 여성이 정치에 직접 참여하는 것을 가로막는 장애의 한 가지에 지나지 않는다. "왜 여성이 공직에 입후보하지 않는가 하는 질문 뒤에는, 왜 여성은 자신의 성性에 대해 일체감을 갖지 않고 자신의 성에 충실하지 않는가 하는 한층 더 근본적인 문제가 있다." 이 질문에 대한 답을 얻기 위해서는 여성의 문제를 대부분의 역사가들이 생각하는 것보다 훨씬 더 먼 수백만 년에 걸쳐 내려온 인류의 진화역사를 크고 먼 시각에서 바라볼 수 있어야 한다.

여성 섹스의 기원

7장

여성이란 정말로 엄청나게 복잡한 동물이다.

다른 동물은 대부분 발정기에 있거나 그렇지 않거나 둘 중 하나다.

누구나 그들이 어느 쪽에 있는지 안다.

그러나 여성은 그렇지 않다.

—앨런 애이크번, 1975

여성의 섹스에 대한 일반적인 오해

모로코의 군주였던 살인광 몰레이 이스마일, 야노마모 족의 족장 신본Shinbone, 메인 주 허드슨의 시민이었던 클리포드 커티스 옹. 이들은 두 가지 의미에서 불멸의 인간이 되었다. 첫째는 책에 기록된 사람들이라는 점이고, 둘째는 수십 명이 넘는 직계자손을 남겼다는 점이다. 이스마일은 888명, 신본은 43명, 커티스는 32명의 자식을 두었다. 이런 사례는 여성의 한정된 번식력에 비해 남자의 번식능력은 거의 무한대에 가깝다는 일반적인 인식을 확인시켜 준다. 한 여성이 아무리 많은 아이를 낳는다 해도 기껏해야 스무 명 정도일 것이고, 대부분의 전통적인 사회에서는 여성이 보통 다섯 명 이하의 자녀를 남긴다.

남녀간에 나타나는 이런 번식상의 근본적인 차이점에 대해서는 여러 가지 설명이 있다. 일부다처제에서는 돈 후안과 같이 가장 성공한 남성은 수백 명의 자녀를 남기는 데 비해 전혀 자식을 남기지 못하는 남성도 있어서, 그 생식 편차가 엄청나게 벌어진다. 반면 여성의 생식 편차는 훨씬 적어서 모든 여성이 대체로 비슷한 수의 자녀를 갖는다.

그러나 이러한 믿음이 바로 여성의 본질에 대한 일반적인 오해를 만들어 냈다. 번식 성공 면에서 수컷 사이에 나타나는 커다란 편차에만 관심을 집중했기 때문에, 상대적으로 번식 성공도의 폭이 좁은 암컷을 소홀히 취급했고, 심지어 여성에게는 번식 성공도의 차이 자체가 존재하지 않는 것으로 생각했다. 이 때문에 '경쟁하는 수컷'과 '양육하는 암컷'이라는 상반된 인식이 강조됐다. 최근 교과서에 나타난 사회생물학에 대한 몇 가지 중요한 부분을 발췌해서 생각해 보자. "대부분의 동물 집단에서 성숙한 암컷은 새끼를 낳고 기를 수 있는 한계치에 도달할 때까지 번식한다. 반면 수컷에게는 언제나 더 많은 새끼를 낳을 수 있는 가능성이 열려 있다." 수컷의 번식 성공은 암컷과 교미하기 위한 준비성과 열정에 좌우되기 때문에 성적으로 적극성을 갖는 수컷이 유리하도록 자연선택이 작용했을 것이다. 그러나 모든 암컷은 이미 번식능력의 한계에 도달할 때까지 번식해 왔기 때문에 수컷과 교미를 많이 한다 해도 특별히 이익이 될 것은 없다. 왜냐하면 교미를 많이 한다고 임신 횟수가 증가되는 것은 아니므로 대부분의 교미는 임신과 무관할 것이기 때문이다. 이 때문에 암컷은 성적으로 적극성을 갖도록 진화될 필요가 없었을 것이라는 주장이 제기된다.

사회생물학에서는 많은 암컷을 찾아다녀야 하고 동성 간에 경쟁을 벌여야 하는 수컷의 노고를 강조한다. 이런 견해가 수컷의 섹스를 인식하는 데 깊이 작용하며 암컷의 적극적인 섹스를 이해하려는 노력을 완전히 막아 버리고 말았다.

섹스에 대한 남성 중심적인 견해에는 최소한 두 가지 중대한 오해가 있다. 첫째, 모든 암컷이 자연 상태에서 번식능력의 한계까지 새끼를 낳고 있다고 생각하는 것이고, 둘째, 그 결과 암컷에게 더 이상 자연선택이 작용할 여지가 없다고 가정하는 것이다. 그러나 실제로는 암컷의 번식 성공도에서도 상당한 차이가 있다. 완전한 자연 상태에 있는 영장류 암컷을 일생 관찰한 자료는 아직 없지만, 10년 미만의 단기 자료를 보거나 아직 산업화되지 않은 미개한 인류사회를 봐도 암컷의 번식력이 개체에 따라 차이가 있다는 것은 확실하다. 더 중요한 문제는 미성숙아의 사망률도 어미가 누구냐에 달려 있다는 점이다.

11년에 걸쳐 166명의 부시맨 여성에 대한 출산 경력을 추적 조사한 낸시 호웰은 여성 한 명당 최대 출산 횟수는 다섯 번이고, 최저치는 제로였다고 보고했다. 또한 그녀가 컴퓨터 시뮬레이션 모델을 사용해 계산한 결과, "여성 전체의 52퍼센트가 단 한 명의 자녀도 낳지 않고, 자녀를 갖고 있는 여성 가운데 5퍼센트는 손자가 없었다"고 보고했다. 호웰은 부시맨에서 볼 수 있는 3~4년의 긴 출산간격은 식량채집 사회에서 여성이 성장과 수유, 임신에 필요한 지방을 다시 축적하는 데 시간이 오래 걸리기 때문이라고 주장한다. 호웰은 선조에 따라 덤불 생활을 하는 부시맨 여성과 같은 쿵 족에 속하는 여성이지만 반투의 우시장에서 일하는 남성과 결혼한 여성을 비교해 본 결과 다음의 사실을 발견했다. 우유와 곡식을 충분히 섭취할 수 있는 우시장 근처에 사는 여성이 일반적으로 더 뚱뚱하고 출산간격도 짧아지는 경향을 보인다는 점이다.

세네갈 동부의 베딕족과 시에라리온Sierra Leone의 오지에서 농사를 짓는 밤바라Bambara 추장국에 살고 있는 멘데족에 대해 조사한 결과를 보면, 일부다처제의 여성보다 단혼제의 여성이 더 많은 자녀를 갖고 있다. 농촌에 살고 있는 멘데족 여성 160명에 대한 배리 이사크의 연구에 의하면 단혼제 여성의 평균 출산율은 4.3명인 데 비해 일부다처제 여성의 평균은 3.7명이었다. 그러나 여기서 가장 흥미를 느낀 것은 일부다처제에서 '큰마님big wife', 즉 지위가 높은 상위 부인의 출산율이 단혼제 여성에 비해서도 상당히 높다는 것이었다. 이사크는 일부다처제 가정에서 상위 부인의 지위는 상당히 높기 때문에 하위 부인이나 단혼제 부인보다 훨씬 더 잘 먹고 육체적 노동도 적으며 심리적 스트레스도 적기 때문인 것 같다고 결론을 내렸다. 만일 이것이 사실이라면 순위에 따라 자원의 이용 능력과 출산력에 차이가 생길 수 있다는 것으로, 인류 이외의 영장류 암컷에서 나타나는 패턴과 아주 유사한 희귀한 인종학적 자료의 한 가지 예가 된다.

인간은 식량의 저장과 교환 체계뿐만 아니라 기근을 이겨낼 수 있는 여러 가지 보장 장치를 갖고 있기 때문에 여성은 영장류 암컷보다 적응도 면에서 커다란 차이를 보이지 않는다. 실제로 영장류의 암컷들은 적응도 면에서 상당한 차이를 보인다. 스리랑카의 야생 토크 마카크와 같은 여러 야생종에서 암컷의 서열과 영양 상태, 번식 성공도 간의 상관관계가 잘 밝혀져 있다. 볼프강 디투스는 식량이 부족한 시기에 토크 원숭이 집단의 약 70퍼센트 이상이 죽어 나갔다고 보고했다. 또한 그밖에 다른 연구를 종합해 봐도 상황이 악화됐을 때는 서열이 낮은 원숭이, 수유 중인 암컷, 미성숙한 원숭이와 같이 이미 생리적 스트레스를 받는 원숭이의 사망률이 상당히 높은 것을 알 수 있다. 특히 토크 원숭이의 경우는 사망한 원숭이의 85% 퍼센트가 성숙하기 전에 죽었다. 이런 자료를 보면 가혹한 선택압이 수컷뿐만 아니라 새끼를 보살피는 어미에게도 가해진다는 것을 알 수 있다. 영아를 살해하는 종에서 보면 수컷이 권력 투쟁을 벌이는 정치적으로 불안정한 시기에는 유아 사망률이 80퍼센트 이상 되는데, 그런 상태가 수년간 지속되기도 한다.

한편 새끼들의 생존율은 어미에 따라 큰 차이가 나기 때문에 자신의 새끼가 생존할 수 있는 기회를 조금이라도 높일 수 있는 행동은 어떤 것이든 자연선택적으로 선호됐을 것이다. 이제 곧 알게 되겠지만 암컷이 성적으로 적극성을 갖는다는 것도 바로 이런 맥락에서 어떤 기능을 갖고 있을 것이다.

이런 생각은 우리에게 두 번째 문제를 던져 준다. 그것은 성적인 적극성이 암컷에게는 적응 면에서 유리하지 않다는 견해와 관련된 것이다. 다시 말하면 교미는 수정 이외에 어떤 기능도 갖고 있지 않다는 것이다. 이런 가정은 암컷의 수태 능력이 수컷의 수태 능력에 비해 극히 한정되어 있다는 것과, 암컷에게는 교미할 상대인 수컷이 결코 부족하지 않기 때문에 암컷은 수컷만큼 교미 능력을 가질 필요는 없다고 보는 견해가 서로 결합된 것이다. 그 결과 자연선택은 성적으로 적극적인 암컷이 진화하도록 내버려두지 않았을 것이라는 결론을 이끌어 낸다.

여성의 성욕은 어떻게 설명할 수 있을까?

만일 그렇다면 여성에게 성욕이 있다는 것을 어떻게 설명할 수 있을까? 여성은 1년 내내 언제라도, 또한 한 달 내내 어떤 날에도, 성적 결합을 할 수 있는 능력을 갖고 있다. 여성의 경우 성적 수용성과 배란은 동의어가 아닌 것은 분명한데, 만일 성적 수용성이 임신과 결부된 것이 아니라면 번식과 관계가 없는 섹스란 도대체 무엇 때문에 진화된 것일까?

'지속적인 성적 수용 능력'을 시작으로 해서, 눈에 띄게 튀어나온 유방과 엉덩이와 같이 여성이 갖고 있는 독특한 특징에 대한 가장 일반적인 해석은 다음과 같은 것이다. 그와 같은 특징들은 원시 여성이 배우자인 남성에게 늘 지속적인 성적 매력을 보여 주기 위해 진화했다는 것이다. 이런 견해를 밝힌 가장 최초의 책이 데스몬드 모리스가 1976년에 펴낸 《털 없는 원숭이The Naked Ape》다. 평자들은 이 책을 '성차별을 하는 현생 영장류'에 관한 보고서라고 말한다. 모리스는 여성의 지속적인 성적 수용 능력, 유방, 엉덩이, 오르가슴의 발달이 인류 진화에서 결정적으로 중요했던 요소라고 말한다. 이 요소들이 파트너 쌍방에 호혜적인 보상을 제공함으로써 배우자 간의 결속을 굳게 만들었기 때문이라고 주장한다. 마찬가지로 인류의 체모가 줄어든 것과 고릴라와 침팬지에 비해 페니스가 이상할 정도로 커진 것도 서로를 매혹시키기 위한 것이라고 설명한다.

이런 성적 결속은 인류 여성이 무력하고 의존적인 어린 아이를 양육하기 위해 절대적으로 필요한 남성의 도움을 구하기 위해 불가피했던 것으로 생각됐다. 모리스의 책이 출판된 지 오래 되었건만, 다음과 같은 모리스 류의 견해가 오늘날까지도 광범위하게 받아들여지고 있다. 여성은 자신의 남자를 성적으로 매료시켜 옆에 붙잡아두기 위해 영장류 암컷과는 다르게 독특하게 성적으로 발달했다는 것이다. 또한 여성에게 오르가슴과 함께 지속적인 성적 수용 능력이 발달한 것은 남편의 성적 욕구를 만족시키기 위해 언제나 성교할 의지가 있다는 것을 보여 주는 것이며 사냥을 끝낸 남편이 반드시 자신의 캠프로 돌아오도록 하는 보증 수표였다는 견해다. 섹스에 대한 여성의 의지가 강해진 것이 '남성에 대한 서비스' 때문이었다거나, 좀더 이상한 추리지만 '여성이 한 남자에 쉽게 만족을 느끼기 위해'

오르가슴이 진화했다는 얘기도 모두 이런 견해의 연장선상에 있다.

이런 '짝결속pair-bonding' 가설이 광범위하게 받아들여지는 것은 수 세대에 걸친 서구학자들의 주관적 체험에서 비롯된 것이라는 데는 의심의 여지가 없다. 영장류에서 흔히 볼 수 있는 암컷과 수컷 사이의 상호결속을 무심코 넘어갈 사람은 거의 없을 것이다. 더구나 인간의 경우 성적 파트너 상호간에 사랑이나 우정과 같은 감정이 성접촉을 통해 얻는 희열에 의해 강화될 뿐만 아니라 지성, 섬세함, 나눔, 정성과 같은 다양한 요인에 의해서도 크게 증폭된다. 여성이 일부일처제의 짝결속을 강화하고 자녀에 대한 남성의 투자를 이끌어내기 위해 성적 능력을 발달시켰다는 생각과 일치하는 객관적인 증거도 여러 가지 있다.

예를 들면 마스터즈와 존슨은 임신 전기와 중기에 여성에게 리비도가 증가한다고 보고했다. 이것은 여성이 남자의 협력을 절실히 필요로 할 때 성적 수용 능력이 증대된다고 하는 모리스의 가설과 일치한다. 더욱이 부부관계의 안정과 지속이 강조되는 문화에서는 성교 전에 더욱더 정성스런 전희를 갖는 경향이 있다. 또한 인간에게서 볼 수 있는 지속적인 성적 수용 능력은 마모셋과 같이 단혼제를 하는 영장류의 성행동 패턴과 유사하다는 지적도 있다. 마모셋 수컷은 배우자가 낳은 새끼에게 상당히 많이 투자한다. 마모셋도 인간과 마찬가지로 짝짓기 초기단계에 교미 빈도가 높은 것이 특징이지만 일단 배우자 관계가 확립되면 월경주기 전 기간을 통해 볼 때 교미 빈도는 낮은 수준에서 정착된다. 또한 마모셋 암컷은 배란이 일어나는 월경주기의 중간기에 성적 수용 능력이 높아지지만 월경은 눈으로 볼 수 있는 변화가 전혀 없기 때문에 배란기를 알아내기가 인간보다 더 어렵다.

이와 같은 증거를 고려하면 짝결속과 부친의 양육 투자, 암컷의 지속적인 성적 수용 능력은 어떤 상관관계를 가지고 진화했을 가능성이 높다.

여성도 섹스 자체를 목적으로 삼는다

그러나 여성만이 짝결속을 강화시키고 아비의 양육 투자를 확보하기 위해 독특하게 성적 능력을 증가시켰다고 하는 이론은, 마모셋이나 다른 영장류의 성행동에 대한 사례들을 볼 때 설득력이 떨어진다. 최근의 연구내용을 자세하게 설명하기 전에 번식 전략에 관한 자료를 충분히 갖고 있는 영장류는 한 종만이 아니라는 것을 강조하고 싶다. 사육 중이거나 자연 상태의 영장류에 대해 수천 시간 관찰했지만 아직 명확한 해답을 내리기는 어렵다. 단지 여기서는 여성의 성적 능력에 대한 종래의 막연한 해석을 대신할 만하고 지금까지 얻을 수 있는 증거와 비교적 잘 일치하고 가능한 편견을 제거한 좀더 그럴듯한 가설을 제시하고자 한다.

아직 전체적인 그림은 완성되지 않았지만 영장류의 성적 행동은 지금까지 생각해 온 것보다 훨씬 중요한 의미를 갖고 있다는 것이 명확해지고 있다. 영장류 암컷이 임신 가능성이 없는 시기에도 성행위에 탐닉한다거나 임신하는 데 필요한 것보다 훨씬 더 많은 빈도로 또 필요 이상으로 많은 파트너와 성행위를 가지려 하는 것에 대해서는 설명이 필요하다. 여성이 배란기 이외에도 성행위를 하거나 탐닉하는 것은 자녀에 대한 남성의 양육 투자를 이끌어내기 위한 것이라는 이전의 가설에 대한 증거가 없는 것은 아니다. 하지만 그러한 이론만으로는 인류 이외의 많은 영장류 암컷이 생식과 관련이 없는 비생산적인 교미에 열중한다는 사실을 설명할 수는 없을 것이다.

인간을 제외한 유인원에 대한 여러 가지 새로운 사실도 인간의 사랑 행위가 특별히 복잡하다는 생각만큼은 뒤엎지 못하고 있다. 그것은 고도로 훈련된 침팬지가 상징물을 사용해 의사소통한다 해도 인간이 언어를 사용해 의사소통하는 것과 비교할 수 없는 것과 마찬가지다. 그러나 이런 발견은 정도의 차이가 있기는 하지만 사고능력이 높은 것이 인류만의 독특한 본질이라는 생각에 경종을 울려 줄 수 있다. 애무와 마주보는 자세의 정상위 교미, 성적인 의미에서 오래 마주보기 등은 원초적인 형태지만 유인원에서도 찾아볼 수 있는 것들이다. 비루티 갈디카스는 보르네오 중부의 오랑우탄이 나무에 매달려 서로 마주보고 교미하는 것을 여러 번 목격했는데, 삽입 상태는 3분에서 10분간 지속됐고 거의 언제나 교미 전에 수컷이 암컷의 성기에 키스했다. 성숙한 수컷은 삽입 직전 또는 삽입 중에 오랫동안 고통스런 신음소리를 냈다. 상대의 성기를 서로 자극하는 것은 사육 중인 고릴라, 오랑우탄, 침팬지, 피그미침팬지 같은 유인원에서 자주 관찰된다. 이것은 관찰이 쉽다는 것 말고도, 원숭이들이 사육 상태에서는 자연 상태보다 지루해하기 때문인 것 같다. 예를 들어 피그미침팬지 가운데는 상대의 성기 부분을 한 발로 희롱하기도 하지만 가장 쉽게 관찰할 수 있는 것은 교미시의 바라보기인데 쌍방이 의도적으로 서로 마주보고 눈을 응시한다. 인간에게서 볼 수 있는 미소나 키스, 장난질과 전희와 같은 특징적인 행동도 영장류에서 그 원형을 찾아볼 수 있는데, 예를 들면 다음과 같다. 순종, 양보, 크게 벌린 입과 찡그린 얼굴, 손잡기, 포옹, 입술을 맞대는 행위 등은 영장류에서도 흔히 볼 수 있는 것들이다.

성적으로 세련된 인류가 영장류의 연장선상에서 고도로 에로틱한 한쪽 극단을 차지한다는 것은 의심할 여지가 없다. 이런 인류의

침팬지

위치에 대해 적절한 설명이 필요한 것은 확실하지만 그렇다고 유독 인류에게만 적용되는 특별한 설명이 꼭 필요한 것은 아니다. 인류는 극단적인 예라고는 할 수 있어도, 독특한 별개의 존재는 아니다. 인류의 에로티시즘을 이해하기 위해서는 그럴듯한 공상과학 소설과 마찬가지로 최소한 다음과 같은 한 가지 가능성을 마음속에 그려보는 것이 좋을 것이다. 즉 미래의 침팬지들이 비록 아주 초보적인 수준이지만 신체 언어를 사용해서 카마수트라와 같은 이야기를 자기들끼리 전해 내려갈지도 모른다는 것이다.

월경 중에는 성적 욕구가 증가된다

영장류 암컷의 경우 대체적으로 월경주기 중간에 두 개의 난소 가운데 한쪽에서 한 개의 난자가 배출된다. 인간과 대부분의 원숭이의 월경주기는 30일 내외인데 어떤 종은 7일밖에 안 되는 것이 있는가 하면 60일까지 가는 긴 경우도 있다. 여성 가운데는 배란 때 상당한 통증이 수반되는 이른바 '배란통'을 호소하는 사람도 있지만 대다수 여성은 배란 시기를 거의 느끼지 못한다. 다만 거의 의식할 수 없을 정도의 체온상승과 실험실에서 분석해 봐야 알 수 있을 정도의 에스트로겐 같은 호르몬의 분비량 증가가 있을 뿐이다.

인류사회의 경우 월경 중이나 분만 직후 등 특정한 시기에 성적 관계를 갖는 것을 터부시하거나 금지하는 문화집단이 많지만 여성은 월경주기 언제든 성행위를 할 수 있다. 인류의 성교 빈도에 대한 통계자료는 아직 극히 빈약하지만 최근의 연구에 의하면, 미국의 기혼 여성은 한 달에 평균 10회의 성행위를 한다. 이런 성행위가 월경주기의 중간에 이루어질 가능성이 높다는 연구도 있기는 하지만 그 문제는 아직 논란이 많다. 1978년 코네티컷 대학에서 기혼 여성에 대해 연구한 심리학자 팀인 데이빗 아담스, 안네 부트, 엘리스 로스골드는 배란기에 성행위가 피크를 이룬다고 보고했으나 이전에 실시된 연구에서는 월경 중간기에 특별한 피크가 나타나지 않는다고 보고됐다. 이런 상반된 연구결과는 서로 조사 계획이 다르기 때문에 나타나는 것이다. 이전의 조사에서는 남성이 주도한 성행위도 포함했기 때문에 여성 자신의 자연스런 리비도의 주기성이 분명히 나타나지 못했던 것 같다. 반면 새로운 조사는 여성이 성행위를 주도하거나 적어도 남녀 쌍방이 같이 시작한 성행위에 초점을 맞춘 것으로서, 여성이 월경 중간기에 특별히 성적 수용성이 높다는 이들의 보고는 거센 반대를 불러일으켰다.

이들의 조사결과가 논쟁의 여지가 있기는 하지만 그것은 칼라하리 사막에 사는 부시맨의 일부인 쿵산족 여성에 관한 최근의 연구결과와 일치한다. 쿵산족에 대한 연구는 쿵산족 여성에 대한 철저한 인터뷰를 실시함과 동시에 채취한 혈액의 호르몬을 분석해 종합한 것이다. 캐롤 월스먼, 마조리 쇼스택, 멜 코너가 조사한 바에 의하면 쿵산족 여성의 경우 통계적으로 월경 중간기에 성행위의 피크를 보이는 한편 오르가슴에 도달할 확률도 같이 높았다. 또한 인터뷰 결과 이 시기에는 남편뿐만 아니라 애인과도 성관계를 많이 갖는다는 것을 알 수 있었다.

만일 정말로 월경 중간기에 인류 여성의 리비도가 증가한다면 우리 인류도 이 점에서는 다른 영장류와 같다. 대부분의 원숭이나 유인원은 배란기가 되면 성행동이 급격하게 활발해진다. 이와 같은 성적 수용 능력의 피크는 다수의 수컷이 있는 영장류 무리에서 뚜렷하게 나타난다. 그리고 암컷 생식기의 외음부 주변이 마치 물집처럼 부풀어 오르면서 포도주색으로 팽창하여 눈에 보이는 신호를 보내는 경우가 많다. 이러한 외형상의 변화와 함께 행동상의 변화도 일어나는데 이것이 이른바 발정이라는 것이다.

인간에게는 왜 발정기가 없는가?

암컷은 발정기 이외의 기간이나 임신과 수유기에는 성행동에 거의 흥미를 보이지 않는다. 그러나 비비의 경우 일단 발정하면 한 번의 발정기에 100회 정도 교미한다. 발정기의 암컷이 10시간 동안 서로 다른 세 마리 수컷과 23회 교미했다는 기록도 있다. 이런 광적인 성적 활동은 엄청난 에너지를 소모하고 또 같은 종의 동료로부터 습격 받거나 상처입을 위험도 있다. 발정을 의미하는 에스트러스estrus는 그리스어로 쇠파리를 의미하는데, 그 속에는 내분비계의 일시적인 변동이 마치 파리가 갑자기 날아가듯이 갑작스럽고 격렬하게 일어나기 때문에 암컷이 열광적으로 빠져 들어간다는 의미도 내포하고 있다.

역사적으로 볼 때 월경 중간기에 암컷의 생식기가 눈에 띄게 팽창하는 성적 팽창을 나타내는 비비, 망가베이원숭이, 침팬지가 영장류 전체를 대표하는 모델로 받아들여졌다. 왜냐하면 이들에 대한 연구가 가장 오래전부터 비교적 자세히 이루어졌기 때문이다. 이런 영장류는 배란의 시각적 징후를 나타내지 않는 인류 여성과는 아주 대조적이다. 성적 팽창과 성행위의 엄밀한 주기성이 인류가 탄생하기 이전에 모든 영장류의 특징이었다고 가정했기 때문에 다음과 같은 잘못된 의문이 생기게 됐다. 인류 진화과정에서 발정이 사라진 것은 어떤 이유일까? 왜 배란이 은폐되었을까? 왜 인류 여성은 언제나 성적 수용 능력을 갖게 되었을까?

데스몬드 모리스와 다른 사람들이 '수렵 가설'을 세우게 된 것도 이런 맥락에서다. 그들의 모델은 특히 무기력한 어린아이의 생존을 위해서는 짝결속이 보증될 필요가 있었다는 가설을 기초로 한 것이다.

첫째, 생존을 위해 인류는 사냥을 해야만 했다. 둘째, 인류는 사냥하기에는 몸집이 빈약하기 때문에 그것을 보완하기 위해서는 두뇌가 더 발달해야 했다. 셋째, 그처럼 커다란 뇌를 성장시키고 교육시키기 위해서는 성장기가 길어야 했다. 넷째, 여자는 남자가 사냥을 하러 집을 나가면 집에 남아 아이를 양육해야 했다. 다섯째, 남자는 사냥할 때 서로 힘을 합쳐야 했다. 여섯째, 성공적인 사냥을 위해서는 두 발로 서서 무기를 사용해야 했다. 또한 여자는 남자와 짝을 이루어야 했다. 그리고 연약한 남자들을 서로 협력해서 사냥을 하게 만들려면

… 그들에게 더 많은 성적 권리를 주어야 했다. … 남자도 역시 짝을 이루는 것이 필요했다.

모리스와 같은 사람들이 그리고 있는 위와 같은 그림은, 발정기 상실과 지속적 성적 수용 능력의 발달이 남자와의 짝결속을 강화하고 그 과정에서 집단의 결속도 더욱 강화시키기 위해 인류가 찾아낸 독특한 적응 방법이라는 것이다. 제인 랭키스디는 "만일 이성이 발정한다면 남성의 협동이 가능했겠는가? 만일 식물성 식량이 부족해 사냥이 불가피한 경우라 해도 발정으로 몸이 달아오른 여성을 집에 놔두고 어떤 남성이 사냥을 나가겠는가? 그러나 더 중요한 것은 이런 상황에서 파트너 사이의 특별한 짝결속이 어떻게 유지될 수 있겠는가? 결국 인류는 발정을 억제하고 파트너 쌍방이 의식적으로 조절해 성적 관심을 지속시키도록 적응할 수밖에 없었을 것"이라고 말했다.

여성의 배란 은폐는 왜 일어났을까?

그러나 원숭이와 유인원의 성행동에 대한 새로운 정보들을 보면 인류 여성의 섹스를 짝결속 가설로 설명하기에는 상당히 어려운 점이 많다. 첫째, 마모셋을 제외한 단혼제 영장류에 대한 연구에 의하면 짝결속의 존재와 배우자 간의 빈번한 성적 활동 사이에는 상관관계가 거의 없는 것이 분명하다. 둘째, 영장류 가운데는 발정 모델에 잘 맞는 것도 있지만 주기적인 발정을 하는 종으로 분류하기가 곤란한 것도 있다. 즉 원숭이나 영장류에 대한 최근의 관찰결과를 보면 배란 은폐, 비생산적인 성행위, 암컷의 오르가슴(8장 참조) 등 인류에게만 '독특한' 것으로 생각되던 특징이 정말로 인류 여성에게만 있는 것인지 커다란 의문이 생긴다.

큰긴팔원숭이, 긴팔원숭이, 인드리와 같은 단혼제 영장류의 성생활에 대한 관찰결과를 보면 지속적인 성적 수용 능력이 짝결속을 강화시키기 위해서 진화됐다는 가설에 강한 회의를 갖게 된다. 조나단 폴록은 마다가스카르에서 인드리를 관찰했는데, 1년 동안 단 한 번도 완전한 교미를 목격하지 못했다. 마찬가지로 긴팔원숭이의 번식 활동도 2, 3년에 단 한 번 있는 수개월간의 번식기에만 한정되어 있었다. 번식 기간에도 흰손긴팔원숭이의 경우 성적 활동은 하루에 한두 번의 교미로 한정됐고, 큰긴팔원숭이의 경우 하루에 한 번밖에 교미하지 않았다. 그러나 7년간 관찰한 어떤 커플은 일생 계속 배우자 관계를 지속했다. 그렇다면 긴팔원숭이 수컷은 수년간 성행위 없이도 배우자를 버리지 않는다는 것을 의미한다.

이런 자료를 통해 영장류학자 사이에서도 인류의 섹스에 대한 이전 설명을 냉소적으로 보는 경향이 점차 증가하고 있다. 이런 회의론자들은 만일 아버지의 육아 부담이 자녀의 생존에 결정적으로 중요한 것이라면 수컷이 아버지의 의무를 다하도록 자연선택이 작용했을 것이고 또한 수컷의 성욕이 감소하는 쪽으로 선택이 이루어졌을 것이라고 주장한다. 그렇다면 큰긴팔원숭이 암컷은 아버지의 자녀 양육 의무를 다할 수 있도록 수컷을 성적으로 유혹할 필요는 거의 없었을 것이다. 왜냐하면 수컷이 새끼를 돌보지 않는다면 수컷도 암컷과 마찬가지로 자신의 번식 성공이 위험해질 것이기 때문이다.

더구나 행동생물학자 가운데는 지속적인 성행위가 번식 성공도를 높이는 것이 아니라 영역 방어나 임신과 수유에 필요한 체내 영양 축적에 커다란 방해가 될 뿐이라고 주장하는 사람도 있다. 리처드 알렉산더와 캐서린 노난은 인류가 짝결속을 강화시킨 것은 성교 횟수가 증가했기 때문이 아니라 오히려 배란이 은폐됐기 때문이라고 주장한다. 만일 암컷의 발정기가 은폐된다면 수컷이 배란기의 암컷과 교미하는 행운을 잡을 수 있는 유일한 길은 하나의 암컷과 매일 교미하는 수밖에 없다. 배란 은폐는 결과적으로 "암컷이 자신이 원하는 수컷을 지속적인 배우자로 묶어 둠으로써 수컷이 다른 교미 상대를 찾아다니지 못하도록 함과 동시에, 다른 경쟁 상대에게도 배란 시기를 가르쳐 주지 않기 때문에 배우자 수컷의 친부paternity에 대한 신뢰감을 높여 주었다"는 것이다. 여성 자신조차 언제 배란이 일어날지 모른다면 배란 은폐의 효과가 더욱 커질 것이다. 왜냐하면 배란이라는 생리적 사건을 개인적인 비밀로 완벽하게 은폐하는 것은 불가능하고 무의식적인 행동으로 표출될 수 있기 때문이다.

　알렉산더와 노난은 배란을 공개에서 은폐로 전환하게 된 특별한 사회적 상황을 다음과 같이 가정한다. 즉 원시 인류는 암컷이 배우자 이외의 수컷에게도 어느 정도 접근이 가능한 남녀 혼합 공동체를 이루고 살았을 것이다. 그리고 배란 은폐가 자녀양육에 부모의 도움이 절대적으로 중요한 집단생활 조건에서 진화했을 것이다. 이런 두 가지 상황을 종합해 보면 인류가 다른 영장류로부터 분기되어 나오는 사회적 환경이 매우 독특했다는 것을 설명할 수 있다.

배란기를 정확하게 알 수는 없을까?

배란 은폐의 진화를 설명하는 훨씬 더 흥미로운 가설을 동물학자 낸시 벌리가 제기했다. 벌리는 배란 은폐가 피임을 통해 번식을 인위적으로 통제할 수 있는 지적 능력을 갖고 있는 인류에게 나타날 수밖에 없는 당연한 결과라고 설명한다. 만일 인류 여성이 피임할 수 있는 능력을 갖추고 있었다면 여성은 자녀의 수를 의도적으로 제한했을 것이므로 실제로 여성은 낳을 수 있는 최대치를 훨씬 밑도는 자녀를 생산했을 것이다. 분만의 고통, 합병증의 발생 위험성, 또한 자녀의 수가 증가함에 따라 늘어나는 노동의 고통을 피하기 위해 여성은 거의 틀림없이 되도록 적은 수의 자녀를 낳으려고 노력했을 것이다. 따라서 자연선택은 자녀를 적게 낳으려는 여성의 의도적인 욕구에 대항하기 위해 여성으로 하여금 산아제한을 할 수 없는 생리주기를 갖도록 만들었을 것이다. 현대의학 전문가들도 배란이 일어나는 정확한 시간을 알아내기는 어렵다. 하물며 식량채집에 매달려 있던 초기 인류 여성이 임신할 수 있는 날은 성행위를 하지 않겠다고 결심한들 어떻게 늘 배란일을 정확히 피해 갈 수 있었겠는가?

벌리의 주장은 출산과 육아의 즐거움을 익히 알고 있는 사람에게는 직감적으로 잘못된 것으로 생각되겠지만 그녀는 많은 인류학적 문헌으로부터 유력한 증거를 많이 수집해 놓았다. 특히 그녀는 만일 여성이 선택할 수 있다면 가능한 한 적은 수의 자녀를 낳으려고 한다는 사실을 확실하게 보여 줄 여러 가지 문화권을 예로 들었다.

또한 지금까지 출산 예찬으로 알려진 것들도 대개는 거의 다 왜곡된 것임을 지적한다. 자녀를 많이 낳기를 바라는 사람은 실제로 자녀를 낳고 기르는 여성이 아니라 그녀의 남편이나 친척관계에 있는 사람인 경우가 더 많다. 여성이 산아제한을 하지 못하도록 배란이 은폐된 생리주기가 선택됐다는 벌리의 가설이나, 지속적 성적 수용 능력과 비생산적인 섹스 때문에 남자가 한 여자에게 집중하게 됐다는 알렉산더의 가설 등은 인류 여성의 배란을 알아내는 것이 극히 어렵다는 것을 말해 준다. 그렇지만 위의 두 가지 가설 모두 영장류에서도 배란 은폐와 배란기 이외의 기간에도 암컷이 수컷을 적극적으로 유혹하는 경우도 있다는 사실을 설명하지는 못한다. 더구나 이런 영장류는 짝결속과 공동체 생활을 하지 않으며 산아제한을 할 수 있을 정도로 지적이지도 못하다.

그리고 이러한 사실들은 짝결속 가설의 두번째 문제를 제기하는데, 그것은 비생산적이고 상황 의존적인 성적 수용 능력이 인류만의 독특한 현상은 아니라는 것이다. 이러한 현상은 다양한 영장류에서, 정상적인 조건과 비정상적인 조건 모두에서 보고된다. 일시적으로 비주기적 성적 수용 능력을 나타내는 영장류 가운데는 수컷이 육아에 대한 투자를 하지 않는 랑구르와 같은 일부다처제 종뿐 아니라, 복수 수컷 무리로 사는 버빗 원숭이와 같은 종도 있다. 또한 보통 계절적으로나 주기적으로 성적 수용 능력을 나타내는 사바나 비비나 바바리 마카크와 같은 종에서도 암컷이 수정에 필요한 최소한도를 훨씬 넘는 정도로 적극적인 성행위를 한다. 암컷의 섹스가 짝결속을 강화하기 위해 발달했다고 가정했을 때 예상되는 것과는 정반대로, 많은 수컷을 상대로 하는 이와 같은 적극적인 성적 행동은 오히려 복수 수컷 무리로 살고 있는 종에서 가장 뚜렷하게 나타난다. 짝결속을 하는 긴팔원숭이와 같은 일부 영장류는 2, 3년마다 일어나는 불연속적인 기간에만 교미하는 반면, 오랑우탄과 같이 사실상 단독 생활을 하는 유인원도 생식주기에 관계없이 아무 때나 교미를 하는데, 이런 종에서는 확실히 암컷의 성행동과 단혼제적인 짝결속이 아무런 관계도 없다.

성욕의 주기성과 비주기성

영장류의 성적 행동은 10년 전에 생각했던 것보다 훨씬 더 복잡하다. 또한 인류의 짝결속을 근간으로 하는 단순한 설명은 더 이상 통용되기 어렵게 됐다. 특히 인류를 제외한 영장류는 생리 중간기인 배란기에만 교미를 한다는 인류학의 오래된 상식을 벗어나는 예외가 고등영장류에서 많이 발견되고 있다. 물론 다른 영장류는 인류보다 계절성이 높은 번식 활동을 하고 성적 유인 행동이 훨씬 급격히 상승한다는 것은 확실하다. 그럼에도 불구하고 프랑크 비치와 델마 로웰과 같은 학자들이 지적한 것처럼 영장류가 진화하는 과정에서 성적 수용 능력이 계절적이고 주기적인 것에서 벗어나는 몇 가지 경향이 있었다는 것도 분명하다.

대부분의 원원류, 다시 말하면 '하등 영장류'는 포유류의 대표적인 행동양식인 특정한 기간에만 번식 행동을 하는 엄격한 계절적 수용성을 보인다. 예를 들어 아프리카의 야행성 갈라고의 월경주기는 평균 44일이고, 성적 유인 행동이 나타나는 발정기는 12일간 계속된다. 12일 가운데 암컷이 실질적으로 교미하는 기간은 대개 6일 정도 되는데, 다른 포유류와 같이 일정한 시기에만 교미하고 발정기 자체도 1년 동안 한 번 내지는 두 번 정도 계절적으로 정해져 있다. 이와는 달리 고등영장류의 번식 패턴은 훨씬 유연하다. 물론 예외가 전혀 없는 것은 아니다. 예를 들면 붉은털원숭이와 일본원숭이는 1년에 한 계절, 특정한 달에만 번식 행동을 한다. 이때는 암컷이 배란하는 유일한 시기이고 또한 수컷의 정자 생산도 암컷의 성적 수용성 변화와 일치하는 변동 패턴을 보인다. 그럼에도 불구하고 번식 기간 동안에는 월경주기와 관계없이 매일 교미하는 것을 볼 수 있는데, 이런 면에서 보면 마카크도 번식 패턴에 유연성을 갖는 일반적인 경향을 따르고 있다고 할 수 있다.

이야기를 좀더 쉽게 전개하기 위해 영장류의 성적 활동을 다음과 같은 유형으로 분류해 보자. 비비와 망가베이원숭이는 섹스의 엄격한 주기성을 갖고 있다. 물론 주기는 사회적 상황에 따라 길어지거나 짧아진다. 여기에 속하는 원숭이는 일반적으로 복수 수컷 무리를 이루며 지상 생활을 하는 군거성 종이 대부분인데, 암컷의 배란기는 생식기의 팽창으로 쉽게 알 수 있다. 이와는 대조적인 반대쪽에는 상황 의존형 성적 수용 능력을 보이는 오랑우탄이나 마모셋과 같은 영장류가 있다. 이들은 월경주기 전체를 통해 상당히 지속적인 성적 수용 능력을 갖고 있고, 성기 팽창과 같은 눈에 띄는 표시를 통해 성적 수용 능력을 과시하지 않는다.

고등영장류의 대다수는 이와 같은 두 가지 극단, 즉 엄격한 주기성과 자유로운 상황 의존형 성적 수용 능력 사이에 위치한다. 이들은 주기성을 갖고 있지만 월경주기에서 어떤 특정한 날로 결정되어 있지 않고, 성적 수용 능력이 상황에 따라 이동할 수 있다. 이런 종의 대다수는 시각적인 발정신호를 보이지 않고 수컷에게 직접 행동으로 표현한다. 예를 들어 랑구르 암컷은 수컷에게 머리를 내밀고 막 흔든다. 긴꼬리원숭이아과의 일부 원숭이는 생식기의 성적 팽창을 보이지만 콜러버스아과의 대부분은 그렇지 않다. 마카크 원숭이속은 성기 팽창이 다양하고 성기 근처의 피부색이 변하는 섹스 스킨을 보이지만, 두세 종을 제외하면 이런 변화가 반드시 배란과 관련된 것은 아니다. 또한 많은 종에서 암컷은 임신을 한 뒤에도 수주간 발정과 유사한 '의사발정'을 나타낸다.

발정을 일으키는 요인

대다수의 종은 섹스의 주기적 수용과 자유로운 수용의 중간쯤에 있는데, 중간으로 분류되는 대다수의 종이 자유로운 수용으로 이행하게 된 정확한 이유는 잘 알려져 있지 않다. 그러나 적어도 한 가지 요인은 밝혀졌는데, 그것은 알지 못하는 낯선 수컷의 출현이다. 주기성을 보이지 않는 침팬지 암컷도 낯선 수컷이 있는 곳으로 옮겨가면 하룻밤 사이에 커다란 성적 팽창을 보이기도 한다. 자연 상태의 랑구르 암컷은 무리 속으로 막 들어온 수컷 침입자에게 다가가 머리를 흔들어대며 새로운 수컷을 열심히 유혹해 매일 교미한다. 이미 임신 중인 암컷도 마찬가지다. 실험적으로 사육 중인 파타스원숭이 집단에 새로운 수컷을 넣어 주면 임신 중인 암컷의 '의사발정' 발생률이 증가한다. 이런 예는 동물이 정상적인 생활과는 거리가 먼 특별한 상황에 놓일 경우 성적 주기성이 붕괴된다는 것을 보여 준다. 그러나 마카크속이나 겔라다개코원숭이속에 대한 여러 가지 연구결과를 보면 반지속적이거나 지속적인 성적 수용성이 정상적인 경우도 있다.

난소의 상태와 성행동 간의 상관관계가 약하다는 사실은 우리에서 사육 중인 세 종의 대형 유인원인 오랑우탄, 침팬지, 특히 피그미 침팬지에서 가장 잘 알려져 있다. 사육 중인 고릴라는 이보다 주기성이 강하다. 자연 상태에서는 고릴라가 교미하는 것을 거의 관찰할 수 없지만 야생 고릴라도 주기성이 있을 것으로 생각된다. 그러나 사육 중인 유인원에 대한 연구에서 얻은 정보에는 문제가 많은데, 특히 암컷과 수컷을 별도의 우리에서 사육하다가 관찰할 때만 함께 있게 한 경우에는 암컷과 수컷의 관계 재정립이라는 요소에 의해 성적 행동이 더욱 복잡해지기 때문에 문제가 된다. 이런 이유 때문에 자연 상태에서 관찰한 연구결과가 특히 귀중한 자료가 되는 것이다.

비루티 갈디카스는 보르네오의 삼림에서 41개월간 야생 오랑우탄을 관찰했는데, 이 기간 동안 목격된 16쌍의 교미 관계를 기초로

"성숙한 젊은 수컷은 상위 수컷이 상대를 하지 않는 암컷을 데리고 다니는 경우가 있다. 그 수컷은 이동하면서 암컷의 생식주기와 상관 없이 때로는 완력으로 교미하려고 한다. 그러나 완전히 성장한 상위 수컷의 배우자 관계를 보면 암컷이 오히려 능동적으로 수컷을 찾아 유혹하는 암컷 주도형의 교미를 종종 볼 수 있다"고 말했다. 오랑우탄의 경우는 자연 상태와 사육 중인 경우의 관찰결과가 상당히 잘 일치하지만 침팬지는 자연 상태에서 더 확실한 주기성을 보인다. 캐롤라인 튜틴은 곰베 스트림 보호구에서 일곱 마리의 야생 침팬지 암컷이 1002번이나 교미하는 것을 관찰했다. 암컷이 높은 빈도로 교미하는 시기는 성적 팽창이 최대가 될 때인데, 그 이외 시기에는 빈도가 낮거나 거의 무시할 수 있는 정도라고 보고했다.

비비, 고릴라, 침팬지와 같이 주기성이 높은 영장류 혹은 마카크와 같이 매년 몇 달 동안만 번식 행동을 하는 가장 계절성이 높은 영장류도 임신에 필요한 한도를 훨씬 넘어 많이 교미한다. 침팬지나 비비 암컷은 어떤 특정한 수컷에 대해 강한 선호도를 나타내고, 좋아하는 수컷과 특별한 배우자 관계를 맺기도 하지만, 배란 전후 며칠 동안 여러 마리 혹은 그 이상의 서로 다른 수컷과도 교미한다. 글렌 하우스파터가 암보셀리 국립공원에서 조사한 사바나 비비 무리에서는 발정한 암컷의 35퍼센트가 배란 전후 4일 동안 같은 날 오전과 오후에 서로 다른 수컷과 교미하는 것이 관찰됐다. 캐롤라인 튜틴은 발정기의 야생 침팬지 암컷이 수컷과 관계를 맺는 방법에는 두 종류가 있다고 보고했다. 하나는 한 마리 수컷과 배우자 관계를 맺는 것으로 다른 침팬지의 눈을 피해 숲 속으로 들어가 버린다. 조사자들은 이것을 '사파리에서의 성관계'라 부른다. 사파리에서 관계를 맺는 암컷은 하루에 5회에서 10회까지 교미하지만 수컷 그룹과 함께 이동하는 발정한 암컷은 하루에 30회에서 50회 이상 교미한다. 고릴라 암컷은 한 마리 수컷과 번식 단위를 이루는 것이 정상적이지만 '은색 등'을 가진 리더 수컷뿐만 아니라 그 바로 아래 계급의 '검은색 등'을 가진 젊은 수컷도 유혹해 교미한다.

가장 심하게 '난교'를 하는 영장류 암컷은 아마도 바바리 마카크일 것이다. 마카크속에 속하는 원숭이는 모두 아시아에서만 사는데 바바리 마카크만이 북아프리카에 떨어져 살고 있다. 모로코의 아틀라스 산맥이 주요 서식지이지만 스페인 남단 지브롤터의 록크에서 그중 일부가 영국인에 의해 오늘날까지 사육되고 있다. 영장류학자인 데이빗 타우브에 의하면 바바리는 생리 중간기에 평균적으로 17분마다 한 번씩 교미하는데, 무리 중에 있는 성숙한 모든 수컷과 적어도 한 번 이상 교미한다고 한다. 타우브는 이러한 바바리의 성관계 특징을 "유동적이고 단기적이며 일시적"이라고 말한다. 발정기인 생리 중간기에는 암컷이 매일 능동적으로 많은 성관계를 가지는데 대부분의 경우 암컷 쪽이 성관계를 유도하고 또한 상황을 능숙하게 이끌어 간다. 타우브의 자료에 의하면 발정한 암컷은 매일, 전체 열한 마리 수컷들 가운데서 세 마리 이상, 때로는 거의 전부와 교미한다. 암컷이 수컷과 지내는 것은 교미 중의 극히 짧은 시간뿐, 교미가 끝나면 수컷을 버리고 곧 새로운 수컷을 유혹한다. 배란기 전후에서 보이는 암컷의 발정 행동은 임신에 필요한 것보다 훨씬 많은 상대를 대상으로 하는 것만은 분명하다.

더욱 기묘한 것은 암컷이 임신하고 싶지 않거나 임신 가능성이 없을 때 더 적극적인 경우도 있는데, 임신 중에 하는 '의사발정' 행동이 그런 경우다. 임신한 랑구르 암컷은 무리에 새로 들어온 수컷을 유혹해 교미를 거듭한다. 이런 동기유발 상황이 없을 때도 영장류 암컷은 임신 초기의 수개월간은 일정한 성적 수용 능력을 계속 나타낸다. 야생 침팬지와 야생 비비는 젊은 암컷의 발정기간이 가장 길게 지속되고 성적 팽창도 가장 뚜렷하다. 마찬가지로 야생의 붉은 털원숭이 암컷도 첫번째나 두번째 번식기 때 성적 유혹 행위가 가장 분명하고 적극적이다.

발정한 원숭이의 격렬한 성적 활동과 여성이 보이는 조용하고 교묘한 유혹이 확실히 서로 다르다는 것은 의심할 여지가 없지만, 그렇다고 해서 비생산적인 성적 활동과 주기성을 띠지 않는 상황 의존형 성적 수용 능력이 인류 여성만의 독점물이라고 말할 수는 없다. 물론 이런 모든 발정기의 열광이 내분비적계의 사고, 다시 말하면 호르몬의 일시적 변동에 의한 단순한 부산물에 지나지 않는다고 말할 수도 있을 것이다. 또는 영속적인 사회성을 유지하는 동물의 번식 전략과는 아무런 관계도 없고 암컷의 일생과도 무관한 이유 때문에 진화해 왔다고 말할 수도 있다. 그러나 임신에 필요한 한도를 훨씬 넘어서고 있고 언뜻 보기에 비생산적인 발정 행동과 성적 유인 행동이 영장류의 다양한 계통에서 서로 다른 형태로 진화됐다고 생각할 수 있을까? 더구나 비생산적인 발정 행동은 상당히 부담스런 것이며 뭔가 다른 것으로 암컷의 적응성이 보상되지 않는데도 그처럼 다양한 영장류 암컷에서 지속되어 온 원인은 무엇일까? 이것이 가장 중요한 문제다. 여기서 역사적인 면과 사실적인 면을 검토하면서 내 의견을 얘기해 보기로 한다.

암컷은 어떤 상대를 선택하는가?

여기서 나는 또 다른 가능성을 생각해 보고자 한다. 암컷의 비생산적인 섹스 그 자체가 적응적이라는 것, 게다가 암컷의 섹스는 단순히 배란기에 정자를 체내로 받아들이기 위한 것만이 아니라 그 이상의 어떤 목적이 있을 가능성을 생각해 보자. 지속적인 성적 수용 능력이 짝결합을 강화하고 부친의 양육 투자를 얻어내기 위해 진화했다는 가설이 제시된 것도 섹스가 수정이라는 본래의 목적 이외에 어떤 다른 역할이 있었을 것이라는 가정에 근거한 것이었다. 그러나 인류와 영장류의 차이점을 강조해 온 잘못과 진화를 수컷의 관점에서 보는 경향 때문에 이러한 주장은 곧바로 부정됐다. 이 때문에 지속적인 성적 수용 능력이 갖는 또 다른 의미는 아직 밝혀지지 않고 있다.

단혼제의 암컷이나 하렘의 암컷이 자신의 배우자와 교미하는 것은 당연하지만 배우자 이외의 수컷을 유혹하면 어떤 이익이 있을까? 여러 마리의 수컷과 교미하는 것이 암컷에게 이익이 되는 시기는 언제일까? 일부다처제 암컷이 임신 가능성이 없는 시기에 교미하는 것이 유리해지는 것은 어떤 경우일까? 여러 상대와 난교를 할 때 암컷이 얻을 수 있는 이익은 여러 가지가 있을 수 있다.

한 가지 가능성은 암컷이 우수한 유전자를 갖고 있는 수컷을 선택할 수 있다는 것이다. 많은 수컷과 관계를 맺는 암컷은 수컷들의 능력을 더 잘 평가할 수 있을 것이다. 그리고 더욱 중요한 것은 암컷이 배란일에 특정한 수컷과 관계를 맺을 수 있도록 상황을 조작할 수 있는 입장에 있게 된다는 것이다. 로버트 트리버즈는 자웅선택 모델을 자세히 설명하면서 암컷은 우수한 유전자를 갖고 있는 수컷을 선택함으로써 환경 적응력이 뛰어난 새끼를 낳을 수 있다고 주장했다. 이 때문에 유전학적으로 '열등한' 수컷과 함께 사는 암컷은 '의사발정기'에는 배우자와 교미하고, 실제로 배란이 일어날 때는 배우자가 아닌 다른 수컷을 유혹함으로써 자신의 이익을 관철시킨다는 것이다. 배란이 암컷 자신에게조차도 은폐돼 있는 종에서는 이런 일이 자유롭게 일어나지는 못할 것이다. 무엇보다 이 주장을 지지하거나 배격할 만한 자료가 영장류에는 없다. 기껏해야 두세 종에 대해 비과학적으로 관찰된 기록이 있을 뿐이다. 예를 들면 사바나비비 암컷이 때로는 임신 전과 수유 시기에 서로 다른 수컷과 지낸다는 보고 같은 것이다. 그러나 이것은 면밀하게 구별해 가면서 조사한 결과라고는 말할 수 없다.

암컷이 수컷의 유전자형을 평가할 수 있을지 없을지는 별개 문제라 해도 리더 수컷의 새끼를 낳는 것은 암컷에게 유리할 것이다. 여러 마리의 수컷이 있는 무리 속에서 사는 암컷은 성적 팽창이 일어나는 처음 며칠간은 하위 수컷이나 미성숙한 젊은 수컷을 포함해 많은 수컷과 교미하는 것으로 알려져 있다. 그러나 성적 팽창이 최고도에 달해 가장 짙은 선홍색이 되는 배란기 근처에는 한 마리 또는 복수의 리더 수컷과 관계를 맺는다. 리더 수컷은 팽창이 최고도에 달한 암컷에게 접근할 수 있는 독점권을 갖고 있어 하위 수컷의 접근을 통제한다. 동물학자인 캐서린 콕스와 버니 르보프는 코끼리 물개를 조사했는데, 암컷은 자신이 성적 수용기에 있다는 것을 많은 수컷에게 알림으로써 수컷 사이의 경쟁을 유발시켰다. 이런 상황에서는 경쟁을 통해 다른 수컷을 물리친 한 마리 수컷만이 암컷과 교미할 수 있다. 팀 클루톤-브록과 폴 하베이를 위시해 다른 동물학자도 영장류의 성적 팽창에 대해 비슷한 주장을 한다.

클루톤-브록과 하베이는 배란 사실을 알리는 성적 팽창은 여러 마리의 수컷이 있는 종에서 많이 나타나는 경향이 있다는 사실을 지적한다. 성적 팽창이 가장 보편적으로 나타나는 것은 비비, 망가베이, 마카크속인데, 탈라포인원숭이와 고함원숭이와 같은 몇몇 신세계 원숭이에서도 볼 수 있다. 콜러버스아과에서는 올리브색 콜러버스 원숭이와 붉은 콜러버스 원숭이 두 종에서만 성적 팽창이 나타나며, 이 중 붉은 콜러버스만이 콜러버스아과에서 커다란 복수 수컷 무리를 형성하는 것으로 알려져 있다. 교미 중에 암컷이 커다란 신음소리를 내는 것도 배란을 알려 수컷의 경쟁을 유발하는 또 다른 특징이다. 흥미로운 것은 암컷과 수컷이 교미 중에 내는 스타카토와 같은 신음소리는 단혼제의 긴팔원숭이나 인간 남녀보다 복수 수컷 무리를 이루는 비비 쪽이 훨씬 더 복잡하고 뚜렷하다는 것이다. 이 사실에 대한 해석 가운데 한 가지를 들어 보면 교미하는 동안 내는 신음소리와 같은 신호는 교미 상대가 아닌 다른 수컷과 의사소통하기 위해 적응된 것이라는 설명이다.

암컷의 성적 팽창은 왜 일어나는 것일까?

원래 코끼리 물개를 대상으로 만든 모델을 원숭이에 적용하는 데서 생기는 문제 가운데 하나는 해양 포유류의 사회조직과 고등영장류의 번식 방법의 차이다. 코끼리 물개는 1년에 단 한 번 육지에 모여 번식하는 데 비해 대부분의 영장류는 1년 내내 암컷과 수컷이 함께 지낸다. 더구나 비비나 마카크속의 수컷은 별로 무리 사이를 이동하지도 않는다. 공동체를 형성하는 무리에서는 수컷의 서열 찬탈이 가끔 일어나지만 복수 수컷 무리를 형성하는 종에서는 수컷의 서열 변동이 그렇게 급격히 일어나지 않는다. 그렇기 때문에 복수 수컷 무리에 속하는 영장류 암컷은 수컷의 상대적인 가치 혹은 서열에 대한 최신 정보가 별로 필요 없다. 이미 알려져 있기 때문이다.

상당히 멀리서도 쉽게 눈에 띄는 암컷의 성적 팽창은 배란기의 암컷을 차지하려는 수컷 간의 경쟁을 불러일으킬 것은 분명하다. 그러나 과연 그러한 성적 팽창은 왜 진화했을까? 상위 수컷과 확실히 교미할 수 있도록 하기 위해 진화했을까? 또 다른 가설을 생각해 보자. 즉 복수 수컷 무리에서 성적 수용 능력을 과시하는 것은 이상적인 파트너 하나를 선택하기 위한 것이 아니라 한정된 기간 내에 많은 파트너를 끌어들이기 위한 것이라는 가설이다. 다수의 수컷과 교미하려는 암컷 입장에서 보면 많은 수컷의 주의를 끄는 것이 에너지 손실을 최소화할 수 있다. 즉 암컷이 수컷을 유혹하기 위해 수컷을 차례로 찾아가는 대신에 수컷 쪽에서 암컷에게 접근하게 만드는 것이다. 수컷은 다른 수컷을 위협하거나 싸워서라도 암컷과 교미할 기회를 만들어야 하므로 리더 수컷 몰래 밀애를 할 수 있는 기회를 엿보면서 암컷의 뒤를 따라다니거나 먹을 것을 구해다 주면서 환심을 산다. 이런 가설에 따르면 복수 수컷 무리 속에 살고 있는 암컷에게 성적 팽창이 진화한 이유는 암컷에게 수컷의 지위에 대한 정보를 제공한다거나 특정한 수컷과 교미하는 것을 보증하기 위한 것이 아니다. 오히려 다양한 수컷과 교미하기 위해 진화했다고 볼 수 있다. 리더 수컷은 배란기의 암컷을 독점하려는 경향이 있기 때문에 암컷을 임신시킬 가능성이 가장 높지만 그렇다고 그만이 유일하게 암컷을 임신시킬 수 있는 것은 아니다.

성적 팽창이 여러 수컷과 관계를 맺기 위해 진화했다는 위와 같은 가설을 지지할 만한 좋은 예가 있다는 것은 나도 인정한다. 그러나 성적 팽창이 수컷의 보호 아래 암컷이 할 수 있는 통상적인 행동 범위를 뛰어넘는 것까지 허용하는 외교 여권과 같은 작용도 할 수 있다는 또 다른 가능성도 있다. 경우에 따라 무리 사이를 이동하는 네 종 가운데 세 종에서 성숙한 암컷이 성적 팽창을 나타낸다는 것은 주목해 볼 가치가 있다. 남미의 고함원숭이, 아프리카의 붉은 콜러버스, 침팬지 암컷이 공동체 사이를 이동한다고 보고됐고, 이들세 종 모두가 배란기에 현저한 성적 팽창을 나타냈다. 고릴라 암컷도 무리 사이를 이동하지만 성적 팽창으로 배란 신호를 나타내지는 않는다.

암컷의 교란 작전

많은 종에서 암컷은 뚜렷한 성적 팽창과 여러 수컷과 짝짓기를 하려는 의지로 어느 정도 행동의 자유와 선택의 폭을 확보한다. 그러나왜 암컷은 여러 수컷과 교미를 하는가 하는 최초의 의문은 여전히남는다.

영장류 수컷이 자녀양육에 얼마나 기여하는지는 종에 따라 상당히 다르지만 수컷의 행동은 단순히 정자를 제공하는 것 이상으로 자녀의 생존에 큰 영향을 미친다는 것은 거의 모든 종에서 마찬가지다. 오랜 세월 동안 진화는 자신의 자녀를 공격하는 수컷 또는 자신의 육아 부담이 자녀의 생존에 필수적인데도 자녀를 돌보지 않는 수컷을 도태시키는 방향으로 강력히 작용했을 것이다. 누가 친부인가하는 문제는 체내 수정을 하는 모든 동물에서 필연적으로 불확실할수밖에 없기 때문에 아비가 확실치 않은 새끼를 임신한 암컷이 유리하다. 비록 수컷의 입장에서 볼 때 적극적으로 양육 투자를 하기에충분할 만큼 생물학적인 부친이 될 가능성이 희박하다 해도 자신과교미한 암컷에게서 태어난 새끼의 진짜 아비가 될 가능성이 전혀 없다고는 할 수 없다. 암컷은 이렇듯 누가 아비인지 확실하게 알 수 없는 상황을 만들어 냄으로써 수컷이 태어나는 새끼를 공격해 생존을 위협하는 것만은 막을 수 있다. 암컷은 되도록 많은 수컷이 자신이 낳은 새끼의 아비일지 모른다는 가능성을 조금이라도 가질 수 있게 벼랑 끝 전략을 사용한다.

아비가 누구인지에 대한 정보를 좌우할 수 있는 선택권이 암컷에게 얼마나 주어져 있느냐는 종에 따라 큰 차이가 난다. 배란기에 뚜렷한 성적 팽창을 나타내는 것은 암컷에게 도움이 되기도 하지만 문제가 될 수도 있다. 한편 암컷이 집단 사이를 이동하지 않는다면 성적 팽창이 일어났을 때 집단 속에 있는 수컷만이 암컷의 선전 캠페인에 빠져들 것이다. 랑구르, 마모셋의 경우 암컷은 여러 수컷이 아니라 한 마리 리더 수컷에 의해 꾸준히 감시당하기 때문에 여러 수컷과 교미할 수 있는 기회는 사실상 적다. 물론 인간의 경우도 마찬가지지만 다른 수컷과 교미할 수 있는 기회가 주어진다면 암컷은 그 기회를 자신에게 유리하게 사용할 것이다. 이런 상황에서는 눈에 잘 띄는 성적 팽창으로 배란을 선전하는 것은 현명하지 못하다. 그렇게 되면 배란기에 배우자의 감시가 심화되고 또한 다른 수컷의 관심도 짧은 성적 팽창기에만 한정될 것이기 때문이다. 이런 경우에는 배란을 은폐하는 것이 다른 수컷과 교미할 수 있는 시기를 선택하는 데 상당히 유리하게 작용할 것이다. 암컷이 다른 수컷을 유혹함으로써 얻을 수 있는 또 다른 이익은 교미한 수컷이 훗날 암컷의 자녀를 만나더라도 '아비같이' 행동하게 된다는 것이다. 특히 단일 수컷 무리를 이루고 사는 랑구르나 복수 수컷 무리를 이루는 침팬지와 같이 영아살해가 상당히 심각한 문제가 되는 경우에는 더욱 그렇다. 암컷은 이미 임신하고 있다 해도 집단 내의 수컷은 물론 집단 밖의 잠재적인 침입자나 찬탈자를 포함해 다양한 수컷과 관계를 맺어 두는 것이 앞으로 자기 자녀의 생존을 보장받는 길이 될 것이다.

　이런 가설은 물론 수컷이 과거에 관계를 맺었던 암컷을 기억하고 있다고 가정할 때 가능한 것으로 원숭이의 지능을 너무 과대평가하고 있다는 말을 들을 수도 있다. 그러나 영장류보다 지능이 열등한 설치류에 관한 증거를 보면 결코 과대평가한 것이 아님을 알 수 있다. 캐나다의 동물학자인 프랑크 말로리와 로널드 브룩스는 나그네쥐를 대상으로 전에 미리 암컷과 만난 적인 있는 수컷이 암컷의 새끼에게 어떤 행동을 하는지 연구했다. 실험에 사용된 쥐는 캐나다 극지방에 사는 깃털 나그네쥐였다. 그들은 암컷이 새끼와 사는 우리 속에 수컷을 집어넣고 어떤 일이 벌어지는지 관찰했다. 이때 들어간 수컷은 어미와 교배한 직후 우리에서 꺼냈던 '씨받이 수컷'이었는데, 한배에서 태어난 새끼들을 한 무리로 모두 16배의 새끼에 대해 실험한 결과 수컷은 한 마리도 해치지 않았다. 그러나 어미와 한 번도 교미한 적이 없는 수컷을 투입한 경우에는 32배의 새끼 가운데 42퍼센트를 살해했는데, 낯선 수컷을 우리 속으로 집어넣자마자 암컷은 곧바로 수컷을 공격했다. 그러나 암컷이 공격을 완화하자 수컷은 새끼의 머리를 물어뜯어서 죽여 버렸다. 반대로 '씨받이 수컷'이 이미 알고 있는 암컷의 우리로 들어갔을 때도 처음에는 역시 암컷의 즉각적인 공격을 받는다. 그러나 일단 서로가 접촉하게 되면 싸움이 끝나고 짧은 시간 동안 코로 냄새를 맡은 뒤 암컷은 제자리로 돌아갔다. 이후로 씨받이 수컷은 새끼를 돌봐 주는 경우가 많았다.

　설치류는 수정이 일어나면 더 이상 교미하지 않기 때문에 '의사 발정'이 없다. 그러나 동물학자인 제이 라보프는 독창적인 실험을 고안해 대리인과의 교미가 영아살해를 방지하는지 안하는지를 확실히 밝혔다. 라보프는 배란기의 집쥐에게 임신한 암컷의 오줌을 발라

깃털 나그네쥐

주었다. 그리고 오줌을 바른 대리인과 교미시킨 수컷을 냄새의 원래 주인인 암컷과 그 새끼들이 있는 우리로 들여보냈다. 그러자 그는 마치 '씨받이 수컷'과 같은 행동을 했다. 한편 대리인과 교미하지 않은 수컷은 새끼를 많이 살해했다.

수컷과 암컷의 서로 다른 계산

영장류의 이야기로 돌아가서 왜 수컷은 배란도 하지 않는 암컷과 교미하려고 할까? 왜 자연선택은 수컷이 배란과 '의사발정'을 구별할 수 있도록 작용하지 않았을까? 이런 수수께끼에 대해 여러 가지 설명이 가능하다. 랑구르와 같은 종에서는 다른 수컷보다 식별 능력이 높은 수컷이 있는 것으로 보인다. 무리의 리더는 다른 수컷이 암컷을 집요하게 따라다니는데도 자신은 암컷의 유혹을 무시하는 경우도 있다. 그것은 리더가 교미 기회가 많은 배부른 상태에 있기 때문이라고도 할 수 있겠지만 그보다는 리더가 암컷의 번식과 관련된 유인 행동을 늘 관찰할 수 있는 입장에 있기 때문이라고 생각한다. 유인 행동과 페르몬의 강도는 암컷에 따라 다르므로 암컷의 발정신호를 장기적으로 매일매일 비교해 보지 않으면 배란 시기를 정확히 알아내기는 어렵다. 그래서 수컷은 배란기의 암컷과 그렇지 않은 암컷을 구별할 수 있는 능력을 갖고 있기는 하지만 확실하게 식별할 수 있는 정보를 충분히 갖고 있는 것은 아니다.

또 다른 가능성은 수컷이 생리 중간기에 있지도 않은 암컷과 교미해서 배란을 촉진할 수도 있을지 모른다는 것이다. 일부 포유류에서 유도 배란이 일어난다는 보고가 있고, 이런 경우는 영장류나 인간에게도 종종 일어난다고 본다. 배란은 보통 생리 중간기에 일어나지만 경우에 따라서는 교미에 의해서도 유도될 수 있다는 것이다. 따라서 발정기가 아닌 시기에 교미해도 수정 가능성이 있기 때문에 하위 수컷이나 외부의 수컷이 기회 있을 때마다 교미하려고 하는 것도 의미가 있는 행동이다. 암컷의 난교가 자녀의 생존에 도움이 된다는 가설에 대한 반론도 있다. 지속적인 관계를 맺는 배우자는 난교하는 암컷에게서 태어난 새끼에게는 양육 투자를 하려 하지 않는다는 주장도 있다. 이것이 일부일처제 영장류일 경우는 사태가 훨씬 더 복잡해진다. 이들은 부정을 하면 수컷으로부터 버림받게 될 위험이 있다. 마모셋처럼 쌍둥이가 태어나는 경우 수컷이 돌봐 주지 않는다면 새끼들이 살아남을 수 없기 때문에 이런 상황에서 암컷이 수컷으로부터 버림을 받는다는 것은 암컷에게는 재앙과 같은 것이다. 그러나 단혼제를 하는 수컷이 암컷을 버리는 경우는 새로운 영역을 획득해 또 다른 배우자를 얻을 수 있는 능력이 생겼을 때뿐이라는 것을 염두에 두어야 할 것이다. 물론 수컷은 부정한 암컷을 내쫓아 버릴 수도 있지만 암컷의 체격이나 성격이 수컷과 거의 같기 때문에 암컷을 물리적으로 위협하는 것은 상당히 위험한 일이다. 내쫓기보

다는 암컷을 격리시켜 다른 수컷과 교미할 수 있는 기회를 줄이는
것이 가장 현명한 행동이다. 어떤 상황에서도 생물학적으로 아비가
될 가능성은 언제나 50퍼센트가 넘기 때문이다.

암컷의 어떤 전략이 새끼에게 도움이 될까?

'발정'의 범주에 들어가는 미친 듯한 광기는 다양한 방법으로 표출
된다. 성적으로 적극적인 암컷은 여러 수컷을 자신이 낳은 새끼의
아비가 될 가능성의 그물 속으로 유인한다. 수컷들은 자신이 아비가
될 가능성이 아주 조금이라도 있는 경우에는 암컷에게서 태어난 새
끼를 해치지 못할 것이다. 오히려 암컷과 그 새끼들의 생존과 사회
적 지위에 대해 적극적으로 기여하게 될지도 모른다.

수컷이 자녀를 돌보는 정도는 종에 따라, 특히 인간의 경우와 같이
개체 사이에도 상당한 차이가 있다. 수컷이 자녀양육에 투자를 가장
많이 하는 경우는 일부일처제인 마모셋이나 큰긴팔원숭이와 같이
비교적 아비가 될 확률이 높은 상황일 때다. 일부다처제에서는 특정
한 암컷과 지속적인 배우자 관계를 맺고 있는 수컷이 양육 투자를
많이 한다. 그런 상황에서는 복수 수컷 사회조직에 속해 있는 수컷이
라도 자녀를 데리고 다니거나 약탈자나 다른 적으로부터 자녀들을
보호하는 것이 보통이고 때로는 상당히 헌신적인 경우도 있다.

바바리 마카크는 복수 수컷 무리를 이루고 사는데 유별나게 교미
빈도가 높고 난교를 하는 것이 특징이다. 데이빗 타우브에 의하면 수
컷은 새끼가 태어난 첫해는 다양한 형태로 새끼를 돌보면서 규칙적
인 관계를 맺는다. 대부분의 수컷이 특정한 한두 마리의 새끼에게 관
심을 쏟기 때문에 새끼는 여러 수컷의 사랑을 받게 된다. 물론 그중

에서 진짜 아비는 하나일 것이다. 타우브는 수컷의 이러한 관심이 새끼의 생존에 필수적이라고 주장한다. 그가 연구하는 과정에서 새끼가 죽은 경우는 단 한 번 있었는데, 죽은 새끼는 "성숙한 수컷과 한 번도 유대관계를 맺지 못했던 새끼"였다는 것을 증거로 제시했다.

타우브는 바바리 마카크 암컷이 배우자인 아비 하나에게 자녀양육을 맡기지 않고 복수 수컷이 공동으로 양육하도록 유도한 진화상의 압력을 재구성하면서 이렇게 말했다. "한 마리의 수컷으로부터 도움을 받는 것이 새끼의 생존이나 어떤 다른 이익을 얻어내는 데 불충분한지 아닌지는 알 수 없지만, 여러 마리의 수컷으로부터 도움을 받는 것이 한 마리의 도움을 받는 것보다 훨씬 클 것은 분명하다. 새끼가 수컷으로부터 받을 수 있는 도움이 수컷의 수에 비례한다고 가정하면 한 마리 수컷에게만 정절을 지키는 암컷의 번식 성공도는 여러 마리의 수컷으로부터 도움을 받아 내는 전략을 택한 암컷에 비해 훨씬 작아질 것이다."

여러 마리의 수컷을 활발하게 찾아다니는 암컷은 이들 모두에게 새끼의 부친이 될 수 있을 것이라는 어느 정도의 가능성을 남겨 둔다. 이것은 타우브가 지적한 대로 자신의 새끼가 생존하는 데 여러 수컷의 도움이 필요한 암컷이 선택할 수 있는 가장 효과적인 수단일지도 모른다.

여성에게 무슨 일이 일어났나?

영장류의 암컷이 성공적으로 새끼를 낳아 기르기 위해서는 상당히 어려운 도전을 극복해야만 한다. 그것은 자원을 놓고 벌이는 경쟁이 될 수도 있고 새끼의 생명을 위협하는 성숙한 수컷을 물리치는 것일 수도 있고 수컷 자체를 놓고 혹은 수컷이 제공하는 서비스를 차지하기 위해 벌이는 암컷끼리의 경쟁이 될 수도 있다. 자원을 놓고 벌이는 경쟁은 암컷의 출산과 새끼의 생존에 상당한 영향을 미치지만 수컷의 행동을 조절하는 능력도 마찬가지로 중요하다. 수컷으로부터 도움을 끌어 내거나 자신의 새끼를 수컷이 해치지 않도록 만들 수 있는 것은 여러 수컷과 성관계를 가져 누가 아비인가 하는 문제를 혼란스럽게 만드는 암컷의 능력에 달려 있는 경우도 많다. 수컷에게는 성적인 행동이 수정의 문제에 국한된 경우가 많지만 암컷의 입장에서는 성적인 배우자 관계나 짝짓기가 훨씬 광범위한 의미를 갖는다. 수컷의 행동이 새끼의 생존에 결정적인 영향을 주는 영장류에서 특히 더욱 그렇다.

암컷이 비생산적이고 '번식 외적'인 성적 행동에 열심히 몰두하는 것은 여성에게서만 볼 수 있는 특징은 아니다. 성적 수용 능력이 정확한 주기를 띠지 않고 상황에 따라 자유자재로 바뀌는 상황 의존성으로 이동하는 경향은 고등영장류 일반에서 특징적으로 나타나는 현상이다. 이것은 짝결속을 하거나 안하거나 또는 수컷이 자녀양육에 투자를 많이 하는 종에서나 그렇지 않은 종에서나 모두 볼 수 있는 현상이다. 그렇다고 "호미니드가 채집−수렵 생활로 전환함에 따라 새롭고 특수한 성질의 짝결속을 하게 되었다"는 것을 부정하는 것은 아니다. 이런 주장은 인간의 자녀가 무력한 상태로 오랫동안 있어야 하므로 남성은 자녀양육을 도와주도록 진화했고, 여성은 부친의 원조를 얻기 위한 방법을 찾아내도록 강력한 선택압을 받았다는 오래된 견해에 도전하는 것은 아니다. 그러나 시간이 갈수록 다음과 같은 사실이 점점 분명해지고 있다.

다시 말하면 일반적으로 비생산적이라고 생각하는 성적 활동뿐 아니라 상황 의존형 성적 수용 능력과 배란 은폐도 우리가 생각하는 초기 인류의 혁명적인 새로운 생활양식, 즉 본거지를 중심으로 하는 생활로, 수렵과 채집의 분업과 동료 간의 식량과 서비스의 교환보다도 앞서서 일어났다는 것이다. 인류 여성의 적극적인 성적 특성은 주기적인 성적 수용으로부터 상황 의존형 성적 수용으로 전환되는 과정에서 나타나는 특징이다. 주기형으로부터 상황 의존형으로의 변화는 인류 이전의 영장류 암컷이 물려준 생리적인 유산이었다. 점점 지능이 발달하는 인류 여성들에게, 또 과거 영장류로부터 그녀에게 유전된 성적 유산에 무슨 일이 일어났을까? 이것이 다음 장의 주제다.

영장류의 유산

8장

섹스는 단순히 생리적인 관계만을 뜻하는 것은 아니다.

그 말에는 사랑이나 구애도 포함된다.

그것은 결혼이나 가족과 같은 숭고한 제도의 핵심이 되고

예술 속에 깊이 파고들어 있으며 또한 주문이나 주술을 만들어 내기도 한다.

이처럼 섹스는 실제로 문화의 거의 모든 면을 지배하고 있다.

—말리노브스키

섹스는 문화적 활동인가?

적극적이고 때로는 탐욕스러운 암컷의 섹스는 바바리 마카크가 발
정기 때 나타내는 색광과도 같은 유인 행동에서 함축적으로 나타난
다. 원숭이의 이런 성적 행동이 진지하고 의도적이며 때로는 교묘하
고 은밀하게 남성을 유혹하는 여성을 이해하는 데 어떤 도움이 될
까? 이미 7장에서 몇 가지 이유를 검토했지만 인류 이전의 암컷이
성을 적극적으로 사용하도록 '자연'이 장려해야만 했던 진화상의
이유를 상상해 볼 수 있다. 그러나 이런 자연선택의 유산과 그동안
있었던 모든 생물학적이고 역사적인 변천 과정을 오늘날까지 추적
해 내려온다는 것은, 마치 다른 시대를 살았던 사람들의 모든 자세
한 자산 목록을 작성하는 것보다 훨씬 어려운 일이다. 상속인 가운
데는 어느 것이 처음으로 물려받은 자산이고 어느 것이 비교적 최
근에 받은 것인지 알고 싶어 하는 사람도 있을 것이다. 또한 그 시
대의 지배적인 상황에 맞지 않아 내다버린 자산이 어떤 것인지 묻

는 사람도 있을 것이다. 물론 여기서 상속인은 인류 여성을, 유산은 여성의 섹스를 이루는 생물학적 하부구조를 말한다.

이 문제를 법정으로 끌고 간다면 이상한 상황이 벌어질 것이다. 유산의 소유권에는 아무런 문제가 없다. 그러나 정작 '무엇'을 소유하게 되며 그것을 어떻게 입수했는지를 정확히 결정하려면 논란이 생긴다. 이처럼 어색한 소송도 아마 없을 것이다. 법정에는 생존한 증인도, 첨부된 서류도 없는 단순한 소장이 제출될 것이다. 소송 대리인은 아주 먼 친척을 본 적이 있는 사람의 증언을 토대로 조서를 작성하게 될 것이다. 또한 인류 이외의 현생 영장류를 2000만 년 전에 살았던 우리의 공통 조상에 대한 살아 있는 대리인으로 볼 수밖에 없다.

이 때문에 이런 가정의 위험성을 충분히 인식해야만 한다. 다른 영장류 암컷의 성적 반응에 대한 임상적인 증거는 완전히 검증할 수 있지만, 실험실에서 얻은 이런 종류의 증거는 실제로 삼림이나 사바나에 살았던 영장류의 성생활을 유추해야 하는 단계에 이르면 단순히 불확실한 휴지 조각에 불과할 것이다. 소송 도중에 법정은 진화라는 거대한 시간을 날아가 우리의 직접적인 선조나 가까운 친족에 대한 인류학적이고 역사적인 잡다한 자료를 수집해 놓은 기록을 우리 선조의 대리자에 대한 확고한 증거로 받아들일 수밖에 없을 것이다. 그러나 그러한 기록이 여성의 섹스라는 유산 자체에 대해 어떤 것을 설명해 주지는 않는다는 점을 인식해야만 한다.

그러면 여기서 조서 작성을 끝내고 화석 증거를 통한 주제 탐색으로 들어가 보자. 그런데 이 방법은 임시변통적인 증언이나 풍문보다도 훨씬 더 실망스럽다. 기록은 거의 다 공백상태로 남아 있다. 소송 전체에서 가장 길고도 가장 중요한 시기에 대한 기록, 즉 2000만 년 전부터 500만 년 전까지의 기록이 완전히 결여되어 있다. 인류 계통이 대략 500만 년 전 어떤 호미니드로부터 시작됐다 해도 당시의 유산 상속자였던 오스트랄로피테쿠스에 대해 우리가 알고 있는 것은 기껏해야 그들이 두 발로 걷고 뇌의 크기는 침팬지와 비슷하고 커다란 앞니를 갖고 있었으며 남녀의 체격 차이는 현대 인류와 거의 비슷했거나 좀더 컸을 것이라는 점뿐이다.

배심원인 독자들은 이런 증거의 결핍과 원숭이에 대한 사실로부터 인간을 상상해야 하는 어색한 비약에 대해 불평하게 될지도 모른다. 그러나 이렇게라도 하지 않으면 유산이 무엇인지를 결정하는 것마저 완전히 포기해야 한다는 사실을 알아야 한다. 우선 잘못된 결론에 빠지지 않기 위해 염두에 두어야 할 것은 이 소송 당사자인 인류가 세련된 원숭이에 지나지 않는다고 말할 사람은 단 한 명도 없다는 사실이다. 인류는 문화를 갖고 있는 원숭이라고 말할지도 모르지만 '문화'라고 하는 두 문자는 전혀 다른 세계를 의미한다.

브로니슬라브 말리노브스키는 서태평양 섬의 주민을 조사한 뒤 "섹스라는 것은 단순히 생리적인 교섭만을 뜻하는 것은 아니다. … 그 말에는 사랑이나 구애도 포함된다. 그것은 결혼이나 가족과 같은 숭고한 제도의 핵심이 되고 예술 속에 깊이 파고들어 있으며, 또한 주문이나 주술을 만들어 내기도 한다. 섹스는 실제로 문화의 거의 모든 면을 지배한다"고 말했다. 또 다른 유명한 인류학자 클리포드 기르츠가 "성이란 단순히 생물학적인 과정을 지속시키는 문화적 활동이다"라고 말한 것처럼 성은 본래의 범위를 넘어 문화의 중심으로 옮겨 가고 있다.

오르가슴의 효과

여성의 섹스 생리는 확실히 사회적 기대나 결혼에 대한 태도, 여성 자신이 만들어 낸 자화상에 커다란 영향을 받아 왔다. 생리적으로 솔직하게 표현될 수밖에 없는 성적 클라이맥스와 같은 반응도 실생활에서는 각자의 태도나 문화적 관습에 따라 다양하게 나타난다. 예를 들면 아랍 여성은 오르가슴을 거의 경험하지 못한다. 심지어 여성에게 성적 절정감이라는 개념 자체도 없다. 그러나 문두구머족이나 사모아 섬에서는 여성의 오르가슴이 섹스의 일상적인 구성요소인 것으로 보인다. 미국 문화 하나만 놓고 봐도 급속히 변하고 있다. 1948년 앨프레드 킨지가 보고한 여성들과 1980년 가을 〈코스모폴리탄〉 지가 조사한 여성이 30년도 안 된 세월 사이에 얼마나 달라졌는지 생각해보자. 킨지 보고에서는 15세까지 성 접촉을 경험한 여성은 3퍼센트였다. 또한 기혼여성 가운데 혼외정사 경험이 있는 사람은 24세까지는 8퍼센트였다가 35세가 되면 20퍼센트로 증가했다. 조사대상이 된 여성의 반 정도가 보통 오르가슴을 경험한다고 대답했고, 전혀 느낀 적이 없다고 대답한 여성도 8퍼센트였다. 한편 1980년의 〈코스모폴리탄〉 지의 앙케트에 대답한 여성을 보면, 20퍼센트가 15세가 되기 전에 이미 첫번째 성경험을 가졌다. 18세에서 35세까지의 기혼여성 가운데 50퍼센트가 혼외정사를 한 경험이 있고, 35세 이상의 기혼여성에서는 그 비율이 거의 70퍼센트 이상이었다. 규칙적으로 성관계를 가지는 사람의 60퍼센트가 보통, 혹은 늘 오르가슴을 경험한다고 대답했고, 한 번도 경험하지 못했다고 대답한 사람은 1퍼센트에 불과했다. 30년간 일어난 가장 현저한 변화는 여성이 접촉하는 애인의 숫자다. 〈코스모폴리탄〉 지의 조사에 의하면 30퍼센트가 두 명에서 다섯 명을, 10퍼센트가 25명 이상의 애인을 갖고 있다고 대답했다.

모든 문화에 적용될 수 있는 성의 일반적 특징을 말하기는 매우 어렵다. 그러나 성관계를 맺는 두 사람이 개인적 관계를 유지하고 싶어 한다는 것은 몇 안 되는 일반적인 특징의 하나다. 인류학자와 사회과학자는 필요한 정보를 얻기 위해 주로 인터뷰에 의존할 수밖에 없다. 인터뷰 상대는 자진 참여한 지원자일 수도 있고 경우에 따라서는 유급 정보 제공자일 수도 있다. 비교적 최근에 와서야 실험실에서 섹스에 대한 생리적인 연구를 할 수 있게 됐고, 반복된 실험을 통해 검증 가능한 정확한 자료를 수집하는 것이 가능해졌다. 그렇다 해도 한 여성의 성 체험을 수년 동안 계속 추적하면서 연구한 경우는 아직 없다. 그러한 연구에 참여해 달라고 제안하는 것만으로도 대다수 사람은 쇼크를 받을 것이다. 다시 말하면 사바나 비비에 대해 우리가 알고 있는 지식보다도 여성의 섹스 생활에 대한 정보가 훨씬 부족하다는 것이다.

관심은 많은데 적당한 정보가 없다면 문제가 생기는 것은 당연하다. 그런 면에서 인류 여성의 섹스가 어떻게 진화했는지를 비교적 자세히 기술한 몇몇 저자들의 견해가 큰 차이를 보인다 해도 놀랄 것이 못된다. 한쪽에서는 모든 여성들이 선천적으로 강한 성적 동인을 영장류로부터 물려받았다고 주장한다. 이 사실이 그동안 알려지지 않았던 것은 남성 중심의 부권 문화가 여성을 한층 더 효과적으로 지배하기 위해 억압했기 때문이라는 것이다. 또 반대편에서는 여성의 성적 감정이 진화적인 면에서 아무 중요성도 없다고 주장하는 사람들이 있다. 이들은 남성의 성적 동인이 인류 진화에서 중요한 역할을 했으며 여성의 성적 욕망이란 단순히 흔적으로 남아 있는 남성적 현상의 부산물에 지나지 않는다고 주장한다.

페미니스트 정신의학자인 메리 제인 셔피는 프로이트 학설을 최근까지의 성에 대한 연구결과와 생물학의 발달을 관련시켜 재해석하려고 노력했다. 여성의 섹스를 다루는 그녀가 주장한 진화론적 관점의 핵심은 "영장류의 진화과정을 전체적으로 보면 진화적 압력이 암컷으로 하여금 강력한 오르가슴을 오랫동안 지속시키는 방향으로 발달했다. 그것이 최대한도로 부푼 정맥 충혈을 가장 효과적으로 제거하기 위한 수단이었다"는 것이다. 오르가슴을 의학적인 가치 면에서 이와 같이 강조한 것은 오래전부터 있었다. 적어도 2세기경까지 거슬러 올라가는데 그 이래로 찬반 양론이 지속됐다. 17세기 프랑스에서는 만일 남편이 아내가 만족하기 전에 사정하고 성행위를 끝내는 경우에는 여성에게 오르가슴에 이를 때까지 자위행위를 하는 것이 허용됐다. 그러나 쾌락을 위해 자위행위를 하는 것은 허용되지 않았다. 당시에는 여성의 오르가슴이 강하고 건강한 자녀를 생산하는 데 기여한다고 믿었다.

셔피는 "사실상 여성은 최고도의 성적 만족을 느끼는 경우 오히려 성적으로 더욱 탐욕스러워진다"고 주장했는데, 그녀는 이에 대해 오르가슴이 치료 효과가 있다고 하는 막연한 추측 이외에 어떤 진화적 근거도 제시하지 않았다. 그녀의 생각은 일부 페미니스트와 사회과학자로부터 열광적인 지지를 받았지만, 다른 사람들은 그녀의 주장을 무시하거나 반박했다. 그녀가 재구성한 인류의 진화과정에 새롭고 독특한 면이 있다는 것은 확실하지만 많은 비판을 불러일으킬 소지를 다분히 가진다. 셔피는 급진적인 페미니스트의 견해를 받아들였다. 그것은 19세기 이전부터 있었던 생각으로 인류 진화과정에 모권제 시기가 있었다는 견해다. 아마도 그 시기에 여성은 아무런 제한 없이 성적 활동에 몰두할 수 있었을 것이다. 그러나 이런 가설을 지지할 만한 고고학적 증거나 인류학적 증거는 사실상 하나도 없다. 그렇지만 이 사실은 잠시 옆으로 밀어두고, 그녀의 가설을 좀더 들어 보자. 셔피의 진화적 견해는 생물학이나 사회과학으로부터도 뒷받침할 만한 증거가 없기 때문에 인기가 없었다. 여성의 본성 속에 근본적으로 섹스가 숨어 있다는 그녀의 신념이 반드시 잘못된 것은 아니지만 무시됐다. 그녀의 견해를 가장 매섭게 비판한 사람으로 인류학에서 사회학으로 전향한 도널드 시몬스는 최근 다음과 같이 적었다.

성적 만족이라는 환영을 추구해 이른바 밑 빠진 독에 물 붓기 식으로 그칠 줄 모르고 의미도 없는 일에 시간과 정력을 낭비하는 것이 여성의 번식 성공에 도대체 어떤 기여를 할 것인지 아무리 생각해도 알 수가 없다. 오히려 이러한 성적 탐욕성은 식량채집과 조리, 육아와 같은 매우 중요한 활동에 심각한 장해를 주었을 것이다. 그밖에도 성적 탐욕성은 무작위적인 성관계를 촉발하기 때문에 암컷 선택의 기회가 줄어들어 결국 여성의 번식 성공도를 더욱 감소시키게 될 것이다.

시몬스의 비판은 "자연 상태에서 암컷이 일생 생산할 수 있는 자녀 수에는 거의 개인적 편차가 없다"는 사실과 "암컷이 많은 수컷과 교미한다고 해서 출산율이 증가하지는 않는다"는 결론에 근거한 것이다. 여성의 진화적 성공도를 출산하는 자녀의 수를 기준으로 측정한다면 비슷한 환경에서는 비교적 일정할 것이고, 여성의 성적 행위에 의해서도 별로 영향을 받지 않을 것이다. 그러므로 여성의 섹스는 여성의 진화 역사와는 무관한 것이다.

여성의 오르가슴과 남성의 젖꼭지

그러면 도대체 왜 여성이 성욕을 갖고 때로는 오르가슴까지 경험하게 됐을까? 시몬스는 여성이 성적 감정을 갖게 된 것은 남성에게 젖꼭지가 있는 것과 비슷한 이유라고 주장한다. 자연이 두 개의 성을 만들 때 똑같은 기본 모델을 바탕으로 약간의 변형만 주었다는 것이다. 이런 견지에서 그는 여성의 오르가슴이 "포유류가 갖는 양성적인 잠재력의 부산물로 오르가슴은 수컷에게 적응적인 의미가 있기 때문에 포유류 암컷에게도 존재하게 됐다"고 주장한다.

셔피의 사고방식에 갈레노스나 루이 14세 치하의 프랑스풍 색채가 배어 있다면, 시몬스의 주장은 아리스토텔레스에 뿌리를 둘 뿐만 아니라 여성은 어떤 성적 욕구도 갖지 않는다는 19세기 초기의 부정적 견해를 계승하는 셈이다. 진화론과 비슷한 정도의 신뢰를 받던 19세기 사고방식은 "여성은 어떤 성적 쾌락으로도 채워질 수 없을 정도로 탐욕스런 욕망을 갖고 있다"는 한 세기 이전에 유포된 생각에 대한 일종의 반전이다. 19세기 후반까지도 대중의학의 권위자였던 윌리엄 액톤은 확신을 가지고 "대부분의 여성은 어떤 종류의 성적 감정에 대해서도 별로 괴로워하지 않는다"고 주장했다. 뿐만 아니라 1906년까지도 "대다수의 여성에게 성욕 자체는 결코 강렬한 것이 아니다"는 주장이 계속됐다.

여성의 오르가슴이 "진화적인 의미에서 준남성적 반응"이라고 하는 관념은 빅토리아 시대 사고방식의 잔재인 것으로 보인다. 그러나 이런 관념은 훨씬 현대적인 향기를 갖는 일종의 진화론적 공리설에 의해 지지받고 있다. 그것은 여성의 오르가슴이 예측할 수 없고 믿을 수 없는 것이라는 생각이다. 진화적 적응 면에서 그 역할에 잘 맞는 것은 그렇지 못한 것보다 훨씬 효과적으로 기능을 발휘할 것이다. 이런 주장을 뒷받침하는 증거로, 여성의 오르가슴이 진화상으로 볼 때 이상 현상이라는 것이다. 즉 여성의 오르가슴은 남성의 성적 능력이 높아졌기 때문에 생겨난 비교적 새로운 현상이고, 모계의 아주 먼 선조로부터 물려받은 유산은 아니라는 것이다. 이 얘기는 동물의 암컷에게는 오르가슴이 없다는 말과 같다.

생리학적으로 뚜렷하고 심리학적으로는 인상적인 '여성의 오르가슴'은 여성 섹스의 본질과 진화에 대한 오래된 논쟁의 핵심 문제였다. 이런 생리학적, 심리학적 반응을 좀더 자세히 검토해 볼 필요가 있다.

클리토리스와 오르가슴의 상관관계

여성 오르가슴이 산발적으로 일어난다는 것을 부정할 사람은 없다. 마거릿 미드는 이 점에 대해서는 개인적으로, 문화적으로 차이가 있다고 지적한다. 그녀는 성적인 클라이맥스를 늘 인식할 수는 없는 '잠재성'이라고 본다. 그렇지만 오르가슴에 도달할 수 있는 능력이 보편적이라는 것은 분명하다. 마스터즈와 존슨의 연구에서 알 수 있는 사실의 하나는 거의 모든 여성이 충분한 전희와 자극을 받으면 오르가슴에 도달하지만 그렇다고 반드시 성교에 의해서나 성교만으로 오르가슴을 느끼는 것은 아니라는 점이다.

세무어 피셔, 쉐어 하이테, 다른 사람들이 실시한 조사결과를 보면 미국의 대다수 여성은 오르가슴에 도달하는 데 클리토리스의 자극이 필요하고, 클리토리스를 자극하지 않는 성교는 불충분하다고 지적한다. 이 조사에서 성교만으로 늘 절정에 도달한다고 대답한 여성은 전체의 4분의 1에 불과했다. 결론적으로 하이테는 성교 때 간접적인 클리토리스 자극으로 생기는 '일상적인' 오르가슴은 전체적으로 비현실적인 것에 지나지 않는다고 규정했다.

해부학적 관점에서 엄밀하게 보면 인간의 클리토리스가 문제의 핵심이 된다. 진화란 사실상 언제나 기존의 구조와 개선하려는 자연 선택 사이의 타협이라고 할 수 있다. 그러나 타협한 것으로 본다 해도 여성의 생식기 구조는 특히 비효율적인 것으로 보인다. 그러면서도 그것은 새로 발명된 것도 아니다. 클리토리스는 포유류 전반에서 폭넓게 찾아볼 수 있고 비록 크기나 형태, 위치에는 큰 차이가 있지만 영장류는 거의 모두가 갖고 있다. 청서번티기 원숭이는 클리토리스가 작아서 보이지 않지만, 여우원숭이, 로리스, 사실상 모든 고등 영장류에서 확실하게 볼 수 있다. 다수의 수컷과 무리를 이루어 사는 비비와 마카크에서는 좀더 뚜렷하게 보이지만 다른 구세계 원숭이의 클리토리스 형태는 놀랄 정도로 다양하다. 어떤 비비는 발정기에 클리토리스를 뒤덮고 있는 표피가 비대해져 아래로 돌출하는 경우도 있다. 유인원, 특히 긴팔원숭이와 침팬지는 클리토리스가 잘 발달해 있고 절대치나 키에 대한 상대치로 볼 때도 모두 인간의 클리토리스보다 크다.

클리토리스는 암컷의 성적 자극 이외에는 아무런 기능도 없는 것으로 보인다. 클리토리스가 교과서에서는 터부시되거나 무시되는 것도 바로 이런 이유 때문일 것이다. 그렇다면 클리토리스를 맹장과 같이 무의미한 것이라고 생각해도 좋을까? 맹장처럼 과소평가되는 기관과 마찬가지로 이것도 어떤 목적을 수행하기 위한 것이거나 혹은 과거에 어떤 역할이 있었다고 생각하는 편이 더 합리적일 것이다. 그 목적이라는 것이 오르가슴을 얻기 위해 성적 자극을 받기 위한 것으로 보인다는 것에서 이야기는 또 다시 원점으로 돌아간다. 클리토리스의 존재 이유를 진화론적인 관점에서 설명하려면 여성의 오르가슴이 여성에게 뭔가 번식상의 이익을 준다는 것을 증명해야만 한다.

　'오르가슴'은 원래 어떤 강렬한 흥분을 나타내는 일반적인 단어이거나 또는 상처의 염증이나 잘 익은 과일의 팽창을 의미하는 단순한 명사였다. 오늘날 현대 여성에게 오르가슴을 적용하는 경우에는 개인차가 매우 큰, 일반적으로 쾌락적인 현상을 뜻하는 것이다. 오르가슴의 절정에서는 국소 혈관에 모였던 혈액이 해방되고 클리토리스 자극에 반응했던 근육의 긴장이 풀어진다. 여성의 오르가슴에 대해 우리가 알고 있는 대부분의 지식은 마스터즈와 존슨 같은 사람들이 최근 실시한 연구결과와 서구의 솔직한 여성에 대한 인터뷰, 그 외 다양한 문화사회에 대한 산발적인 조사로부터 얻은 것이다. 이 문제에 대한 비교문화적 연구는 번역 문제로 어려움이 많다. 경험이 풍부한 인류학자도 다른 민족의 오르가슴을 의미하는 단어가 무엇인지, 그러한 단어가 존재하는지 아닌지 확실히 모르는 경우가 많다. 인류 이외의 동물에서도 암컷이 오르가슴에 대응할 만한 어떤 것을 체험하는지 아닌지 단언하기 곤란하다. 직접적으로 질문할 수 없기 때문이다. 그러나 한 가지 다행스러운 일은 인간과 달리 동물은 그 광경을 직접 관찰할 수 있다는 점이다.

　관찰을 통해 보면 영장류 암컷은 실제로 '오르가슴'을 체험하고 있는 것 같다. 야생 영장류를 연구해 온 많은 학자들이 그렇게 증언한다. 그들은 어떤 증거를 근거로 한 것일까? 교미와 관련된 특별한 반응으로는 발작적인 팔의 움직임, 단속적인 신음소리, 흥분을 표현하는 단순한 삐죽거림 같은 것들이 자주 보고된다. 관찰자에 따라 달라지기도 하지만 그들이 자위행위를 하는 경우 때때로 '황홀한 표정'을 나타내기도 한다. 이밖에 특별한 생리적 반응도 보고된다. 즉 리드미컬한 질 수축과 심장박동수의 변화가 바로 그것인데, 여성에서도 똑같은 변화가 일어난다. 그러나 한 가지 안타까운 것은 정확한 자료를 얻기 위해 동물을 자연환경에서 데려와 하얀 벽으로 둘러싸인 연구실에서 조사해야 한다는 것이다. 실험실 상황은 그 자체가 스트레스를 주므로 비정상적인 자극일 수밖에 없다.

오르가슴에 대한 남성과 여성의 생각

결국 "다른 영장류도 오르가슴을 체험하는가?"라는 직선적인 질문에는 다양한 대답이 가능하다. 모든 연구를 다 종합했다고는 하기 어렵지만 어쨌든 이 문제에 대해 발표된 것을 종합해 보면 대체적으로 두 가지 의견으로 나눌 수 있다. 하나는 암컷의 오르가슴은 인간만이 가지는 독특한 것이거나 적어도 인간에게서 주로 볼 수 있는 것이라는 주장이다. 이런 의견을 가진 사람으로는 데스몬드 모리스, 데이빗 바라시, 조지 푸, 프랑크 비치, 리처드 알렉산더, 캐더린 노난, 도널드 시몬스 등이 있다. 또 다른 하나의 견해는 인류 이외의 영장류 암컷도 그러한 오르가슴을 경험한다고 주장하는 것인데, 흥미롭게도 이쪽에는 여성이 많다. 프란시스 버튼, 엘레인 모건, 수전 차발리에-스콜니코프, 도리스 점프, 리처드 미첼, 도널드 골드푸트, 나 자신도 여기에 속한다. 이런 상반된 상황에서는 증거의 한계가 무엇인지 또 무엇이 지식이고 무엇이 경험이며 무엇이 신념인지를 주의를 기울여 구분해야 한다.

붉은털원숭이 암컷은 수컷이 사정할 때 고개를 돌려 뒤에 올라탄 수컷을 바라본다. 그리고 팔을 발작적으로 떨며 수컷을 붙잡는다. 이것을 '붙잡기 반사'라 부른다. 도리스 점프와 리처드 미첼은 1968년의 논문에서 이런 반응이 "붉은털원숭이의 성행위 완료에 대한 외적인 표현"일지도 모른다는 임시 가설을 제시했다. 점프와 미첼은 임신하지 않은 세 마리 붉은털원숭이 암컷의 교미 행위를 추적했는데, 사정에 도달한 389번의 교미 중 97퍼센트 가까이 붙잡는 반응을 나타냈다. 교미 과정을 촬영한 필름을 한 장씩 분석해 보면 수컷이 삽입 운동을 계속 하는 동안에 이미 붙잡기 반사가 나타나기 시작한다는 것을 알 수 있다. 이런 순서를 보면 암컷의 붙잡기 반사 행동 그 자체가 수컷의 사정을 유발하는 것인지도 모른다. 붙잡기 반사는 여성 호르몬인 에스트로겐의 분비가 정상일 때만 일어난다. 난소 절제수술을 하면 이런 반사 행동이 억제되고 에스트로겐을 투여하면 다시 회복된다.

인류 이외의 영장류 암컷의 오르가슴에 대한 자세한 생리학적인 연구는 그로부터 수년 뒤 인류학자인 프란시스 버튼이 실시했다. 그녀의 실험방법은 다음과 같은 것이었다. 그녀는 세 마리 붉은털원숭이 암컷에게 5분간 털 고르기를 하고 5분간은 실험자가 기계적으로 클리토리스를 자극시켰다가 4분간 휴식한 다음 다시 5분간 질을 자극했다. 그랬더니 암컷은 마스터즈와 존슨이 말하는 성교의 4단계 가운데 3단계를 확실하게 보여 줬다. 즉 질구의 확대와 점액의 분비, 음순의 충혈이 특징적으로 나타나는 '흥분기', 클리토리스의 충혈 팽창을 수반하는 '고조기', 이어서 클리토리스의 충혈이 풀어지는 '회복기'의 3단계였다. 그러나 인간에서 나타나는 세번째 단계인 '절정기, 오르가슴 시기'에 대한 확실한 징후를 찾아볼 수 없었다. 왜냐하면 이 시기에 클리토리스의 귀두부를 볼 수 없었기 때문이다. 버튼은 이 실험을 통해 붉은털원숭이도 확실히 오르가슴에 도달할 수 있는 힘을 갖는다는 결론을 내렸지만, 실험결과의 해석상 중대한 문제가 있다는 것을 인정했다.

자연 상태에서 붉은털원숭이의 교미 행동은 매우 빨라서 실질적인 지속시간이 겨우 3, 4초 밖에 되지 않는다. 따라서 실험실에서 받은 만큼의 자극을 자연 상태에서 받으려면 여러 번 교미해야 하고 매번 성적 자극이 계속 축적되어야만 한다. 단시간에 여러 파트너와 교미를 반복하는 첫번째 조건은 자연 상태에서 생활하는 마카크, 비비, 침팬지에서도 관찰됐다. 그러나 자연 상태에서 어느 정도의 성적 자극이 얻어지는지, 또는 원숭이는 그러한 자극을 어떻게 느끼는지 우리는 알 수가 없다.

　여성의 경우 삽입 전에 성적 흥분이 높아지면 훨씬 쉽게 오르가슴에 도달한다. 또한 성적인 각성 상태가 몇 시간 동안 축적될 수 있다. 그리고 여성은 남성과 달리 오르가슴에 도달한 뒤 곧바로 원래의 생리적 상태로 되돌아가지 않고 오르가슴 직전의 상태가 지속된다. 자연 상태의 영장류가 몇 시간이나 며칠 동안의 성적 활동기 동안 체험하는 성적 각성의 수준을 측정할 수 있는 방법은 없다. 하지만 자연 상태에서도 오르가슴을 유발시키기에 충분할 정도의 자극이 존재할 가능성은 분명히 있다.

　이밖에도 마스터즈와 존슨이 제시한 것만큼 확고한 것은 아니지만 다른 여러 가지 증거를 받아들인다면 야생 영장류에서도 오르가슴이 일어난다고 할 수 있다. 자연 상태에서는 생리적 반응을 정확히 평가할 수는 없지만 쉽게 관찰할 수 있는 행동을 통해 상당히 의미 있는 결론을 유도할 수는 있다. 야생 붉은털원숭이나 비비 암컷은 수컷이 사정하는 순간 단속적인 신음소리 같은 '교미 소리'나 '근육의 경련' 혹은 특이한 얼굴 표정과 애무로 이어지는 성행위 뒤의 휴식과 같은 것은 모두 암컷의 절정감을 나타내는 신호로 해석됐다. 이런 신호는 이성간의 교미뿐만 아니라 동성간의 애무 행동에서도 나타난다. 두 마리 암컷 사이의 동성애적 행동은 자연 상태나 사육 중인 다양한 영장류에서 보고됐다.

암컷의 올라타기

사육 중인 뭉툭꼬리마카크 집단을 관찰한 수전 차발리에-스콜니코프는 암컷이 다른 암컷의 등 위에 올라타는 것을 스물세 번 목격했다. 수컷이 다른 수컷의 등을 올라타는 것과 마찬가지로 암컷도 서열관계를 표현하는 한 가지 방법으로 다른 암컷의 등에 올라타지만 그런 행위도 성적 자극의 뚜렷한 특징의 하나다. 차발리에-스콜니코프는 그러한 '올라타기mounting'의 진행과정을 자세히 보고한다. 그 과정을 보면 올라타는 암컷이 이빨을 드러내는 표정을 짓고 다른 암컷에게 접근하면 상대방 암컷은 궁둥이를 내민다. "유혹하는 암컷은 궁둥이를 제공한 암컷 위에 올라타 약 1분간 골반을 계속 비벼대는 동작을 하면서 자신의 성기를 상대의 등에 문지른다. 이때 올라탄 쪽은 성적 자극을 받지만, 등을 제공하는 쪽은 자극을 받지 않는다. 두 마리 암컷 모두 입술을 오므리거나 입맛을 다시거나 입을 네모나게 만드는 표정을 짓는다. 그리고 올라탄 암컷이 '절정기'에 동작을 멈추면 약 10초 동안 근육이 이완된다. 그때 올라탄 암컷은 입을 동그랗게 하고 얼굴을 찌푸리며 후- 후- 하는 소리를 토해낸다."

골드푸트는 공동 연구자들과 함께 실험실에서 뭉툭꼬리마카크의 성행위를 관찰했다. 관찰자들은 암컷이 성행위를 하는 동안 일종의 성적 절정감을 경험하는 데서 강한 인상을 받았다. 관찰자들은 수컷이 사정 신호를 보내는 것처럼 암컷이 입을 동그랗게 오므리는 표정

을 할 때 자궁이 강하게 수축하고
심장박동수가 급격히 증가하는
것을 확인했다. 이성 간에
성행위를 한 열 마리의 암컷
가운데 네 마리가 적어도 한
번은 입을 오므리는 반응을 나타
냈고, 52회의 교미 가운데 평균
10회에서 그런 표정을 보였는데
반응의 개체에 따라 반응의 빈도
수에 차이가 났다. 어떤 암컷은

뭉툭꼬리마카크

교미 동안 40퍼센트 가까이 이른바 이런 '사정의 표정'을 나타냈다.

텍사스 러레이도Laredo 근처에서 방목되는 일본원숭이도 뭉툭꼬
리마카크와 유사한 성행동을 보였다. 이들은 제멋대로 움직이기 때
문에 체내의 생리적 변화를 측정하는 기계장치를 삽입할 수 없었
다. 그렇지만 일본원숭이 암컷이 실험실에서 오르가슴에 도달한 것
과 같은 종류의 성기 자극을 열심히 추구하는 것만은 확실하다. 오
늘날까지 관찰된 모든 성행동 가운데서 세번째 유형이라 할 수 있
는 것은 '암컷의 올라타기'인데, '암컷'이 수컷 파트너의 등에 올라
타 자신의 회음부를 수컷의 등에 문지르는 것이다. 이것을 관찰한
린다 울페는 "만일 암컷이 오르가슴에 도달할 능력을 갖고 있다면
회음부의 압박과 마찰이 오르가슴을 촉진시키게 될 것은 당연하다.
수컷 등에 올라탄 암컷이 다른 암컷보다 강한 성적 동기를 갖는다
는 것은, 수컷의 등에 올라탄 암컷이 그렇지 않은 암컷보다 더 많은
수컷과 교미한다는 조사결과에서 알 수 있다"고 말했다.

이 모든 결과를 보수적으로 해석한다 해도 성기 자극이 상황에

따라서는 영장류 암컷의 성적 행위에 긍정적인 역할을 한다고 할 수 있다. 우리에서 사육하는 원숭이나 유인원과 마찬가지로 삼림 속에서 사는 야생 침팬지나 오랑우탄도 때로는 자기 혼자 성기를 자극한다. 그러나 암컷의 자위행위가 관찰된 예는 수컷에 비해 훨씬 적다. 그러나 영장류 암컷이 "어떤 종류의 성감에 대해서도 그다지 신경을 쓰지 않는다"고는 말할 수 없을 것이다. 그렇다면 암컷의 본성 속에 있는 이러한 성적 욕망을 어떻게 생각해야 할까?

암컷의 성적 욕망

인류 이외의 영장류에도 오르가슴이 존재한다는 증거는 계속 증가하지만, 오르가슴이 존재하는 이유에 대해 납득할 만한 설명은 아직 나오지 않았다. 임상적인 연구결과, 오르가슴을 생리적이나 치료적 입장에서 설명하는 것은 별로 지지를 받지 못한다. 오르가슴이 존재하는 이유가 분명치 않기 때문에 오르가슴과 여성의 섹스를 '비적응적인 것' '우발적인 것' '비우생학적'인 것으로 생각하거나 남성에 대한 봉사라는 측면에서만 적응적인 의미가 있다고 치부해 버렸다.

셔피의 연구도 이런 정도의 설득력을 갖는 가정에서 출발했다. 그 가정은 남성과 마찬가지로 여성도 성기 자극으로 받는 쾌감이 적응적인 의미가 있다. 그리고 또한 성기 자극으로부터 발생하는 쾌감이야말로 파트너를 찾아 성행위를 하고자 하는 의욕을 일으키는 원동력이라는 것이다. 그러나 무엇을 위한 적응인가?

교미의 목적이 무엇이냐고 물으면 대부분의 생물학자들은 곧바로 수정이라고 대답할 것이다. 수태를 위한 것이라면 한 번의 수정만으로도 충분하기 때문에 반복적으로 교미하는 것은 암컷에게 별로 이익이 될 것이 없고, 또한 배란기 이외의 시기에 교미하는 것도 암컷에게는 전혀 도움이 되지 않는다고 생각할 수밖에 없다. 이런 딜레마 때문에 필연적으로 여성의 섹스는 일종의 진화적인 흔적이라는 결론에 도달하게 된다.

그러나 자연선택이 여성의 섹스보다 남성의 섹스에 대해 훨씬 더 강력하고 유리하게 작용했다는 결론이나 여성의 섹스는 자연선택에 '노출되지 않았을 것'이라는 생각에는 무리가 있다. 그 같은 결론은 여성에 대해 신중하게 생각하지 않거나 나타난 증거조차도 고려하지 않은 것이다. 종의 구성원 사이에 어떤 변이가 생긴다면 그 변이가 아무리 사소한 것이라 해도 자연선택이 작용하게 된다.

암컷은 적응적인 면에서 이중의 의무를 지고 있다. 식량을 구해 자녀에게 제공해야 할 뿐만 아니라 자녀가 생존할 수 있도록 여러 가지 궁리를 해야 하는 힘겨운 문제에 직면해 있다. 그렇기 때문에 적응상의 이해관계가 걸린 것이라면 무엇이든지 수컷과 마찬가지로 암컷에게도 상당히 중요한 것이다. 암컷이 자신의 번식 성공 가능성을 높이기 위해 다양한 기회를 이용한다는 것은 여러 종에서 분명히 증명됐다. 예를 들면 어떤 암컷은 다른 암컷의 번식 활동을 억제하는데, 이것을 '하갈 현상Hagar phenomena'이라고 부른다. 즉 아브라함의 처 사라가 남편의 첩 하갈을 광야로 내쫓았듯이, 사회적으로 지위가 높은 상위 암컷은 하위 암컷의 배란을 억제하기도 하고 경쟁상대가 자신의 주거지역이나 먹이 장소에 접근하지 못하게도 한다. 또 다른 예를 들면, 암컷은 자신과 자녀의 생존에 커다란 영향을 미치는 식량, 돌보기, 보호와 같은 요인들에 대해 자신의 높은 사회적 지위를 이용한다. 보호와 원조를 받지 못하는 암컷은 자녀를 아무리 많이 낳더라도 번식 연령까지 한 마리도 기를 수 없다. 암컷은 초경부터 폐경까지 하나씩 차례로 자녀를 낳는 자동 번식 기계가 아니다. 자연 상태에서 실제로 이론상의 최대치까지 자녀를 낳아 기를 수 있는 암컷은 아마도 극소수밖에 없을 것이다(7장 참조).

이렇듯 암컷의 사회적 조건이 자녀에게 크나큰 영향을 미친다. 식량과 원조자의 유무, 포식과 습격에 대한 방어와 보호, 이것들 모두가 암컷과 그 자녀에게 결정적으로 중요하다. 이런 상황에서 자연선택이 수컷에게만 작용하고 암컷에게는 작용하지 않을 수는 없었을 것이다. 더구나 암컷의 성적 활동에 소요되는 에너지와 위험도를 생각한다면 암컷의 섹스가 번식 성공도를 증진시키는 데 아무런 역할도 하지 않고 지금까지 지속되었다고 생각할 수는 없다.

암컷의 번식 성공은 주변에 있는 수컷의 태도에 크게 좌우된다. 수컷이 암컷의 자녀를 적극적으로 도와주거나 적어도 방해하지 않도록 만드는 것이 자녀양육에 매우 중요하다는 사실을 인정한다면, 능동적이고 난교적인 암컷의 성행동이 자연선택에 중요했을 것만은 분명하다. 영장류 암컷은 여러 수컷과 교제하기 때문에 누가 아비인가에 관한 정보를 암컷이 능동적으로 조작할 수 있고 이것을 이용해 수컷을 조정한다. 태어날 자녀에게 유리한 것이라면 암컷은 비록 색광적일 정도의 난교적인 행동이라도 서슴지 않을 것이다. 어떤 경우에는 특정한 수컷과 성행위의 쾌락을 나누는 것이 둘의 결합을 강화시켜 주겠지만 섹스의 쾌락은 수컷을 위해서가 아니라 암컷을 위해서도 역할을 한다.

셔피가 말하는 '탐욕성'이라는 단어는 너무 강렬한 느낌을 준다. 그러나 암컷이 어떤 상황에서 수컷을 유혹하는 태도를 취하는 것은 영장류 암컷의 생활에서 중요한 적응상의 목적을 달성하는 데 필요한 것이다. 암컷이 여러 파트너에게 장기적으로 성적 유인 행동을 하는 것이 자연 선택의 면에서 유리했을 것이라는 맥락에서 여성 성기의 중요한 해부학적 구조가 진화됐다는 셔피의 전제도 무리가 있는 것은 아니다. 1960년대 초에 씌어진 셔피의 책은 1965년 이후 영장류의 행동에 대해 폭발적으로 증대된 지식을 이용할 수 없었다는 것에 유의해야 한다. 셔피가 책에서 확신하게 말한 것은 아니지만 영장류의 섹스에 대한 그녀의 모델은 극소수의 종을 기초로 한 것이다. 그녀가 인용한 종은 붉은털원숭이, 사바나 비비, 침팬지로 이들 모두 복수 수컷 무리를 형성하고 일부다처제의 사회체제를 갖고 있다. 그녀는 영장류에서 단혼제 사회체제를 갖고 있는 종은 생각하지 않았다. 셔피가 주안점을 둔 것은 인류였는데, 다행스러운 것은 그녀가 빠뜨린 몇 가지 실수 때문에 그녀의 주장이 완전히 붕괴된 것은 아니라는 점이다.

현존하는 동물 가운데서 인류와 가장 가까운 친척임에 틀림없는 대형 유인원 가운데는 엄격한 일부일처제를 하는 것이 하나도 없고, 또 화석 유인원과 화석 인류에서 나타나는 뚜렷한 자웅이형성을 생각해 봐도 인류의 선조가 단혼제를 했을 가능성은 거의 없다.

섹스에 대한 여성의 잠재력

고생물학에 대한 연구결과로부터 어떤 종의 사회구조에 대한 지식을 얻어 내기는 어렵지만 어떤 종이 단혼제적 번식체계를 갖고 있었는지 아닌지에 관해서만은 확실한 해답을 얻을 수 있다. 암컷이 수컷과 동등한 지위를 갖고 있는 영장류는 대부분 일부일처제이고, 그들은 사실상 자웅동형성, 즉 암컷과 수컷의 체격이 같은 특징이 있다. 한편 일부다처제에서는 수컷이 암컷보다 상당히 큰 자웅이형성이 특징으로 나타난다. 이 같은 현상은 일부다처제에서 수컷이 암컷을 놓고 서로 경쟁하기 때문에 생긴 것인데, 일부일처제에서는 동성간의 경쟁이 암컷과 수컷 모두에서 거의 비슷한 정도로 일어나기 때문에 암컷과 수컷의 체격 차이가 생기지 않는다.

인류 계통의 화석을 조사해 보면 인류의 선조도 현대 인류와 비슷한 정도의 자웅이형성을 보인다. 현대 인류는 남자가 여자보다 12퍼센트 정도 크지만, 에티오피아의 하다르Hadar와 탄자니아의 레톨라이Laetoli에서 최근에 발견한 화석을 증거로 추정해 보면, 400만 년 전 인류의 자웅이형성은 현대 인류보다 더 컸음이 밝혀졌다. 이것은 지금으로부터 3000만 년 전, 아주 오래전 구대륙의 고등영장류에서도 마찬가지다. 인류의 자웅이형성의 정도를 일반 포유류의 수치와 비교해 보면 호모사피엔스는 '중간 정도의 일부다처제를 하는 종'에 속한다. 인류의 친척인 고릴라, 침팬지, 오랑우탄은 일부다처의 정도가 인류보다 훨씬 심한데, 수컷은 암컷보다 최고 4분의 1 혹은 그 이상 더 크다.

자웅이형성에 대한 이런 연구 결과가 있는데도 불구하고 초기 인류가 일부일처제를 했다는 오래된 생각을 오늘날에도 많은 사람들이 믿고 있다. 그러나 그런 입장은 독선적인 인간 중심주의적 사고방식을 갖고 있거나 아니면 그럴듯한 어떤 설명이 필요하다. 예를 들어 오웬 러브조이는 독창적이고 설득력 있는 〈인간의 기원〉이라는 논문에서 현대 인류가 등장하는 데는 짝결속과 단혼제적 번식 체제가 불가피했다고 주장한다. 그러나 그는 이런 주장을 하기 위해 "인류의 자웅이형성이 전형적인 인류만의 특징은 아니다"고 주장하면서 초기 인류의 자웅이형성에 대한 증거를 무시했다. 그는 인류의 송곳니가 자웅이형성이 있는 일부다처제의 다른 영장류에서 볼 수 있는 것처럼 그 크기가 다르지 않다는 것을 강조했다. 그러나 이것은 오히려 그의 주장에 대한 약점으로 작용했다. 왜냐하면 초기 인류의 남성이 다른 영장류처럼 송곳니를 무기로 사용했다고 가정해야 할 필연성은 없기 때문이다. 전투하는 데 몽둥이가 더 효과적이었다면 자연선택은 남성의 송곳니를 발달시키려고 작용하지는 않았을 것이다.

인간의 섹스에는 역설적인 면이 있다. 남성은 오르가슴에 도달한 뒤에는 일시적인 성 불능 상태가 되는 데 비해 여성은 여러 번 오르가슴에 도달할 수 있을 뿐만 아니라 오히려 여러 번의 오르가슴을 추구하려는 경향까지 있다. 이러한 남녀간의 성적인 불일치도 인류가 일부일처제 사회에서 진화됐다고 고집하지 않는다면 그다지 모순되는 것은 아니다. 단 한 번의 섹스로는 오르가슴에 도달하기 어려운 클리토리스의 생리도 다음과 같은 가능성을 생각해 본다면 결코 불가사의한 것만은 아니다. 즉 여성의 섹스가 배우자에게 '봉사'하기 위한 것이 아니라 자신의 번식 성공도와 자녀들의 생존율을 높이도록 진화했을 것이라는 점이다.

그러나 그렇다고 해도 모든 의문이 사라진 것은 아니다. 인류 여성도 영장류의 연장선상에서 영장류 암컷이 가진 왕성한 섹스를 생물학적으로 물려받았다고 생각한다면 다음과 같은 문제를 생각해 봐야 한다. 그렇다면 인류의 문화가 발달하는 과정에서 영장류로부터 물려받은 섹스 유산은 어떻게 변화됐을까? 문화의 발달이 어떻게 그 유산을 극복하도록 작용했을까? 아니면 여성만 특별히 생물학적 근원으로부터 벗어난 성적 행동을 할 수 있도록 허용된 것일까? 여성의 섹스는 더 이상 자연선택의 영향을 받지 않게 됐을까? 이전에는 적응적인 가치가 있었던 성적 행동이 이제는 가치를 잃게 된 것이라고 생각해야만 할까? 인류가 침팬지와 공통 선조를 가졌던 500만 년 전부터 지금까지 인류 여성의 섹스가 어떻게 변해 왔을까?

이런 의문에 대해 어떻게 접근할 수 있을까? 인류사회는 이른바 마카크속의 원숭이들만큼 여성에게 성적인 자율성을 허용하고 있지 않다. 만일 여성에 대한 성적인 구속을 제거한다면 여성은 어떤 행동을 할까? 여성이 여럿의 남성 파트너와 성적인 관계를 맺고 있다는 보고는 사실상 얼마 안 되는데 그것도 어떻게 해석해야 할지 잘 모른다. 영장류에 대해 알려진 사실만 보면 인류로 진화하기 시작한 호미노이드 암컷은 자신이 선택한 복수의 수컷과 생식적이든 비생식적이든 성적관계를 맺으려는 적극적인 의지를 갖고 있었다는 것을 알 수 있다. 그 다음에 어떤 일이 일어났는가 하는 것이 수수께끼 속에 숨겨져 있고, 아마도 계속 수수께끼로 남을지도 모른다. 우리는 인류 역사 전체를 통해 인류 문화에 가장 보편적으로 나타나는 것이 무엇인지를 추적할 수 있을 뿐이다. 어쨌든 여성이 '난교적인' 잠재력을 갖고 있다는 예측 자체가 인류 문화의 제도를 형성하는 데 심각한 영향을 주었다는 것만은 의심의 여지가 없다.

두 얼굴을 가진 여성의 섹스

여성의 본성에 대한 평가를 역사적으로 보면 늘 두 가지 모순되는 이념화 현상이 있었다. 한쪽은 여성을 정숙하고 수동적이며 성적으로 무지하다고 생각하고, 다른 한쪽은 여성이 매우 위험스런 섹스를 갖고 있는 존재라고 생각하는 것이다. 문자를 사용하지 않는 많은 전통사회에서도 두 가지 사고방식이 비슷한 정도로 나타난다. 여성의 섹스는 사람들의 마음속에 늘 커다란 자리를 차지하고 있어서 잡다한 이야기의 소재가 되는가 하면, TV 드라마에서도 여성의 성문제는 언제나 강렬한 흥미를 불러일으키는 주제로 사용된다.

남성보다 여성에 대해 성의 제약이 엄격하다는 것은 세계적으로 나타나는 보편적인 현상이다. 인류학자인 앨리스 슐레겔이 지적한 것과 같이 아내의 간통을 금하는 문화집단의 수는 남편의 간통을 금하는 문화집단의 거의 두 배에 달한다. 여성이 성적으로 정숙하고 수동적이라고 생각하는 문화집단조차 여성이 정조를 파기하지 못하도록 많은 대비책을 세워 둔다. 특히 한 가지 점에서는 거의 완전히 일치한다. 즉 여성은 적극적으로 성적 활동에 몰두할 만반의 준비가 되어 있어서 대다수 인류 집단은 여성의 섹스를 통제하기 위해 골몰한다는 점이다. 이처럼 모든 문화권이 여성의 섹스를 억압하는 데 많은 노력을 기울이는 진정한 이유는 무엇일까? 그것은 만일 그렇게 하지 않으면 누가 아비인지 알 수 없다는 사무엘 존슨 류의 신념, 즉 '자녀 혼동 문제' 혹은 '친부 신뢰도'의 문제 때문이다.

예를 들어 엥겔스에 따르면 '원시 사회의 상위와 중간 단계 정도의 전환기적'인 발달 단계에 있는 인류의 가족 구조는 문명화의 바로 전 단계에서 나타난 것으로, 그는 다음과 같이 말했다.

'가족'은 남성의 지배 아래 구축된 것으로 아비가 누구인지 확실한 자녀를 생산한다는 확고한 목적을 갖고 있다. 친부에 대한 확신이 필요한 이유는 태어난 자녀가 후일 부친의 재산을 물려받을 상속인이기 때문이다. 가족이라는 제도가 '초보적 단계'의 짝결혼과 구별되는 점은 혼인이 단순한 짝결속보다 훨씬 굳건한 것이어서 어느 한쪽의 의지만으로 쉽게 깨뜨릴 수 없다는 점이다. 오늘날에도 혼인을 깰 수 있는 대부분의 권리는 원칙적으로 남편에게 있고 남편만이 아내를 내보낼 수 있다. 그 때문에 아직까지도 남편의 불성실한 결혼생활에 대해서는 관습적으로나마 관대하다. … 게다가 사회가 발전할수록 남편이 더 많은 권리를 행사한다. 만일 아내가 문명 이전의 성생활을 회상하면서 다시 한 번 그렇게 살아보려고 한다면 그녀는 과거 어느 때보다 더 엄한 처벌을 받게 될 것이다.

여성의 섹스를 억압하는 장본인은 누구인가?

이런 사고방식은 1960년대에 페미니스트들의 신조로 다시 부활했다. 셔피는 "모든 현대 문명이 뿌리를 둔 필수적인 기반의 하나는 여성의 무절제한 섹스를 강압적으로 억제하는 것이다"라고 말한다. 이 주제를 낸시 마벨이 잘 요약했다. 서로 다른 시각에서 독자적인 방법으로 이 문제를 취급하는 사회생물학자들이 결국 핵심적인 문제에서는 그녀의 생각에 동의한다는 것을 안다면 마벨 자신도 놀라겠지만, 그에 대해 마벨은 다음과 같이 썼다.

부권적 문화에서 … 성은 매우 중요한 문제다 … 남성은 종의 번식과 생존에 직접 관여할 수 없다. 남성이 어떤 아이를 자신의 아이라고 주장할 때, 그것은 결코 아이를 직접 낳은 모친의 주장만큼 확실하다고 말할 수 없다. … 남성 쪽에서 볼 때 아이가 자신의 자녀임을 확신할 수 있는 유일한 길은 여성의 섹스를 완벽하게 통제할 수 있을 때뿐이다. … 남성은 자기 아내를 다른 남성으로부터 떼어놓으려 할 것이다. 또는 정조대와 같이 성행위를 할 수 없는 기계적인 장치를 고안해 낼지도 모른다. 아니면 그녀의 성적 흥미를 감퇴시키기 위해 클리토리스를 제거할 것이다. 혹은 그녀에게 섹스가 곧 사랑이라고 믿도록 만든 다음, 만일 다른 남성과 섹스를 한다면 그것은 사랑의 신성한 윤리를 파괴시키는 것이라고 세뇌시킬 것이다.

마벨의 생각이 일부 사회생물학자들의 학설과 다른 유일한 차이는 적을 무엇으로 보는가 하는 점이다. 마벨은 여성에 대한 억압의 장본인이 바로 '그 남자'라는 것이고, 일부 사회생물학자들은 그녀의 주장을 호모사피엔스 이외의 동물에게도 확대시켜 '남자' 자신이 아니라 자연선택에 그 책임이 있다고 주장하면서 수컷뿐만 아니라 암컷도 관련된다고 본다.

여성을 억압하는 '음모'에 여성이 가담하고 있다는 사실을 확실하게 증명할 수 있는 예를 하나 들어 보자. 고대 중국의 궁녀 가운데는 황제의 처첩을 감독하는 직무를 맡은 여성 감독관이 있었다. 그녀는 후궁들의 성적 상태와 행동을 감독하는 일을 했다. 평범한 가정에서는 이런 일을 부모, 친척 혹은 이웃들이 한다. 여성의 성생활을 감독하는 직업으로 이처럼 높은 지위는 아마도 없었을 것이다. 오늘날 학자들은 중국의 여성 감독관에 대한 자세한 정보에 놀라워한다.

그녀 덕분에 당나라 시대 후궁에 거주했던 수백 명의 여성 각자에 대한 정밀한 기록이 남아 있다. 여성의 수는 계속 늘어났기 때문에 이들에게서 태어나는 아이들이 황제의 적자임을 보증하고 적자에게만 황제의 은전이 베풀어지게 하려면 자세한 기록을 갖고 있어야만 했다. 여성 감독관은 "황제와 성행위를 가진 정확한 날짜와 시간, 모든 후궁들의 월경일, 최초의 임신 징후가 나타난 날"을 모두 기록했다. 경우에 따라서는 더 정확한 내용을 기록할 필요가 있을 때도 있었다. 서기 940년경 중국의 학자 창피가 쓴 《침실 노트Notes of the Dressing Room》를 보면 개원開元시대 초기(713~741년)에는 황제와 동침한 모든 여성의 팔에 인장을 새겼고 그것이 지워지지 않도록 계수나무로 문질렀다고 기록되어 있다. 당나라 때도 그랬지만 그보다 오래된 시대에는 황제와 성적 결합을 가졌다는 증거로 은팔찌를 오른발에서 왼발로 옮기는 별도의 기록 방법도 있었다. 그 여성이 수태를 하면 금반지를 끼게 된다.

인류의 역사는 여성의 난교를 막기 위한 노력으로 점철되어 있다. 누가 아비인가 하는 '친부 신뢰도'의 문제는 현대의학의 정교한 검사방법이 개발되기 전까지는 결코 해결할 수 없었다. 결국 친부에 대한 확신은 정황 증거로 판단할 수밖에 없었기 때문에 인류는 '친부 신뢰도'에 대한 정황 증거 확보를 위한 치열한 노력을 기울였던 것이다. 누가 아비인지를 결정하는 생물학적인 메커니즘은 잘 모른다 해도 외부로 나타나는 성행동은 쉽게 증명할 수 있기 때문이다.

정절은 왜 중요한가?

이 방면에서는 인류학자들만이 풍부한 민족문화에 대한 기록을 자세히 검토할 수 있는 위치에 있다고 할 수 있는데 밀드레드 디크만이 실제로 작업을 했다. 그녀는 세 편의 연속된 훌륭한 논문을 통해 여성을 격리시키고 번식력을 억제해 온 인류의 관행을 고찰했다. 그녀는 특히 계층적인 구조를 갖는 인류사회 집단에 초점을 두었다. 계층사회에서 여성은 보통 자신보다 '높은' 계층의 가족과 결혼하려 한다. 인류학자들은 이러한 관행을 '상승혼'이라 부르는데, 전세계 대부분의 지역에서 이런 경향을 많이 찾아볼 수 있다. 딕크만이 조사한 자료의 대부분은 고대 중국, 중세 유럽, 영국에 식민화된 이후의 북인도에서 수집된 것들이다.

그녀는 계층이 높을수록 남녀의 번식 성공도가 모두 높아진다고 가정했다. 이를 정량적으로 증명하기는 어렵지만 역사적으로 볼 때 상관관계가 있는 것은 확실하다고 주장했다. 그녀는 특히 기근이 닥치면 재산이 없는 가난한 계층이 가장 위험해진다는 사실을 지적했다. 적당한 상승혼이 신부뿐만 아니라 신부의 가족에게도 이익이 된다고 볼 때, 계층사회가 가장 알맞은 모델이 되기 때문에 딕크만은 특히 계층사회를 주목했다. 딸이 더욱 더 높은 계층으로 시집을 가면 신부 부모도 손자가 좋은 환경에서 살게 될 것이기 때문에 당연히 좋아할 것이다. 이 때문에 딸을 가진 부모는 많은 지참금도 손자가 차지할 높은 지위에 대한 대가로 생각했다. 손자는 건강과 장수가 보장되고 많은 아내를 거느리게 될 것이고, 궁극적으로 많은 자녀를 갖게 될 것이다. 신부의 처녀성과 정절이 신랑에게 매우 중요한 것은 당연하지만 신부의 가족도 더 높은 신분으로 딸을 시집보내기 위해 딸의 순결을 유지하는 데 지대한 관심을 가졌다. 딸을 부유한 집안에 부인이나 첩으로 들여 보내기 위해서는 치열한 경쟁을 해야 하기 때문에 신부의 가족은 딸의 평판과 자질에 커다란 관심을 갖게 된다. 이런 이유 때문에 신부 가족은 여성의 순결을 보장하기 위해 극도로 엄격한 윤리제도를 만들어 딸에게 순종을 강요했다. 예를 들어 인도에서는 부인이 남의 눈에 띄지 않도록 베일을 사용하고 결혼 전에는 외부와 엄격하게 격리된다.

그러나 딕크만이 지적한 바와 마찬가지로 대부분의 여성은 어려서부터 순종이 최고의 미덕이라고 교육을 받기 때문에 순종을 위해 여성에게 새로운 압력을 넣을 필요는 없다. 여성은 신체적 강압이나 미신을 통해 행동을 조심하도록 세뇌 당한다. 예를 들어 중남미 마야Maya어족에서는 여성의 섹스를 상당히 위험한 것으로 생각한다. 여성이 무절제하게 섹스에 탐닉하는 경우, 그런 여성들은 신화에 나오는 악마한테 강간당할 것이라는 미신이 퍼져 있다. 그 악마는 정력이 너무 강해 강간당한 여성은 매일 밤 아이를 낳아야 하고 결국은 배가 풍선처럼 부풀어 올라 터져 죽을 것이라고 믿는다. 계층이 명확한 사회에서 딸이 더 높은 계층의 사람과 결혼할 수 있는 가능성이 높아지면 가족은 딸을 구속하는 데 드는 시간과 비용, 그중에서도 특히 노동력의 상실을 기꺼이 참아낸다.

디크만은 "여성이 얼마나 정숙하고 그러한 자질을 갖추는 데 얼마나 많은 노력을 기울이는가 하는 것이 그 가문의 명예와 평판에 대한 지표가 된다"고 했다. 그녀는 또 한 가지 예로 북인도의 민족학적 기록을 연구한 엘리자베스 쿠퍼의 말을 인용했다.

집에 있는 창의 높이를 보면 그 가문의 지위를 알 수 있다. 가문의 지위가 높을수록 창이 높고 작으며 여성을 더욱 엄격하게 격리시킨다. 평민 여성은 정원을 걷고 새가 노래하는 소리를 들으며 꽃을 볼 수도 있지만, 가문의 지위가 높은 귀족 여성은 그저 창 너머로 바라볼 뿐이다. 가문의 지위가 지극히 높은 여성에게는 창 너머를 바라보는 것도 허용되지 않는다. 그런 집의 창은 너무 높은 데 있어서 단지 채광과 환기의 역할을 할 뿐 창 너머로 밖을 내다볼 수는 없다.

북인도에서는 사회계층이 높은 가문에서 딸이 상승혼을 할 가능성이 없어지면 딸을 살해하는 경우도 자주 일어난다. 아들에게 모든 투자를 해서 하층계층의 딸을 취하는 쪽이 좋을 수도 있다. 영아살해는 전통적인 사회에서 광범위하게 일어난다. 다른 동물은 경쟁자의 새끼를 살해하기는 하지만 자신의 새끼는 살해하지 않는데, 인간은 여러 가지 이유로 자신의 자녀를 살해한다. 그 이유 가운데는 경제적인 궁핍이나 출생 시기의 부적절함이 많은데, 그때는 자녀의 성과 관계없이 영아살해가 일어난다. 그러나 만일 자녀의 성을 구별해 살해하는 경우에는 거의 대부분 여자아이가 살해된다. 여아 살해는 북인도의 라지푸트족Rajputs과 같은 계층사회뿐 아니라, 남미의 야노마모 인디언Yanomamo Indian과 같이 좀더 평등한 사회에서도 일어난다. 야노마모 인디언은 남아는 전사로 존중하는 반면, 만일 여성이 모자라면 다른 촌락을 공격해 여성을 약탈하여 아내로 삼는다.

북인도, 중세 유럽, 아랍 세계를 대표하는 여러 문화에서는 여성이 성적 활동에 탐닉한다는 '셔피 류'의 평가를 내린다. 생물학적인 사실이야 어떻든 여성의 섹스는 방어조치를 취해야만 할 정도로 강렬한 것이라고 생각해 왔다. 여성을 배우자와 연결해 주는 성적인 감정, 바로 그 자체가 동시에 역설적으로 여성을 혼외정사로 유인하는 힘으로 해석되기도 한다. 여성을 자유롭게 이동하지 못하도록 제한하고 격리시키는 데 대한 각양각색의 변명이 있다.

내가 알고 있는 회교도와 라지푸트족 가운데는 여성을 격리시키는 것이 여성을 납치와 강간으로부터 보호하기 위한 것이라고 믿는 사람들이 있다. 그럴지도 모른다. 고대 중국에는 여자아이의 발을 묶어 성장을 억제하여 보행 능력을 감소시키는 전족 풍습이 있었다. 전족은 여성의 사회적 신분을 나타낼 뿐 아니라 가족들의 능력을 선전하기 위한 것이었는데, 여성은 일생 그것을 발에 차고 있어야 했다. 여성이 독신으로 사는 것을 허용하지 않는 사회에서 결혼할 가능성이 없어진 딸을 죽이는 것은 단순한 논리적 반응이라고 할 수도 있다. 상승혼이 가능한 사회에서 만일 지위가 높은 가족의 재산이 딸에게 상속된다면 가족 전체의 적응성이 증가될 것이다. 많은 증거를 종합해 볼 때 이런 관습에 대한 디크만의 사회생물학적 분석에는 설득력이 있다고 생각된다.

여성의 할례, 그 무서운 음모

무엇보다도 클리토리스를 제거하는 관습과 같은 것을 설명하는 데는 디크만만큼 설득력 있는 논리를 찾기 힘들다. 그런 관습은 그 밖의 다른 어떤 설명으로도 이해하기 어렵다. 이런 관습을 '여성의 할례'로 설명하는 것은 인류학적인 완곡어법에 지나지 않는다. 그런 설명은 분명히 잘못된 것이다. 문화적인 신념은 클리토리스 제거, 음순 봉합과 같은 외과적 수술을 통해 여성의 해부학적 생식기 구조를 변경시키려는 노골적인 시도를 감추기 위한 위장에 불과하다.

할례가 남성과 여성에 미치는 영향은 근본적으로 다르다. 남성의 할례는 성적 능력에 별다른 영향을 주지 않지만 클리토리스의 제거는 성적 쾌락을 효과적으로 감퇴시킬 수 있는 수단으로 사용되기 때문이다. 여성의 클리토리스를 제거한 가장 오래된 기록은 고대 이집트까지 거슬러 올라간다. 이집트의 여성 미라를 보면 당시 클리토리스 제거와 음순봉합 모두가 실시됐다는 것을 알 수 있다. 그리스의 역사학자이며 지리학자였던 아가타키데스는 기원전 2세기에 에티오피아를 방문했는데, 그곳 사람도 이집트 전통을 따라 여성에게 외과적 시술을 하고 있었다고 썼다.

여성의 할례에서 가장 흥미로운 점은 이런 일들이 오늘날까지도 계속되고 있다는 것이다. 여성의 할례는 심각한 비뇨기 장애, 산부인과적 장애, 성적 능력의 저하 이외에도 출혈, 쇼크, 패혈증과 같은 심각한 합병증을 유발시킬 수 있다. 그럼에도 불구하고 오늘날 전세계적으로 2000만 명 이상의 여성이 이 시술을 받고 있다고 한다. 음순봉합술이란 클리토리스를 제거하고 주변 조직을 난자한 뒤 상처가 치유되는 과정에서 음순이 서로 융합되도록 하는 것이다. 이 시술은 상당히 조잡하게 실시되기 때문에 전근대적인 방법으로 수술을 받은 소녀는 수술 뒤 9퍼센트 정도가 출혈이나 쇼크로 고생한다. 음순봉합 수술을 받은 여성은 결혼할 때 부분적인 절개 수술을 받아야 하고 출산할 때는 완전한 절개 수술을 받아야 한다. 그런 뒤에 다시 봉합한다. 여성의 전체 생식기간을 통해 반복되는 이 시술로 결국 생식력이 감소되고 경우에 따라서는 사망하기도 한다.

수단의 하르톰Khartoum에 사는 여성 4024명에 대해 실시한 연구에 의하면 음순봉합을 한 여성에게서 비뇨기 장애가 발병할 확률은 그렇지 않은 여성에 비해 네 배나 높고 만성적인 골반감염도 두 배 이상 높았다. 또한 음순봉합 수술을 받은 여성 3013명 가운데 84퍼센트가 한 번도 오르가슴을 체험하지 못했다고 대답했다. 클리토리스 제거 수술과 음순봉합 수술을 받은 여성의 입장에서 보면 성교란 결코 즐거운 행위가 아니고 오히려 매우 고통스런 일이다.

생물학적 관점에서 볼 때 이런 관습은 여성에게 거의 아무런 이익도 주지 못한다. 그런데 왜 사회는 고통과 위험을 수반하는 수술을 여성에게 강요하는 것인가? 왜 어떤 사회에서는 남성이 할례를 받지 않은 여성과는 결혼을 하지 않는가? 페미니스트들과 사회생물학자들도 동의할 수 있는 명백한 대답은 여성의 할례가 친부에 대한 확신을 강화시켜 주고 자신의 아내가 부정해서 다른 남자의 아이를 양육하는 불행한 일이 일어날 가능성을 감소시켜 준다는 것이다. 실제로 여성의 할례에 대해 가장 많이 인용되는 인류학적인 설명을 보면 이 수술이 여성의 성적 욕망을 감소시켜 정절을 지키는 데 도움이 된다는 것이다.

여성의 전략 – 수다, 설득, 우회적 행동, 교활함

지금까지도 일부 페미니스트가 인류 이외의 영장류에 대한 지식을 거부하면서 인간의 조건을 이해하려는 운동을 하고 있다는 것은 확실히 아이러니가 아닐 수 없다. 그러나 한편으로는 그럴듯한 이유도 있다. 영장류학자와 그들의 연구에 의존하는 사회과학자도 남성이 여성보다 경쟁의 잠재력이 크고 사회를 형성하는 데 남성이 여성보다 중요한 역할을 한다는 생각과, 여성은 안정된 사회조직을 유지할 능력을 갖고 있지 않다는 생각을 했다. 이 모델은 남성중심주의적인 환상으로부터 나왔다는 것은 너무도 분명하다. 또한 그런 류의 견해 때문에 여성의 희망과는 반대되는 정책이 발달했던 것이 아닐까 하는 의심이 생기기도 한다. 1980년에 들어서도 남녀 운동선수에서 나타나는 경쟁심의 차이는 '인류가 진화적으로 적응한 것'이기 때문에 결코 '없어질 수 없다'고 보는 견해가 아주 당연한 것으로 받아들여진다. 영장류의 사회조직을 사실상 움직이는 것이 무엇인가에 대한 좀더 믿을 만한 자료가 있다면 전혀 다른 여성상을 그리게 될 것이다.

그런데 훨씬 더 역설적인 것은 많은 인류사회에서 여성의 지위가 거의 모든 영장류 암컷보다도 훨씬 열악한 위치에 있다는 것이다. 약한 개체가 강한 개체에게 희생되는 것은 당연하다고 생각될 수 있다. 그것은 물론 영장류 전체를 통해 증명되지만 그러한 일이 영장류에서는 인류에서 나타나는 것만큼 대규모적으로 나타나지는 않는다. 또한 여아살해, 아내와 딸의 격리, 음순봉합, 죽은 남편을 따라 죽는 아내 등과 같이 여성에게 일방적으로 불리한 일이 영장류에서는 일어나지 않는다. 여성 전체에게 조직적으로 그런 종류의 취급을 하는 것도 인류뿐이다. 영장류에서 이러한 취급을 받는 경우는 자위력이 거의 없는 개체들, 즉 매우 어리거나 장애가 있거나 아주 늙은 개체인 경우로 성과 관계없이 무작위적이다. 다른 말로 하면 생물학적인 자웅이형성이 인류사회에서는 제도화되어 나타난다는 것이다. 그러면 어떻게 해서 그렇게 되었는가?

분업, 그로 인한 이익, 영역을 점유하고 재산을 축적하는 수단, 업무를 분배하는 조직 능력, 이것들 모두가 남성과 여성의 관계를 근본적으로 변화시켰다. 인류를 제외한 포유동물에서는 암컷을 많이 거느린 수컷은 새끼에 대한 양육 투자를 거의 하지 않지만 인류의 남성은 많은 여성을 거느리면서 동시에 여자와 아이들이 살아남고 자라는 데 필요한 자원도 제공할 수 있다. 포유동물에서는 일부다처의 정도와 수컷의 양육 투자 사이에 반비례 관계가 있다. 즉 포유류 수컷이 자신의 새끼들을 데리고 다니고 먹이고 보호하면서 새끼에 대한 양육 투자를 한다면 다른 암컷 배우자를 얻을 수 있는 기회가 줄어들 것이다. 만일 새끼를 기르는 데 수컷이 많은 투자를 해야 한다면 수컷은 결국 일부일처제를 할 수밖에 없다.

그러나 이런 뿌리 깊은 관계는 인류에 와서 깨졌다. 인류에서는 아비가 실질적으로 자녀에 대한 양육 투자를 하는 일부다처제가 가능하다. 또한 인류의 일부다처제에서는 부친의 양육 투자가 증가함과 동시에 여자에 대한 감시도 강화된다. 부계를 통해 상속이 이루어지고 여성은 남자가 태어난 고장으로 시집가서 살아야 한다는 것이 여성에게 엄청난 영향을 미쳤다. 인류 이외의 영장류에서는 극소수의 예를 제외하면 암컷이 영역을 결정하고 그곳에서 대대로 살아간다. 임신을 위해 암컷이 이동하는 것은 세 종류의 대형 유인원 가운데 두 종과 특수한 네 종의 원숭이뿐이다. 그런데도 대다수의 인류사회에서는 여성이 이동한다. 인류학자인 나오미 퀸은 남편 식구 쪽으로 들어가는 신부의 고충을 아래와 같이 요약했다.

> 신부는 고독과 시집 식구의 감시로 고통받게 된다. 이것은 결혼하면서 신랑 집에서 살게 되는 모든 신부가 갖는 전형적인 숙명이다. … 뿐만 아니라 신부는 냉담한 시어머니의 권위에 눌려 있는 자신의 처지를 알게 될 것이다. 또한 신부는 남편의 애정과 충절을 놓고 시어머니와 경쟁해야 하는 대립관계에 있다. 신부가 자신의 지위를 확보할 수 있는 길은 아들을 낳아 훌륭하게 양육하는 것이다. 그녀 자신이 시어머니가 될 수 있느냐에 모든 문제가 달려 있다. 이런 상황에서 여성이 가정에서 힘을 얻을 수 있는 길은 남편을 통한 간접적인 방법밖에 없다. 그러기 위해서 여성이 사용할 수 있는 전략은 수다스러움, 설득, 우회적인 행동, 교활함과 같은 것이다.

여성의 저항을 막기 위한 교묘한 사회적 장치

결혼과 함께 집을 떠나 낯선 곳으로 가야 하는 여성들이 겪는 가장 중요한 문제는 신부가 자신의 친척으로부터 완전히 단절돼 전혀 도움을 받을 수 없게 된다는 것이다. 물론 일부다처제에서 두번째 부인이 첫번째 부인의 친척인 경우인 일부자매다처혼제는 제외된다. 한 가족에게 시집을 온 여성이 서로 친척관계가 아닌 경우에는 이해 관계가 충돌할 수밖에 없다. 이 때문에 여성이 서로 단결해 일치된 행동을 하거나 개인적으로 저항하기가 어렵게 되는 것이다. 여성은 시댁 식구의 감시 속에서 세대가 거듭될수록 극단적으로 자유가 제한됐다.

여성의 섹스 행동을 자세하게 감시하는 것은 인류사회에 공통적으로 나타나는 현상이다. 수렵-채집 사회처럼 재산을 소유하지 못하는 대신 여성의 식량채집에 상당이 의존할 수밖에 없어 여성이 비교적 자유롭게 활동하고 이동하는 사회에서도 은밀한 성적 관계를 유지한다는 것은 거의 불가능하다. 칼라하리 사막에 살고 있는 식량채집인들의 생활을 자세히 설명한 바 있는 로나 마셜은 "쿵족의 야영지에는 사생활이 없다. 게다가 광대한 초원에는 숨을 장소가 없다. 이런 곳에서 생활하는 사람들은 어려서부터 주변 사물을 자세히 관찰하도록 훈련받았다. … 그들의 머릿속에는 모든 사람의 발자취가 등록되어 있어서 … 사막 한가운데서도 누가 어느 정도 앞서서 걸어갔는지를 읽어낼 수 있다. 더욱 곤란한 것은 발자취를 발견한 사람이 그것을 모든 사람에게 이야기한다는 것이다. 그래서 은밀한 관계를 갖는다는 것은 불가능하다"고 말한다.

누가 아비인가?

완력이 강한 수컷이 압도적으로 유리할 수밖에 없는 진화의 긴 역사 속을 암컷이 헤쳐 나오는 동안 연약한 암컷이 사용할 수 있었던 무기 가운데 가장 강력한 것은 무엇이었을까? 바로 '누가 아비인가?'

하는 친부에 대한 불확실성을 이용하는 것이었다. 영장류 암컷은 이런 무기를 최대한 이용할 수 있는 다양한 전략을 진화시켰다. 즉 아무 때나 섹스가 가능한 성적 수용 능력, 배란 은폐, 적극적인 섹스 행동 등이다. 이런 특성들을 이용해 암컷은 수컷을 조정하는 능력을 향상시켰다. 이렇게 함으로써 암컷은 자신이 낳은 새끼를 기르는 데 필요한 양육 투자와 보호를 수컷으로부터 얻어 냈다. 수컷도 자신의 새끼나 혹은 새끼일 가능성이 있는 어린 새끼들의 생존을 도와주는 것이 진화적 측면에서 이익이 되기 때문에 자신의 새끼를 도와주도록 진화적 선택압을 받았을 것이다. 이것이 또한 암컷이 수컷을 조정하는 능력을 강화시키는 데 도움이 되었다.

그러나 이러한 일이 아무 대가도 없이 무상으로 암컷에게 주어진 것은 아니다. 공은 또 다시 상대편 쪽으로 넘어갔다. 여성과 여성의 섹스를 통제하기 위해 남편과 친족은 여성에게 복종하도록 강요하고 남성이 여성보다 높은 권위를 갖는 문화적 관습을 고안했다. 여성은 아마도 이러한 새로운 속박에 적응하기 위해 전보다 신중하고 순종적으로 됐을 것이다. 그러나 아직까지도 여성의 성생활 역사에 대해 밝혀진 것이 거의 없으며 여성이 영장류로부터 물려받은 성적 유산에 대한 문제도 금방 해결되지 않을 것이다.

인류 세계는 다른 영장류와는 근본적으로 다르다. 인류는 창조의 재능이 있고 집을 짓고 수를 세며 이야기를 만들고 전달하며 식량을 운반하거나 저장하고 특히 일을 분담하는 능력을 갖고 있다. 이 모든 것들이 오래전부터 여성이 가진 권리를 잠식했다. 그 증거로 확실한 기록이 남아 있는 경우만 들어도 전세계의 여러 지역, 즉 극동지역과 근동지역에서, 고대 그리스에서, 남미와 북유럽의 문명지대에서, 복잡한 인간사를 극복하고 관리하기 위해 인간들이 고안한

법체계와 윤리규범이 거의 비슷하다는 사실을 들 수 있다. 오늘날의 세계에서는 '남성'만의 권리가 서서히 남녀 모두에게 균등하게 확장되고 있다. 이제 여성은 어느 정도 남성과 동등한 정도의 독립성을 갖게 됐다. 이런 점에서 전 인류는 똑같은 부류에 속한다. 그러므로 모든 암컷 가운데 자유를 누릴 수 있는 가능성과 자신의 운명을 통제할 수 있는 기회가 가장 많은 것이 바로 인류 여성이다.

후기

남성과 '평등한 권리'를 갖는 여성은 결코 진화하지 않았다.

그것은 진화하는 것이 아니라 지성과 불굴의 의지, 용기로 얻어지는 것이다.

진화는 이런 암컷을 좋아한다

나는 이 책에서 진화생물학 속에 담겨 있는 편견을 바로잡고 '인간의 본성'을 남자와 여자를 모두 포함한 넓은 의미로 확대하려고 노력했다. 이 시도는 1세기 전부터 시작된 것으로, 지금까지도 계속되고 있다. 일찍이 1875년 B. 블랙웰은 남녀 가운데 단지 한쪽 성만이 진화했다는 생각은 매우 위험한 것이라고 경고한 바 있다. 이 책의 가장 큰 목적은 과거 7000만 년 동안 진화해 온 영장류의 암컷을 설명하는 일이었다. 영장류 암컷은 대체로 경쟁심이 높고 사회생활에 깊숙이 관여하며 성적으로도 적극적인 개성을 갖고 있다. 암컷끼리의 경쟁은 영장류 사회조직을 결정하는 가장 중요한 요소이며, 또한 오늘날의 인류 여성을 형성하는 데 커다란 영향을 준 요인이다. 그러나 사회과학자들은 여성의 개성 속에 내재해 있는 이러한 경쟁적인 면에 대해서는 인정하려고 들지 않는다. 이런 사실을 볼 때 아직도 여성의 본질을 전체적인 시각에서 바라보려는 노력이 별로 없는 것 같아 안타깝기만 하다.

수백만 년에 걸친 진화과정을 통해 포유류 암컷은 두 가지 중요한 점에서 서로 달라졌다. 즉 새끼를 낳고 기르는 능력과 수컷의 도움을 얻어 내는 능력 면에서 그렇다는 것이다. 영장류 암컷도 자기 자손의 번식 활동에 미치는 영향력의 크기에 따라 서로 다르게 분화됐다. 이 과정에서 성은 자연 선택의 영향을 광범위하게 받았고 결국 진화는 성에 큰 비중을 두고 작용했다. 지성과 적극성을 갖춘 암컷을 선택한 진화의 힘은 동시에 그들 가운데서도 경쟁심이 강한 개체를 선호하도록 작용해 온 것이다.

페미니스트의 환상과 신화

이것이 페미니스트들의 꿈속에 감추어진 어두운 면이다. 만일 남녀 사이에 지성과 독창성, 관리나 행정 능력 면에서 커다란 차이가 없다면, 즉 여성이 남성에게 뒤떨어지지 않는 자질을 갖고 있다는 것이 증명된다면, 여성의 잠재 능력은 자연이 거저 준 선물이 아니라는 것을 명심해야 한다. 여성이 이러한 능력을 갖게 된 것은 바로 여성이 남성 못지않은 경쟁심을 갖고 있기 때문이다. 경쟁 자체는 아주 힘겨운 것이지만 그것이야말로 새로운 능력을 만들어내는 데 결정적인 불을 당기는 요인이었다. 페미니스트들이 말하는 이상적인 여성, 즉 이기적이지 않고 본래부터 경쟁심이 없으며 권력에도 관심이 없고 평화와 정의가 가득 찬 여인 천하의 황금시대와 같은 여성에 대한 꿈같은 신화는 아무 근거도 없는 환상일 뿐이다.

여성의 능력과 중요성을 과소평가하는 일반적인 고정관념으로는 여성의 운명도, 인류사회 전체도 개선시키지 못했다. 그와 마찬가지로 여성은 본래부터 권력욕이 없으며 서로 사이좋게 협동하고 결속한다는 점을 특별히 강조하는 신화에서도 얻을 것이 거의 없었다. 그런 여성은 결코 영장류에서 진화될 수 없었다. 그건 환상일 뿐이다. 여성은 유리한 위치를 차지할 수 있는 가장 좋은 상황인 일부일처제와 이른바 '자매집단'인 경우에도 서로 경쟁한다. 이 사실이야말로 여성도 역시 영장류의 연장선상에 있는 존재라는 증거인 것이다. 대부분의 암컷 경쟁은 한쪽이 다른 쪽을 억압하는 것으로 나타난다. 어떤 경우에는 암컷 경쟁이 수컷과의 평등을 실현하는 데 방해가 된다. 실제로 부계상속과 계층사회에서는 '성차별주의'가 아주 극심하다. 그러나 한쪽에서 성차별로 여성의 지위를 잠식해 온 것과 똑같은 인간의 재능이 또 다른 곳에서는 성 평등의 씨를 뿌려놓기도 했다. 이처럼 인간은 성차별을 할 수도 있고 성 평등을 이룰 수도 있는 능력을 갖고 있다.

남성과 '평등한 권리'를 갖는 여성은 결코 진화되지 않았다. 그것은 진화에 의해서가 아니라 지성과 불굴의 의지, 용기로 얻어지는 것이며 싸워서 쟁취해야 하는 것이다. 그러나 페미니스트들이 이룩한 업적의 대부분은 역사적인 상황, 가치관, 경제적 기회, 참정권을 놓고 싸운 일부 영웅적인 여성들, 남녀의 육체적인 성차를 감소시킨 기술의 발달이라는 독특한 기반 위에 세워진 것들이다. 그것은 매우 취약한 기반으로 언제 무너질지 모른다. 만일 그 기반이 무너진다면 가혹한 자연과 문화의 장벽을 뛰어넘는 데 필요한 발판을 다시 만드는 일은 불가능할지도 모른다.

오늘날 여성이 본래의 우월함을 되찾았다든가 혹은 원래의 사회적 평등을 부분적으로나마 회복하고 있다고 생각하는 것은 지금까지 정말로 이룩해 온 여성의 성취를 왜소하게 만드는 동시에 그 취약성을 과소평가하는 것이다. 아무리 의도가 좋다 해도 이런 신화는 여성의 권리를 실질적으로 확보하고자 하는 노력에 심각한 위협을 주는 것이다. 그것은 과거 수백 년간 여성이 이룩한 괄목할 만한 성과를 물거품으로 만드는 것이며 우리를 잘못된 만족으로 유혹하는 것이다. 성의 불평등은 아직도 남아 있다. 그리고 새로운 문제도 많다. 과거 7000만 년간 여성이 자신의 운명을 개척하는 자유를 이만큼이라도 얻은 적은 한 번도 없었다. 그러나 그 자유를 완성하는 길은 험난하고도 고된 여정이 될 것이다. 그 일은 지성과 불굴의 의지, 용기를 가진 여성의 몫이다.

부록

Suborder Prosimii	Prosimians 원원아목
Infraorder Lemuriformes	Malagasy lemurs 여우원숭이하목
Superfamily Lemuroidea	Lemuroids 여우원숭이상과
Family Lemuridae	lemurs 여우원숭이과
Subfamily Lemurinae	여우원숭이아과
Genus *Lemur*	여우원숭이속
Speices *L. catta*	ringtailed lemur 고리꼬리원숭이
L. variegatus	ruffed lemur 목도리여우원숭이
L. macaco	black lemur 검정여우원숭이
L. mongoz	mongoose lemur 망구스여우원숭이
L. rubriventer	red-bellied lemur 붉은배여우원숭이
L. fulvus	brown lemur 갈색여우원숭이
Hapalemur	gentle lemur 젠틀여우원숭이속
H. griseus	small bamboo lemur 작은대나무여우원숭이
H. simus	large bamboo lemur 큰대나무여우원숭이
Lepilemur	lepilemur 족제비여우원숭이속
L. mustelinus	weasel sportive lemur 족제비여우원숭이
Subfamily Cheirogaleinae	small nocturnal lemurs 난쟁이여우원숭이아과
Cheirogaleus	dwarf lemurs 난쟁이여우원숭이속
C. major	greater dwarf lemur 큰난쟁이여우원숭이
C. medius	fat-tailed dwarf lemur 살찐꼬리난쟁이여우원숭이
C. trichotis	hairyeared dwarf lemur 털귀난쟁이원숭이
Microcebus	mouse lemur 생쥐여우원숭이속
M. murinus	gray mouse lemur 회색생쥐여우원숭이
M. coquereli	Coquerel's mouse lemur 코큐렐생쥐여우원숭이
Phaner	forked lemur 포크여우원숭이속
P. furcifer	fork-marked lemur 포크여우원숭이
Family Indridae	인드리과
Indri	indri 인드리속
I. indri	indri 인드리
Avahi	woolly lemur, avahi 아바히속
A. laniger	avahi 아바히
Propithecus	sifakas 시파카속
P. diadema	diademed sifaka 관머리시파카
P. verreauxi	white sifaka 흰색시파카
Superfamily Daubentonioidea	aye-aye 아이아이상과
Family Daubentoniidae	aye-aye 아이아과
Daubentonia	aye-aye 아이아이속
D. madagascariensis	aye-aye 아이아이
Infraorder Lorisiformes	lorises, lorisiforms 로리스하목
Family Lorisidae	lorises 로리스과

Subfamily Lorisinae	lorises 로리스아과
Loris	slender loris 로리스속
L. tardigradus	slender loris 홀쭉이로리스
Nycticebus	slow lorises 슬로로리스속
N. coucang	slow lorises 슬로로리스
Arctocebus	golden pottos 황금포토속
A. calabarensis	golden angwantibo 황금포토
Perodicticus	potto 포토속
P. potto	potto 포토
Subfamily Galaginae	galagos, bushbabies 갈라고아과
Galago	galagos, lesser bushbabies 갈라고속
Subgenus *Galago*	갈라고아속
G. senegalensis	Senegal or lesser bushbaby 작은갈라고
G. crassicaudatus	thicktailed or greater bushbaby 큰꼬리갈라고
G. alleni	Allen's bushbaby 알렌 갈라고
Euoticus	needle-clawed bushbaby 바늘발톱갈라고아속
G. elegantulus	western needle-clawed galago 서구바늘발톱갈라고
G. inustus	pallid needle-clawed galago 창백한바늘발톱갈라고
Galagoides	dwarf bushbaby 난쟁이갈라고아속
G. demidovii	Demidoff's galago 데미도프갈라고
Infraorder Tarsiiformes	tarsiers 안경원숭이하목
Family Tarsiidae	tarsiers 안경원숭이과
Tarsius	tarsiers 안경원숭이속
T. spectrum	spectral tarsier 유령안경원숭이
T. bancanus	western tarsier 서구안경원숭이
T. syrichta	Philippine tarsier 필리핀 안경원숭이
Suborder Anthropoidea	monkeys and apes 유인아목
Superfamily Ceboidae	New World monkeys 신세계원숭이상과
Family Callitrichidae	tamarins and marmosets 마모셋과
Subfamily Callitrichinae	마모셋아과
Callithrix	marmosets 마모셋속
C. jacchus	common marmoset 코먼 마모셋
C. argentata	blacktailed marmoset 검은꼬리 마모셋
C. aurita	white-eared marmoset 흰귀마모셋
C. flaviceps	buffy-headed marmoset 황갈색머리마모셋
C. geoffroyi	Geoffroy's marmoset 죠프로이마모셋
C. penicillata	blackeared marmoset 검은귀마모셋
C. humeralifer	Santarem marmoset 산타렘마모셋
C. chrysoleuca	golden marmoset 황금마모셋
Cebuella	pygmy marmoset 피그미 마모셋속
C. pygmaea	pygmy marmoset 피그미 마모셋
Saguinus	hairy-faced tamarins 타마린 속

Saguinus	
S. *tamarin*	negro tamarin 니그로 타마린
S. *devillei*	
S. *fuscicollis*	saddle-backed tamarin 안장등 타마린
S. *fuscus*	
S. *graellsi*	Rio Napo tamarin 리오나포타마린
S. *illigeri*	redmantled tamarin 붉은망토타마린
S. *imperator*	emperor tamarin 황제타마린
S. *melanoleucus*	white tamarin 흰색타마린
S. *midas*	black-faced tamarin 검은얼굴타마린
S. *labiatus*	redbellied tamarin 붉은배타마린
S. *mystax*	mustached tamarin 콧수염타마린
S. *pileatus*	redcapped tamarin 붉은모자타마린
S. *pluto*	Lönnberg's tamarin 렌버그타마린
S. *weddelli*	Weddell's tamarin 웨델타마린
S. *nigricollis*	black-and-red tamarin 흑적색타마린
S. *lagonotus*	harelipped tamarin 언청이타마린
Oedipomidas	
S. *oedipus*	pinché, cottontop 목화머리타마린
S. *geoffroyi*	Geoffroy's tamarin 죠프로이타마린
Marikina	
S. *bicolor*	pied tamarin 얼룩타마린
S. *martinsi*	Martin's tamarin 마틴타마린
S. *leucopus*	whitefooted tamarin 흰족타마린
S. *inustus*	mottle faced tarmarin 얼룩얼굴타마린
Leontideus	lion tamarins 사자타마린속
L. *rosalia*	golden lion tamarin 황금사자타마린
L. *chrysomelas*	golden headed lion tamarin 황금머리사자타마린
L. *chrysopygus*	golden rumped lion tamarin 황금엉덩이사자타마린
Subfamily Callimiconinae	Goeldi's marmoset, callimico 캘리미코원숭이아과
Callimico	Goeldi's marmoset 캘리미코원숭이속
C. *goeldii*	Goeldi's marmoset 캘리미코원숭이
Family Cebidae	New World monkey 신세계원숭이
Subfamily Aotinae	night monkey 올빼미원숭이아과
Aotus	night monkey, owl monkey 올빼미원숭이속
A. *trivirgatus*	northern night monkey 올빼미원숭이
Callicebus	titis monkey 티티원숭이속
C. *personatus*	masked titi 마스크티티
C. *moloch*	dusty titi 더스티티티
C. *torquatus*	yellow-handed titi 노란손티티
Subfamily Pitheciinae	sakis and uakaris 사키아과
Pithecia	sakis 사키속

P. pithecia	paleheaded saki 흰머리사키
P. monachus	monk saki 몽크사키
Chiropotes	bearded saki 수염사키속
C. satanas	brown bearded saki 갈색수염사키
C. albinasus	white-nosed bearded saki 흰코수염사키
Cacajao	uakaris 우아카리속
C. melanocephalus	blackheaded uakari 검정머리우아카리
C. calvus	bald uakari 흰머리우아카리
C. rubicundus	red uakari 붉은우아카리
Subfamily Alouattinae	howler monkeys 고함원숭이아과
Alouatta	howler monkey 고함원숭이속
A. belzebul	redhanded howler monkey 붉은고함원숭이
A. villosa	mantled howler monkey 망토고함원숭이
A. seniculus	red howler monkey 붉은고함원숭이
A. caraya	black howler monkey 검정고함원숭이
A. fusca	brown howler monkey 갈색고함원숭이
Subfamily Cebinae	capuchin monkey and squirrel monkey 꼬리감기원숭이아과
Cebus	capuchin monkey 꼬리감기원숭이속
C. capucinus	whitethroated capuchin 흰목꼬리감기원숭이
C. albifrons	whitefronted capuchin 흰얼굴꼬리감기원숭이
C. nigrivittatus	weeping capuchin 울음꼬리감기원숭이
C. apella	blackcapped capuchin 검은머리꼬리감기원숭이
Saimiri	squirrel monkey 다람쥐원숭이속
S. sciureus	squirrel monkey 코먼다람쥐원숭이
S. oerstedii	redbacked squirrel monkey 붉은등다람쥐원숭이
Subfamily Atelinae	prehensile-tailed monkey 거미원숭이아과
Ateles	spider monkey 거미원숭이속
A. paniscus	black spider monkey 검은거미원숭이
A. belzebuth	longhaired spider monkey 긴먼리거미원숭이
A. fusciceps	brownheaded spider monkey 갈색머리거미원숭이
A. geoffroyi	blackhanded spider monkey 검은손거미원숭이
Brachyteles	woolly spider monkey 울리거미원숭이속
B. arachnoides	muriqui monkey 울리거미원숭이
Lagothrix	woolly monkey 울리원숭이속
L. lagotricha	Humboldt's woolly monkey 홈볼트울리원숭이
L. flavicauda	Hendee's woolly monkey 헨디스울리원숭이
Superfamily Cercopithecoidea	Old World Monkeys 구세계원숭이
Family Cercopithecidae	old world monkey 긴꼬리원숭이과
Subfamily Cercopithecinae	old world monkey 긴꼬리원숭이아과
Maccaca	macaques 마카크속
M. sylvanus	barbary macaque 바바리마카크
M. sinica	toque macaque 토크마카크
M. radiata	bonnet macaque 보닛마카크

M. silenus	liontailed macaque 사자꼬리마카크
M. nemestrina	pigtailed macaque 돼지꼬리마카크
M. fascicularis	crabeating macaque 게잡이마카크
M. mulatta	rhesus macaque 붉은털마카크
M. assamensis	Assamese macaque 앗사메스마카크
M. cyclopis	Formosan rock macaque 타이완마카크
M. arctoides	stumptailed macaque 뭉툭꼬리마카크
M. fuscata	Japanese macaque 일본원숭이
M. maurus	Celebes or moor macaque 모아마카크
M. thibetana	Thibetan macaque 티벳마카크
Cynopithecus	Celebes black ape 검정원숭이속
C. niger	black ape 검정원숭이
Cercocebus	mangabeys 망가베이속
C. albigena	graycheeked mangabey 회색턱망가베이
C. aterrimus	black mangabey 검정망가베이
C. torquatus	whitecollared mangabey 흰색칼라망가베이
C. atys	sooty mangabey 수티망가베이
C. galeritus	Tana river mangabey 타나강망가베이
Papio	baboons 비비속
P. cynocephalus	yellow baboon 황색비비
P. anubis	olive baboon 올리브색비비
P. papio	Guinea baboon 기니아비비
P. ursinus	chacma baboon 챠크마비비
P. hamadryas	hamadryas baboon 망토비비
Mandrillus	mandrills 맨드릴속
M. sphinx	drill 드릴원숭이
M. leucophaeus	mandrill 맨드릴원숭이
Theropithecus	gelada 젤라다속
T. gelada	gelada baboon 젤라다비비
Cercopithecus	guenons 긴꼬리원숭이속
Cercopithecus	guenons 거농속
C. aethiops	vervet monkey 버빗원숭이
C. sabaeus	green monkey 청색원숭이
C. cephus	moustached monkey 콧수염거농
C. diana	diana monkey 다이아나원숭이
C. lhoesti	L'Hoest's monkey 로에스트거농
C. preussi	Preuss's monkey 프레우스거농
C. hamlyni	Hamlin's or owlfaced monkey 올빼미얼굴거농
C. mitis	blue monkey 블루원숭이
C. albogularis	Sykes's monkey 사이키원숭이
C. mona	mona monkey 모나원숭이
C. campbelli	Lowe's guenon 캠벨리원숭이
C. wolfi	Wolf's monkey 올프원숭이

C. denti	Dent's monkey 덴트원숭이
C. pogonias	crowned guenon 왕관거농
C. neglectus	De Brazza's monkey 브라치원숭이
C. nictitans	spotnosed monkey 점박이코원숭이
C. petaurista	lesser white-nosed monkey 흰코원숭이
C. ascanius	black cheeked white nosed monkey 검은뺨흰코원숭이
C. erythrotis	red-eared guenon 붉은귀거농
C. erythrogaster	red-bellied guenon 붉은배거농
Miopithecus	talapin 탈라포인속
C. talapoin	talapoin, dwarf guenon 탈라포인
Allenopithecus	Allen's swamp monkey 알렌원숭이속
C. nigroviridis	Allen's swamp monkey 알렌원숭이
Erythrocebus	patas monkey and red guenon 파타스원숭이속
E. pata	patas monkey 파타스원숭이
Subfamily Colobinae	Colobus monkey, leaf monkey 콜러버스아과
Presbytis	banded langurs, leaf monkey 줄무늬링구르속
P. aygula	Sunda Island langur 선더섬랑구르
P. melalophos	banded leaf monkey 줄무늬엽식원숭이
P. frontatus	white-fronted leaf monkey 흰이마엽식원숭이
P. rubicundus	maroon leaf monkey 마룬엽식원숭이
P. entellus	Hanuman langur 하누만랑구르
P. senex	purple-faced leaf monkey 자주색얼굴엽식원숭이
P. johnii	nilgiri langur 닐기리랑구르
P. cristata	silvered leaf monkey, lutong 은색엽식원숭이
P. pileatus	capped langur 모자랑구르
P. geei	golden langur 황금랑구르
P. obscurus	dusty leaf monkey 마른잎섭취원숭이
P. phayrei	Phayre's leaf monkey 페이리엽식원숭이
P. francoisi	Francois' leaf monkey 프랑소아엽식원숭이
P. potenziani	Mentawei Island monkey 멘타웨이랑구르
Rhinopithecus	snubnosed langur 사자코랑구르속
R. roxellanae	golden monkey 들창코원숭이
R. avunculus	Tonkin snubnosed monkey 톤킨들창코원숭이
Pygathrix	douc langur 도우크랑구르속
P. nemaeus	douc langur 도우크원숭이
Nasalis	proboscis monkey 긴코원숭이속
N. larvatus	proboscis monkey 긴코원숭이
N. concolor	simakobu 시마코브원숭이
Colobus	colobus, guerezas 콜러버스원숭이속
Colobus	
C. polykomos	King colobus 킹콜러버스
C. guereza	Abyssinian colobus colobus monkeys 아비시니안콜러버스
Procolobus	

C. verus	olive colobus 올리브색콜러버스
Piliocolobus	
C. badius	red colobus 붉은콜러버스
C. kirkii	Kirk's colobus 커크콜러버스
Superfamily Hominoidea	Apes and humans 인상과
Family Hylobatidae	gibbons 긴팔원숭이과
Hylobates	gibbons 긴팔원숭이속
H. lar	white-handed or lar gibbon 흰손긴팔원숭이
H. moloch	silvery gibbon or moloch 은색긴팔원숭이
H. pileatus	pileated gibbon 갓머리긴팔원숭이
H. muelleri	Müller's gibbon 뮬러긴팔원숭이
H. agilis	dark-handed or agile gibbon 검은손긴팔원숭이
H. hoolock	hoolock gibbon 훌록긴팔원숭이
H. concolor	concolor gibbon 검정긴팔원숭이
H. klossi	Kloss's gibbon 클로스긴팔원숭이
Symphalangus	siamang 큰긴팔원숭이속
S. syndactylus	샤망원숭이
Family Pongidae	great apes 대형유인원
Pongo	orangutan 오랑우탄속
P. pygmaeus	Bornean orangutan 오랑우탄
Pan	chimpanzee 침팬지속
P. troglodytes	chimpanzee 침팬지
P. paniscus	pygmy chimpanzee, bonobo 피그미침팬지
Gorilla	gorilla 고릴라속
G. gorilla	western gorrilla 고릴라
Family Hominidae	인과
Homo	humans 인속
H. sapiens	human 인간

● 이 분류표는 J. and P. Napier의 Handbook of Living Primates(New York : Academic Press, 1967)과 Alison Jolly의 The Evolution of Primate Behavior(New York : Macmillan, 1972)에서 인용한 것이다.

최근의 용례를 받아들여 일부 수정한 것이 있다(예를 들어 *Presbytis cristatus*를 *Presbytis cristata*). 또한 여우원숭이속에 한 종을 추가했다(*Lemur fulvus*). 그리고 David Chivers의 1977년 논문 "The lesser apes" (본문 중에 인용한 바 있다)에 따라 긴팔원숭이속에도 두 종을 추가했다(*Hylobates pileatus*와 *H. muelleri*). 여기서는 Allison Jolly의 용례법에 따라 명주원숭이과Callitrichidae를 분류했지만 분류학자에 따라 여기서는 분리해서 다룬 몇몇 종을 같이 분류하기도 한다.

일반적으로 통용되는 종에 대한 일반명을 여기서는 편의상 인용된 책의 저자가 사용한 이름으로 변경한 경우도 있다. 예를 들면 pagai island langur(*Nasalis concolor*)를 simakobu라 불렀다. 영장류에 대한 분류는 200년 이상 전부터 실시돼 왔기 때문에 아직도 전문가들이 모두 견해가 일치하는 것은 아니다.

현생 영장류 분류표

영장목(靈長目)

원원아목(原猿亞目)

유인아목(類人亞目)

원원아목(原猿亞目)

청서번티기과 → 청서번티기

여우원숭이과 → 여우원숭이, 흑제비여우원숭이, 겔롭여우원숭이, 난쟁이여우원숭이, 포크여우원숭이, 마우스여우원숭이

인드리과 → 인드리, 아바히, 시파카

아이아이과 → 아이아이

로리스과 → 홍줄이 로리스, 스로 로리스, 항금 포토, 포토, 갈라고

안경원숭이과 → 안경원숭이

유인아목(類人亞目)

신세계 원숭이

마모셋과 → 마모셋, 타마린, 피그미마모셋, 갈리미코

꼬리감기원숭이과 → 올빼미원숭이, 티티원숭이, 사키, 우아카리스, 수염사키원숭이, 고함원숭이, 꼬리감기원숭이, 거미원숭이, 다람쥐원숭이, 울리거미원숭이, 울리원숭이

구세계 원숭이

긴꼬리원숭이과 → 마카크, 시마코브, 망가베이, 비비, 맨드릴, 겔라다개코원숭이(비비, 가능, 탈라포인, 파타스원숭이, 랑구르, 긴코원숭이, 들창코원숭이, 도우크원숭이, 콜러버스원숭이

유인원과 인간

긴팔원숭이과 → 긴팔원숭이, 큰긴팔원숭이

오랑우탄과 → 오랑우탄, 고릴라, 침팬지

인과 → 인간

옮긴이의 말

여성의 본성은 무엇일까? 여성은 권력욕도 정치적 관심도 경쟁심도 없는가? 정말로 여성은 수동적이고 협동적이며, 사랑과 평화를 추구하고, 성적으로 소극적이고, 자녀양육에 헌신적이며 자기희생적인가?

아니다. 그러한 여성은 진화된 적이 없다. 그것은 환상이고 편견이고 허구일 뿐, 결코 영장류로부터 진화해 생겨날 수 있는 여성상이 아니다. 우리는 그동안 절대로 진화로 생겨날 수 없었던 속성을 여성에게 기대하고 신화를 만들어 왔다. 아마존의 여인천하와 같은 사회상을 가정한다거나, 인류의 초기 진화단계에 모권제적인 단계를 설정하는 것도 그러한 환상의 일부다.

그러면 여성에 대한 환상은 어떻게 만들어졌을까? 그 원인을 추적해 올라가다 보면 그 유명한 다윈을 만나게 된다. 다윈, 그는 너무도 위대해서 내가 뭐라 소개하는 것 자체가 부질없을 것 같다. 그런데 다윈의 자연선택설을 모르는 사람은 없겠지만, 다윈의 성선택설을 아는 사람은 그리 많지 않은 것 같다.

다윈은 공작의 크고 화려한 날개, 수컷 꿩의 현란한 색깔, 숫사슴의 거창한 뿔과 같이 수컷이 생존에 별로 도움이 되지 않는 거추장스런 장식을 갖게 된 이유를 자연선택설로 설명할 수 없었다. 그래서 다윈은 1871년 출판된 《인간의 유래 및 성에 관한 선택》이라는 책에서 성선택설을 처음으로 제시했다. 그는 수컷이 그처럼 거추장스런 과장된 장식을 갖게 된 이유는, 그러한 것들이 생존에는 위협이 되지만 번식에는 도움이 되기 때문이라고 주장하였다.

성선택은 두 가지 형태로 일어난다. 하나는 '암컷 선택'이라 부르는 것인데, 암컷이 자손을 퍼뜨리는 데 가장 적합한 수컷을 선택한다. 다른 하나는 '수컷 경쟁'인데, 수컷은 암컷을 독차지하기 위해 다른 수컷들과 힘겨운 경쟁을 해야 한다. 이러한 구도 아래서 다윈은 암컷을 추적자를 피해 도망 다니는 나비로 보았다. 수컷은 능동적이고 공격적이며 경쟁적인데 비해, 암컷은 경쟁에 무관심하고 성적으로 수동적이고 온순하며 수줍어한다.

이것이 다윈이 암컷과 수컷을 바라본 그림인데, 이후 암컷과 수컷에 대한 다양한 편견들이 등장했다. 예를 들어, '열정적인' 수컷과 '수줍은' 암컷. 소극적인 암컷과 적극적인 수컷. 무분별한 수컷과 분별력 있는 암컷. 활동적이고 성적으로 독단적이며 통제하려는 수컷과, 수컷이 만들어 놓은 게임의 규칙에 수동적으로 볼모가 된 암컷. 남성은 새로운 성적 상대를 찾아 떠나려는 반면에, 여성은 자식을 부양해 줄 한 남자와 안정된 관계를 추구한다. '호가무스 히가무스' 남자는 일부다처, '히가무스 호가무스' 여자는 일부일처.

이처럼 다양한 고정관념들이 지난 100년간 우리들의 생각을 지배해 왔다. 그런데 정말 그럴까? 모든 것이 그렇듯이, 오랜 고정관념에 도전하는 일은 정말 어려운 일이다. 그것은 세상을 바라보는 새로운 비전과 엄청난 용기를 필요로 한다. 이 책이 바로 그런 책이다.

사라 블래퍼 흘디는 1981년 《여성은 결코 진화하지 않았다The Woman That Never Evolved》라는 도발적인 제목의 책을 세상에 내놓음으로써 스스로 뜨거운 논쟁의 중심 속으로 뛰어들었다. 아니, '여성은 진화하지 않았다'니 도대체 무슨 소린가? '진화'하면 진보를 연상할 수밖에 없도록 사회 다원주의에 물들어 있던 독자들에게 여성이 진화하지 않았다는 말은 곧 여성이 열등하다는 말로 들릴 수밖에 없었을 것이다.

언뜻 남녀 불평등을 합리화하는 사회생물학 책이 한 권 더 출판되었나 보다고 생각할 수 있지만, 저자가 여성이라서 혹시나 하고 책을 읽어 본 독자들은 책의 제목이 반어법이었다는 것을 곧 알게 될 것이다. 대부분의 사람들이 믿고 있는 여성에 대한 잘못된 신화, 즉 성적으로 수줍고 정숙하며 수동적이고, 정치적으로 무관심하며, 경쟁을 싫어하고 온순하고, 서로 협동하며, 오로지 자녀양육에만 몰두하는 여성. 흘디는 그런 여성은 결코 영장류로부터 진화돼 나올 수 없었다고 주장한다.

흘디는 영장류학자로서, 또한 여성으로서, 영장류 사회에서 차지하고 있는 암컷의 위치와 역할에 특히 주목하였다. 그녀는 인류와 가장 가까운 친척인 영장류의 암컷들이 비교적 경쟁적이고, 독립적이며, 성적으로도 능동적이라는 것을 알게 되었다. 또한 영장류 암컷들이 수컷 파트너와 마찬가지로 진화라는 거대한 게임에 판돈을 걸고 적극적으로 참여한다는 것도 확인했다.

그녀는 영장류에 대한 방대한 자료를 바탕으로 여성의 본성에 대한 환상과 편견과 허구를 털어내고 진정한 여성의 본성, 즉 영장류로부터 진화한 여성의 본성은 무엇이고, 그것이 인류 문명의 발전과정에서 어떻게 변질되고, 은폐되고, 왜곡되어 왔는지를 날카롭게 파헤치고 있다. 그러나 이 책이 처음 출판된 1981년은 어떤 세상이었을까? 다윈의 성선택설 이후, 남녀에 대한 고정관념이 돌처럼 굳어 있던 시기, 새로 등장한 사회생물학이 남녀 불평등의 생물학적 기원을 주장 하던 시기, 그래서 페미니스트와 사회생물학자들이 원수처럼 으르렁거리던 시기, 여성이 전문직이나 정치 분야에 진출하기가 어려웠던 시기. 그런 시기에 흘디는 페미니스트 사회생물학자로 둘의 화해를 주선하는 책을 출판한 것이다.

한편에서는 페미니즘과 진화생물학의 통합을 가져온 최초의 책이라는 찬사가 쏟아진 반면, 사회생물학자들로부터 비난과 따돌림도 받았다. 흘디는 1999년에 이 책을 다시 출판했다. 아주 긴 서문을 첨부했는데, 책이 처음 출판된 1981년 이후 18년간 있었던 치열한 논쟁 과정이 자세히 소개돼 있다. 얼마나 할 말이 많았겠는가?

오늘날에는 그 어느 누구도 여성의 사회적 성취에 대해서 시비를 걸지 않는다. 아마도 인류 역사상 지금처럼 여성의 지위가 높았던 적이 없었을 것이다. 그러나 18년 전에는 그렇지 못했다. 그러니 논쟁이 치열했던 것이다. 흘디의 책이 1981년에 출판된 것은 너무 빨랐다. 1999년이 적당한 것 같다. 지금은 독자들도 책의 내용을 편안하게 받아들일 수 있는 사회적 분위기가 성숙해 있다. 그리고 여성의 사회적 위상도 1981년보다 훨씬 높아졌다.

이제부터는 단순한 감상이 아니라, 진정한 학문적 토대위에서 여성의 권리와 자유를 추구해야 한다. 인류 여성은 어느 날 갑자기 출현한 것이 아니다. 7000만 년에 걸친 영장류 암컷의 진화선상에 있는 것이다. 이러한 진화적 맥락에서 여성의 본성과 조건을 냉철하게 바라보아야 할 것이다. 또한 이러한 진지한 성찰을 통해서 남녀 불평등과 성차별을 극복할 수 있는 새로운 방법을 찾을 수 있다. 그러나 그것은 결코 우연히 찾아지지는 않을 것이다. 냉철한 지성과, 높은 이상, 뜨거운 정열 등을 통해서 쟁취해야 하는 것이다. 그동안 사회생물학에 실망해 왔던 페미니스트들에게, 또 여성의 정체성에 관심을 가지고 있는 모든 독자들에게 일독을 권한다. 그리고 이 자리를 빌어 좋은 책을 만들기 위해서 정성을 다하는 서해문집 편집진 여러분께 감사드린다.

2006년 가을
옮긴이 유병선

찾아보기